畜禽屠宰行业兽医卫生检验人员培训系列教材

# 全国生猪屠宰兽医卫生检验人员培训教材

中国动物疫病预防控制中心
（农业农村部屠宰技术中心） 编

中国农业出版社

北　京

**图书在版编目（CIP）数据**

全国生猪屠宰兽医卫生检验人员培训教材/中国动物疫病预防控制中心（农业农村部屠宰技术中心）编. —北京：中国农业出版社，2021.8（2024.7重印）
畜禽屠宰行业兽医卫生检验人员培训系列教材
ISBN 978-7-109-28561-3

Ⅰ.①全… Ⅱ.①中… Ⅲ.①猪-屠宰加工-兽医卫生检验-技术培训-教材 Ⅳ.①TS251.7

中国版本图书馆CIP数据核字（2021）第144830号

中国农业出版社出版
地址：北京市朝阳区麦子店街18号楼
邮编：100125
责任编辑：刘　伟　　神翠翠
责任校对：刘丽香　　责任印制：王　宏
印刷：北京缤索印刷有限公司
版次：2021年8月第1版
印次：2024年7月北京第5次印刷
发行：新华书店北京发行所
开本：787mm×1092mm　1/16
印张：21.5　　插页：1
字数：480千字
定价：160.00元

# 本书编委会

# 本书编审人员名单

主　　编　冯忠泽

副 主 编　孙连富　高胜普　陈三民　张新玲

编写人员（按姓名拼音排序）

陈　伟　陈三民　冯　凯　冯忠泽

高　芬　高　观　高胜普　关婕葳

黄启震　姜艳芬　李　会　李　鹏

李艳华　蔺　东　刘　毅　刘洪明

刘可仁　闵成军　曲　萍　曲道峰

单佳蕾　佘锐萍　孙连富　夏永高

薛惠文　闫卫民　尹茂聚　尤　华

张　杰　张朝明　张宁宁　张新玲

审　　稿　冯忠泽　孙连富　高胜普　姜艳芬

尹荣焕　夏永高　解　辉　闵成军

曹克昌　赖平安　栗绍文　尹茂聚

高　芬　高　观　陈淑敏　佘锐萍

赵秀兰

# 前　言

开展肉品品质检验是保障生猪屠宰产品质量安全的重要环节，是生猪屠宰企业应当履行的法定职责。兽医卫生检验人员是实施生猪屠宰肉品品质检验的主体，也是协助开展生猪屠宰检疫的重要力量。长期以来，我国畜禽屠宰加工、屠宰检验检疫等专业人才培养滞后于生产的发展需要，屠宰企业兽医卫生检验人员的文化程度和技术水平参差不齐，同时由于岗前培训和考核等尚不系统和全面，给屠宰质量安全造成一定隐患。

为全面贯彻落实新修订的《生猪屠宰管理条例》有关要求，推动企业落实生猪屠宰肉品品质检验制度，进一步提升兽医卫生检验人员专业技术水平，中国动物疫病预防控制中心（农业农村部屠宰技术中心）组织专家编写了《全国生猪屠宰兽医卫生检验人员培训教材》。本教材回顾了我国屠宰检验检疫的发展历史，对生猪屠宰检验检疫的主要内容、屠宰检验检疫基本设施设备和人员卫生要求、兽医卫生检验基础知识，宰前和宰后检查操作技术，实验室检验技术以及检验检疫记录、证章、标识和标志等进行了讲解和说明。本书是全国生猪屠宰企业兽医卫生检验人员的培训教材，也是屠宰行业管理和兽医公共卫生相关工作人员的用书。

本教材的编写专家来自中国动物疫病预防控制中心（农业农村部屠宰技术中心）、山东商业职业学院、甘肃农业大学、浙江工商大学、上海市农业农村委员会执法总队、中国肉类协会等单位，对于各有关单位及专家的支持和帮助，在此一并感谢！

# 目　录

# 第一章

## 绪　论

# 第一节　我国屠宰检验检疫发展历史

实施屠宰检验检疫是保障生猪屠宰产品质量安全的重要环节，且其效果与国家的经济发展总体水平和屠宰产业发展水平密切相关。我国生猪屠宰检验检疫体制由新中国成立前的支离破碎、新中国成立之初的积极实践到改革开放后的法制化而逐步完善。

## 一、新中国成立前屠宰检验检疫概况

肉蛋食品行业是我国形成较早的行业之一。早在7世纪，便有马羊的交易，到清朝中叶形成了专门经营肉蛋食品的商业。经营性的生猪屠宰最早源自肉铺自己宰杀、自己卖肉的"前店后厂"模式，但是当时并没有检验检疫的概念。

鸦片战争之后，帝国主义列强入侵我国后，为掠夺畜产品资源，在上海、南京、青岛、武汉和哈尔滨等地建立了较大型的宰牲厂，如德国1903年在青岛、1915年在哈尔滨分别建了屠宰场等。这些工厂全部由外国人操纵，引用外国的检验法规，由外国技术人员从事检验工作。为控制疫病传播，1928年国民政府卫生部颁布了《屠宰场规则》和《屠宰场规则施行细则》，同时公布了《实业部商品检验局牲畜产品检验规程》，1935年又颁布了《实业部商品检验局肉类检验施行细则》。但是当时对畜禽屠宰疏于管理，相关政策法规没有得到有效实施，更无法谈及对动物屠宰和肉类的检验检疫。

## 二、新中国成立后屠宰检验检疫发展历程

新中国成立后，党和政府十分重视和关心生猪疫病防控和肉品安全管理，陆续将接收来的屠宰场进行改建和扩建，同时开展了肉品检验工作。我国生猪屠宰检验制度经历了检疫、检验从统一到分设的四个发展阶段。

### （一）"企业自检、部门监督"阶段（新中国成立后至20世纪80年代初期）

为统一领导屠宰场卫生和兽医工作，改善屠宰场经营管理，1955年8月8日，国务院发布了《关于统一领导屠宰场及场内卫生和兽医工作的规定》，明确屠宰检验检疫由食品公司负责，同时还规定"屠宰场的肉品卫生工作由卫生部门监督和指导，

屠宰场的兽医工作由农牧部门监督和指导，出口肉类由商检部门监督与检查"。1959年11月1日，农业部、卫生部、对外贸易部、商业部联合发布了《肉品卫生检验试行规程》（简称"四部规程"），进一步明确"各地商业部门领导所属屠宰厂（场）按照本规程进行肉品卫生检验，卫生、农业部门对本规程的执行情况进行监督指导，对外贸易部门对出口肉品的检验进行监督检查"。这个时期的屠宰检验检疫统称为肉品卫生检验，主要特点是：屠宰场自检并出具证书，农业、卫生、对外贸易等部门按照职责分工对企业的检验行为进行监督管理。

（二）"分类检疫、农业部门统一监管"阶段（20世纪80年代中期至90年代中期）

为了适应生猪屠宰从食品公司独家经营变成多渠道经营的新变化，加强经济转型时期的屠宰行业管理，国家陆续出台了一系列涉及屠宰检验检疫的政策法规，逐步调整改革屠宰检验检疫工作。1985年2月14日，国务院发布《家畜家禽防疫条例》，规定屠宰厂、肉类联合加工厂的畜禽防疫、检疫工作，由厂方负责，厂方出具检疫证明，加盖验讫印章，农牧部门进行监督检查；同时规定其他单位、个人屠宰家畜，由畜禽防疫机构或其委托单位实施检疫。1985年8月7日，农牧渔业部发布《家畜家禽防疫条例实施细则》，其中第六条第三款规定"大中型屠宰场、肉类联合加工厂具备检疫条件的，畜禽防疫、检疫工作由场（厂）方负责，其畜禽产品由场（厂）方出具检疫检验证明，加盖胴体验讫印章，由农牧部门防疫检疫机构和派出的兽医检疫人员进行监督检查。"该细则第20条规定，"凡不具备本实施细则第六条三款规定的畜禽屠宰、加工单位、个体户所屠宰、加工的畜禽、畜禽产品由所在地畜禽防疫检疫机构或乡（镇）畜牧兽医站进行宰前检疫和宰后检验，并由其出具证明，胴体加盖验讫印章"。这一时期，家畜宰前检疫、宰后检验及其处理按《肉品卫生检验试行规程》规定执行。1992年4月8日，农业部修订并发布新的《家畜家禽防疫条例实施细则》，继续明确屠宰厂、肉类联合加工厂生产的畜禽产品由厂方实施检疫检验，厂方要有专门兽医卫生检验机构、专职工作人员、检验检疫人员和设备。1995年12月22日，国务院办公厅下发《关于进一步加强生猪等畜禽屠宰检疫管理工作的紧急通知》（国办发明电〔1995〕38号），规定屠宰厂、肉类联合加工厂的屠宰检疫由工厂负责，农牧部门可派驻兽医监督员负责监督检查。这个时期，屠宰检疫实行分类管理，具备检疫条件的屠宰厂、肉类联合加工厂（即"两厂"），由企业自检、农业部门监督；其他的屠宰场则由农业部门负责检疫。

**（三）"三检分设、多头管理"阶段（20世纪90年代中后期至2020年）**

1996年9月28日，国务院办公厅下发《关于生猪屠宰检疫管理体制有关问题的通知》（国办发〔1996〕40号），这是一个关于屠宰检验检疫体制的转折性文件。该通知明确生猪屠宰检疫是政府行为，由农业部门的畜禽防疫监督机构实施，同时规定农业部、国内贸易部协商确定范围的"两厂"的屠宰检疫由企业自检、企业出证、企业盖章，畜禽防疫监督机构监督，必要时派防疫员驻厂监督。1997年7月3日颁布的《动物防疫法》和1997年12月19日发布的《生猪屠宰管理条例》，继续沿用国办发〔1996〕40号文"协商确定范围的'两厂'的屠宰检疫由企业负责"的要求。但此后多年，屠宰检疫由企业自检的"两厂"名单并未确定。2007年8月30日修订的《动物防疫法》取消了屠宰检疫"两厂"企业自检，规定由动物卫生监督机构指派官方兽医实施现场检疫。2007年12月19日修订的《生猪屠宰管理条例》规定肉品品质检验由企业负责，生猪屠宰的卫生检验依照《食品安全法》的规定执行。这一阶段，逐步确定了屠宰检疫、卫生检验和肉品品质检验"三驾马车"并行制度，即屠宰检疫由官方兽医实施，主要在宰前、宰后检传染病和寄生虫病，由官方兽医出具动物产品检疫证明；肉品品质检验由屠宰企业负责，主要检验健康状况、传染病和寄生虫病以外的疾病、注水或注入其他物质等，并由企业出具肉品品质检验合格证；卫生检验的执行则并不理想。

2013年按照《国务院机构改革和职能转变方案》的要求，商务部生猪定点屠宰监督管理职责划入了农业部。按照国家编办对农业部门职责调整的要求，畜禽屠宰环节质量安全监管职责由农业部门承担。至此，生猪的屠宰检疫、肉品品质检验等均由农业部门监管。

**（四）"两检并立、同步推进"阶段（2021年修订版《生猪屠宰管理条例》发布实施之后）**

2021年修订的《生猪屠宰管理条例》，取消了卫生检验相关规定，继续规定肉品品质检验由屠宰企业负责。生猪屠宰的检疫，依照《动物防疫法》和国务院的有关规定，由动物卫生监督机构负责。至此，我国生猪屠宰检疫检验逐步形成"两检并立，同步推进"的局面。

**三、兽医卫生检验人员的法律地位与职责**

2016年，《国务院关于取消一批职业资格许可和认定事项的决定》（国发〔2016〕68号）规定，取消肉品品质检验人员资格，将其纳入兽医卫生检验人员资格统一实施。2021年修订的《生猪屠宰管理条例》中将生猪定点屠宰厂（场）应当具备有经考核合格的肉品品质检验人员改为兽医卫生检验人员。至此，兽医卫生检验人员具备了法律地位。

依据《生猪屠宰管理条例》及相关规定，兽医卫生检验人员依据生猪屠宰肉品品质检验规程，执行肉品品质检验。经肉品品质检验合格的生猪产品，生猪定点屠宰厂（场）应当加盖肉品品质检验合格验讫印章，附具肉品品质检验合格证。经检验不合格的生猪产品，应当在兽医卫生检验人员的监督下，按照国家有关规定处理，并如实记录处理情况。

# 第二节 生猪屠宰检验检疫的内容

生猪屠宰检验检疫包括生猪屠宰肉品品质检验和生猪屠宰检疫。生猪屠宰肉品品质检验由屠宰企业的兽医卫生检验人员实施，生猪屠宰检疫由动物卫生监督机构派驻的官方兽医实施。按照《动物检疫管理办法》，动物卫生监督机构可以根据检疫工作需要，指定兽医专业人员协助官方兽医实施动物检疫。

## 一、生猪屠宰肉品品质检验的主要内容

《生猪屠宰管理条例》规定，生猪定点屠宰厂（场）应当建立严格的肉品品质检验管理制度。肉品品质检验应当与生猪屠宰同步进行，并如实记录检验结果。

生猪屠宰企业应配备与屠宰规模相适应的、经考核合格的兽医卫生检验人员，并定期组织开展业务培训，提高兽医卫生检验人员的业务素质和责任意识。

肉品品质检验包括宰前检验和宰后检验，检验内容包括健康状况、传染性疾病和寄生虫病以外的疾病、注水或者注入其他物质、有害物质、有害腺体、白肌肉（PSE肉）或黑干肉（DFD肉）、种猪及晚阉猪以及国家规定的其他检验项目。经肉品品质检验合格的猪胴体，应当加盖肉品品质检验合格验讫章，并附具《肉品品质检验合格证》后方可出厂（场）；检验合格的其他生猪产品（含分割肉品）应当附具《肉品品质检验合格证》。生猪定点屠宰厂（场）屠宰的种猪和晚阉猪，应当在胴体和《肉品品质检验合格证》上标明相关信息。经肉品品质检验不合格的生猪产品，应当在兽医卫生检验人员的监督下，按照国家有关规定处理，并如实记录处理情况。

生猪定点屠宰厂（场）的生猪产品未经肉品品质检验或者经肉品品质检验不合格的，不得出厂（场）。

## 二、生猪屠宰检疫的主要内容

生猪屠宰检疫是按照国家规定的疫病范围实施检疫。动物卫生监督机构及其驻场官方兽医按照《动物防疫法》《动物检疫管理办法》等法律法规要求，严格执行生猪屠宰检疫规程，认真履行生猪检疫监管职责，有效保障出场生猪产品质量安全。生猪屠宰企业按照"批批检、全覆盖"的原则全面开展非洲猪瘟检测，检测合格的，方可由驻场官方兽医出具动物检疫证明。严禁对未经非洲猪瘟检测或检测结果为阳性的生猪产品出具动物检疫证明。经检疫合格的生猪产品，出具动物产品检疫合格证明，并加盖检疫印章，加施检疫标志；对检疫不合格的生猪产品，监督屠宰企业做好无害化处理。官方兽医做好屠宰检疫等环节记录，并监督生猪屠宰企业做好待宰、急宰、生物安全处理等环节记录，做好屠宰检疫各环节痕迹化管理。

根据《农业农村部关于印发〈生猪产地检疫规程〉〈生猪屠宰检疫规程〉和〈跨省调运乳用种用动物产地检疫规程〉的通知（农牧发〔2019〕2号）》要求，检疫对象是口蹄疫、猪瘟、非洲猪瘟、高致病性猪蓝耳病、炭疽、猪丹毒、猪肺疫、猪副伤寒、猪Ⅱ型链球菌病、猪支原体肺炎、副猪嗜血杆菌病、丝虫病、猪囊尾蚴病、旋毛虫病。

畜牧兽医部门和动物卫生监督机构要严守畜牧兽医执法"六条禁令"，严格按照畜禽屠宰检疫规程实施检疫。在畜禽屠宰检疫工作中，切实做到"五不得"。一是动物卫生监督机构不得向非法屠宰企业派驻官方兽医。动物卫生监督机构只能向依法取得动物防疫条件合格证或者畜禽定点屠宰证的畜禽屠宰企业派驻官方兽医；已向未取得动物防疫条件合格证或者畜禽定点屠宰证的畜禽屠宰企业派驻官方兽医的，要及时撤出，并依法取缔该屠宰场点。二是驻场官方兽医不得私自脱离检疫岗位。在畜禽屠宰过程中，驻场官方兽医必须在岗，切实履行屠宰检疫监管职责。三是官方兽医不得擅自指定人员实施检疫。按照《动物检疫管理办法》的规定，动物卫生监督机构可以根据检疫工作需要，指定兽医专业人员协助官方兽医实施动物检疫。官方兽医不得自行指定屠宰企业工作人员或者其他人员协助实施检疫。四是官方兽医不得违反规程实施检疫。官方兽医要严格按照屠宰检疫规程实施检疫，把好屠宰检疫关口。五是官方兽医不得违规出证。严禁未检疫或者对检疫不合格的畜禽产品出具检疫合格证明。

# 第三节 兽医卫生检验人员培训的目的和要求

屠宰企业兽医卫生检验人员通过系统的培训，应当掌握动物检验检疫相关法律、法规和标准规范；应当具备生猪解剖学、病理学、病原学基础知识；掌握规程规定的传染病和寄生虫病的临床症状与病理变化；掌握品质不合格肉的检验鉴定方法；掌握宰前与宰后检查的岗位设置、检查内容、检查流程与检查操作技术；掌握检验确诊后的病猪、疑似病猪及其产品与品质不合格肉的处理流程与方法。兽医卫生检验人员培训课时安排参见本章文后附表。

## 一、相关法律法规、标准规范知识

### （一）法律、法规、规章

《中华人民共和国动物防疫法》《中华人民共和国食品安全法》《中华人民共和国农产品质量安全法》《重大动物疫情应急条例》《生猪屠宰管理条例》《动物检疫管理办法》《畜禽标识和养殖档案管理办法》等。

### （二）标准

《生猪屠宰产品品质检验规程》（GB/T 17996—1999）、《畜禽屠宰操作规程 生猪》（GB/T 17236—2019）和《食品安全国家标准 畜禽屠宰加工卫生规范》（GB 12694—2016）等。

### （三）规范性文件

涉及的规范性文件主要有：

1.农业部关于印发《病死及病害动物无害化处理技术规范》的通知（农医发〔2017〕25号）

2.农业部关于加强生猪定点屠宰环节"瘦肉精"监管工作的通知（农医发〔2011〕18号）

3.农业部 食品药品监管总局关于进一步加强畜禽屠宰检验检疫和畜禽产品进入市场或者生产加工企业后监管工作的意见（农医发〔2015〕18号）

4.农业部办公厅关于生猪定点屠宰证章标志印制和使用管理有关事项的通知（农办医〔2015〕28号）

5.农业部关于指导做好畜禽屠宰行业安全生产工作的通知（农医发〔2016〕4号）

6.农业部关于印发《生猪屠宰厂（场）监督检查规范》的通知（农医发〔2016〕14号）

7.生猪屠宰厂（场）飞行检查办法（2017年农业部公告第2521号）

8.生猪屠宰质量安全监管事项（2018年农业农村部公告第10号）

9.农业农村部关于做好动物疫情报告等有关工作的通知（农医发〔2018〕22号）

10.农业农村部关于印发《生猪产地检疫规程》《生猪屠宰检疫规程》和《跨省调运乳用种用动物产地检疫规程》的通知（农牧发〔2019〕2号）

11.农业农村部关于落实屠宰环节官方兽医检疫监管制度的紧急通知（农明字〔2019〕第16号）

12.农业农村部关于印发《非洲猪瘟疫情应急实施方案（第五版）》的通知（农牧发〔2020〕21号）

13.农业农村部办公厅关于印发《非洲猪瘟常态化防控技术指南（试行版）》的通知（农办牧〔2020〕41号）

14.应对非洲猪瘟疫情联防联控工作机制关于印发《非洲猪瘟防控强化措施指引》的通知（农明字〔2020〕第50号）

15.农业农村部办公厅关于进一步规范畜禽屠宰检疫有关工作的通知（农办牧〔2022〕31号）

## 二、专业基础知识

### （一）生猪解剖基础知识
1.运动系统

2.消化系统

3.呼吸系统

4.泌尿系统

5.生殖系统

6.心血管系统

7.淋巴系统

8.内分泌系统

9.其他系统

### （二）生猪常见病理变化
1.皮肤、肌肉的病理变化

2.内脏器官的病理变化

3.淋巴结的病理变化

**（三）生猪检疫主要疫病基础知识**

1.动物病原学基础知识

2.生猪传染病和寄生虫病的检疫

**（四）生猪检验主要品质异常肉基础知识**

1.色泽异常肉

2.气味异常肉

3.劣质肉

4.其他品质异常肉

**（五）实验室检验**

1.实验室功能设置及基本设施设备配置

2.采样方法

3.肉品感官检验方法

4.水分和挥发性盐基氮等常见理化指标检验

5.常见兽药残留和非法添加物质的检测方法

6.微生物检验方法

7.实验室管理制度和生物安全管理

**（六）屠宰卫生管理**

1.屠宰检验检疫基本设施设备与人员卫生知识

2.肉品污染与控制

**（七）屠宰检验检疫管理**

1.检查记录

2.证章标志

3.监管要求

## 三、操作技能

**（一）生猪屠宰检查基本方法**

1.宰前动态、静态和饮态等群体检查方法

2.宰前视诊、听诊和触诊等个体检查方法

3.宰后视检、嗅检、触检和剖检等方法

**（二）生猪宰前和宰后检查技术**

1.生猪屠宰检查岗位及其检查内容

2.生猪屠宰检查各岗位程序和操作技术

3.检查结果处理方法

（三）实验室检验

1.采样方法及要求

2.肉品感官检验方法

3.水分和挥发性盐基氮等常见理化指标检验

4.非洲猪瘟、常见兽药残留和非法添加物质的快速检测方法

5.微生物检验方法

# 附表　兽医卫生检验人员培训课时安排

### 生猪屠宰兽医卫生检验人员培训内容和课时分配表

| 章节 | 课程重点内容 | 教学目标和实习任务 | 学时分配 课堂 | 学时分配 操作实习 | 合计学时 |
|------|------------|------------------|------|------|------|
| 第一章 绪论 | 1.我国屠宰检验检疫发展历史 2.生猪屠宰检验检疫的内容 3.兽医卫生检验人员的培训目的和要求 | 了解和掌握生猪屠宰检验检疫的内容 | 1 | | 1 |
| 第二章 屠宰检验检疫基本设施设备与人员卫生要求 | 1.检验检疫厂房条件 2.检验检疫设施 3.兽医卫生检验人员卫生要求 4.消毒技术要求 | 掌握生猪屠宰检验检疫应具备的设施条件和对人员的要求 实习：结合宰前、宰后实习，了解宰前、宰后主要设施设备和用途 | 2 | | 2 |
| 第三章 兽医卫生检验基础知识 | 1.猪解剖学基础知识 2.动物病理学基础知识 3.动物病原学基础知识 4.屠宰生猪主要疫病的检疫 5.生猪肉品品质检验 6.肉品污染与控制 | 了解从事屠宰检验检疫应具备的解剖学、病理学和病原学基本知识，了解屠宰生猪主要疫病和品质异常肉的处理 实习：猪内脏器官、主要淋巴结、肌肉的形态、结构和位置。主要疫病病理标本和品质异常肉标本 | 10 | | 10 |
| 第四章 生猪宰前检查 | 1.接收检查 2.待宰检查 3.送宰检查 4.急宰检查 5.宰前检查后的处理 | 掌握生猪屠宰前检查的基本要求、程序、操作要点和检查结果处理 实习：宰前各岗位检查的流程、内容、方法和操作技术 | 4 | 2 | 6 |

（续）

| 章节 | 课程重点内容 | 教学目标和实习任务 | 学时分配 | | 合计学时 |
|---|---|---|---|---|---|
| | | | 课堂 | 操作实习 | |
| 第五章 生猪宰后检查 | 1.头蹄检查 2.体表检查 3.内脏检查 4.寄生虫检查 5.胴体检查 6.复检 7.宰后检查后的处理 | 掌握生猪屠宰后检查的基本要求、程序、操作要点和检查结果处理 实习：宰后各岗位检查的流程、内容、方法和操作技术 | 8 | 6 | 14 |
| 第六章 生猪屠宰实验室检验 | 1.实验室检验基本要求 2.采样方法 3.肉品感官及理化性质检验 4.微生物学检验 5.兽药残留及非法添加物检测 6.非洲猪瘟检验 | 掌握实验室检验的基本要求、采样方法和感官检验，掌握常见肉品理化和微生物指标检验方法，掌握常见兽药残留、非法添加物和非洲猪瘟的快检方法 实习：实验室基本操作方法以及采样、感官、理化、微生物、药残、添加物、非洲猪瘟的检测方法和操作技术 | 4 | 2 | 6 |
| 第七章 记录、证章、标识和标志 | 1.生猪屠宰检验检查记录 2.生猪屠宰检验检疫证章、标识和标志 | 掌握生猪屠宰检验检疫记录、证章、标识和标志要求 | 1 | | 1 |
| 学时总合计 | | | 30 | 10 | 40 |

备注：实际授课时，一般以两个学时为一个授课单位，第一章与第七章放在两学时内完成。

### 第二章

# 屠宰检验检疫基本设施设备与人员卫生要求

根据《生猪屠宰管理条例》《动物检疫管理办法》《食品安全国家标准 畜禽屠宰加工卫生规范》（GB 12694—2016）和《猪屠宰与分割车间设计规范》（GB 50317—2009）等规定，生猪屠宰企业应配备检验检疫需要的基本设施设备，满足人员卫生等要求。

# 第一节 检验检疫厂房条件

## 一、厂区与生产车间的布局

生猪屠宰企业厂房和车间的设计及布局直接关系到屠宰加工的卫生状况和加工技术现代化程度，也关系到肉品品质检验和屠宰检疫的有效开展。

通常，屠宰企业应设有验收区、卸猪台、待宰圈、隔离圈、急宰间、屠宰间、检验室、官方兽医室、化学品存放间和无害化处理间等，这些均与屠宰检验检疫密切相关。屠宰企业的厂区应设有废弃物、垃圾暂存处或处理设施，以及畜禽和产品运输车辆及工具清洗、消毒的专门区域。

生产区各车间的布局与设施应满足生产工艺流程和卫生要求。车间内各区域应按生产工艺流程划分明确，人流、物流互不干扰，并应符合工艺、卫生及检疫检验要求。

### （一）验收区

图2-1 生猪验收区

验收区为生猪入场查验的场所（图2-1）。一般设置在生猪入场之前，主要是查证验物、临车检查、进厂消毒、回收证明的场所。经查验动物检疫证明、《生猪运输车辆备案表》和耳标齐全有效并且临车检查生猪健康，生猪方可入厂。

### (二) 卸猪台

卸猪台是生猪从运猪车上卸下的场所。卸猪台应与运猪车辆箱底部同高，或高出地面0.9 ~ 1m，应设置安全围栏。要配有供多层运猪车卸猪使用的装置，如使用升降式卸猪台（图2-2）。

图2-2 卸猪台（升降式）

### (三) 待宰圈

待宰圈为宰前停食、静养、饮水和宰前检查的场所（图2-3）。待宰圈应符合以下基本要求。

1.方位 应通风良好，日照充足，且应设有防雨的顶棚。寒冷地区应有防寒设施。

2.容量 容量宜按1 ~ 1.5倍班宰量计算（每班按7h屠宰量计）。每头猪占地面积(不包括待宰圈内赶猪道)宜按0.6 ~ 0.8m² 计算。待宰圈内赶猪道宽不应小于1.5m。

3.材料 应采用混凝土地面，隔墙可采用砖墙或金属栏杆，砖墙表面应采用不渗水的易清洗材料制作，金属栏杆表面应做防锈处理。四周围墙的高度不应低于1m。

4.排水设施 地面坡度不应小于1.5%，并设置排水明沟便于清洗消毒。

5.饮水设施 应设饮水设施并应有溢流口（图2-3）。

水槽饮水

自动饮水器饮水

图2-3 待宰圈中的饮水设施

#### （四）隔离圈

隔离圈为隔离病猪和可疑病猪，观察检查疫病的场所（图2-4）。

**1.方位** 宜靠近卸猪台，并应设在待宰圈内主导风向的下风侧。

**2.出口** 出口应通向无害化处理间，或通向"无害化处理运送车"装卸平台（图2-4）。

**3.容量** 面积应按企业猪源的具体情况设置，屠宰量不少于120头/h的屠宰车间可按班宰量的0.5%～1.0%的头数计算，每头疑病猪占地面积不应小于1.5m²；屠宰量为30～120头/h的屠宰车间隔离圈的面积不应小于3m²。

图2-4 隔离圈

图2-5 待宰冲淋间

#### （五）待宰冲淋间

待宰冲淋间是生猪屠宰前冲淋清洗的场所。待宰冲淋间要有足够的喷淋头和水压，保证进入屠宰车间的生猪体表不带粪污和泥污等（图2-5）。

#### （六）急宰间、无害化处理间

急宰间是确认为无碍于肉食安全且濒临死亡的生猪和伤残猪的屠宰场所（图2-6）。无害化处理间是对病、死猪和废弃物进行化制等无害化处理的场所（图2-7、图2-8）。

**1.方位** 急宰间宜设在待宰圈和隔离圈附近。若急宰间如与无害化处理间合建在一起，则中间应设隔墙。

**2.出入口** 急宰间、无害化处理间的出入口处应设置便于手推车出入的消毒池。消毒池应与门同宽、长度不小于2m、深0.1m，且能排放消毒液。

3.地面排水坡度 急宰间、无害化处理间的地面排水坡度不应小于2.0%。

4.没有设立无害化处理间的屠宰企业，应委托具有资质的专业无害化处理场实施无害化处理（图2-9）。

图2-6 急宰间

图2-7 无害化处理间焚烧炉

图2-8 无害化处理间化制车间

图2-9 专业无害化处理场密闭运送车

## （七）屠宰间

将生猪致昏刺杀放血并加工成二分胴体（片猪肉）的场所。屠宰车间应包括车间内赶猪道、致昏间、刺杀放血间、烫毛脱毛剥皮间、胴体加工间、副产品加工间等。

## （八）检验室

按照《生猪屠宰管理条例》的规定，生猪屠宰企业应具备检验室，包括寄生虫检验室（图2-10、图2-11）以及理化和微生物检验室（图2-12）。实验室面积应能满足生产与检验需要，检验室应配备相应的检验设备和清洗、消毒设施。屠宰车间必须在摘取内脏岗位附近设置寄生虫检验室，用于旋毛虫等寄生虫检验（图2-11）。

## （九）化学品存放间

化学品存放间用于存放消毒药品等，通常设在待宰圈附近。

图2-10　寄生虫检验室设在屠宰车间摘取内脏岗位附近

图2-11　寄生虫检验室

图2-12　理化和微生物检验室

## （十）官方兽医室

县级以上地方人民政府的动物卫生监督机构依法向屠宰厂（场）派驻（出）官方兽医实施检疫。屠宰厂（场）应当提供与屠宰规模相适应的官方兽医驻场检疫室（即官方兽医室），并设置检疫操作台等设施。

## 二、车间内部结构与材料

《食品安全国家标准　食品生产通用卫生规范》（GB 14881—2013）等标准对车间建筑内部结构与材料有具体规定。

待宰圈、隔离圈、屠宰间等建筑内部结构应易于维护、清洁或消毒，应采用适当的耐用材料建造。

### （一）顶棚

1.顶棚应使用无毒、无味、与生产需求相适应、易于观察清洁状况的材料建造；若直接在屋顶内层喷涂涂料作为顶棚，应使用无毒、无味、防霉、不易脱落、易于清洁的涂料。

2.顶棚应易于清洁、消毒，在结构上避免冷凝水垂直滴下，防止虫害和霉菌孳生。

3.顶棚上固定的蒸汽、水、电等配件管路，应避免设置，于操作区的正上方；如确需设置，应有防止灰尘散落及水滴掉落的装置或措施。

（二）墙壁

1.墙面、隔断应使用无毒、无味的防渗透材料建造，在操作高度范围内的墙面应光滑、不易积累污垢且易于清洁；若使用涂料，应无毒、无味、防霉、不易脱落、易于清洁。

2.墙壁、隔断和地面交界处应结构合理、易于清洁，能有效避免污垢积存。例如，设置阴阳角等。

（三）门窗

1.门窗应闭合严密。门的表面应平滑、防吸附、不渗透，并易于清洁、消毒。应使用不透水、坚固、不变形的材料制成。

2.清洁作业区和准清洁作业区与其他区域之间的门应能及时关闭。

3.窗户玻璃应使用不易碎材料。若使用普通玻璃，应采取必要的措施防止玻璃破碎后对原料、包装材料及食品造成污染。

4.窗户如设置窗台，其结构应能避免灰尘积存且易于清洁，如台面向下倾斜45°。或采用无窗台构造。可开启的窗户应装有易于拆卸、清洁的防虫害窗纱。

（四）地面

1.地面应使用无毒、无味、不渗透、耐腐蚀的材料建造。地面的结构应有利于排污和清洗的需要。

2.地面应平坦、防滑、无裂缝，并易于清洁、消毒，并有适当的措施防止积水。

# 第二节　检验检疫设施

## 一、同步检验检疫设施

检验检疫操作岗位设置

生猪宰后应实施同步检验检疫。同步检验检疫是指与屠宰操作相对应，将生猪的内脏放到同步轨道上和生产线轨道上吊挂的胴体（带头蹄或不带头蹄）同步运行（图2-13、图2-14），由检验检疫人员对照检查和综合判定的一种检验检疫方法。为实现同步检验检疫，屠宰车间内需要设置同步检验检疫设施（图2-13）。

图2-13 同步轨道和胴体生产线轨道

图2-14 同步轨道

同步轨道是一条循环的轨道

有同步检验检疫设施的，胴体和摘出的膈脚要统一编号，同步检验检疫之前割下的头和蹄要编号。头蹄在劈半后或复验之后才割除的，仅胴体和膈脚统一编号。

没有同步检验检疫设施的，同一头猪的胴体、头、蹄、胃肠脾、心肝肺、膈脚要统一编为同一"号码"，以便对照检验检疫，统一处理。在内脏检验检疫点处应设检验检疫工作台、内脏输送滑槽及清洗消毒设施。

检验检疫轨道平面距地面的高度不应小于2.5m。

## 二、疑病猪间和疑病猪轨道

疑病猪间又称病猪间，是宰后检验和确诊可疑病猪的场所（图2-15）；疑病猪轨道又称病猪岔道，是从胴体生产线轨道上分支出来的一条病猪轨道（图2-15）。按照《猪屠宰与分割车间设计规范》（GB 50317—2009）的规定，在头部检查、胴体检查和复检操作的生产线轨道上，必须设有疑病猪屠体或疑病猪胴体检查的分支病猪轨道。该轨道通向疑病猪间（图2-15）。疑病猪轨道与生产线轨道在疑病猪间内形成一个回路。

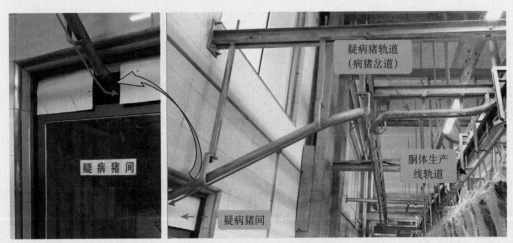

**图2-15　疑病猪间和疑病猪轨道**

在疑病猪屠体或疑病猪胴体检验的分支轨道处，应安装有控制生产线运行的急停报警开关装置和装卸病猪屠体或病猪胴体的装置。

在疑病猪轨道的疑病猪屠体或疑病猪胴体卸下处，应备有不渗水的密闭专用车，车上应有明显标记。

## 三、照明设施及要求

车间内应有适宜的自然光线或人工照明。照明灯具的光泽不应改变加工物的本色，亮度应能满足屠宰加工和检验检疫工作需要。在暴露肉类的上方安装的灯具，应使用安全型照明设施或采取防护设施，以防灯具破碎而污染肉品。

猪屠宰与分割车间宜采用分区一般照明与局部照明相结合的照明方式，各场所及操作台面的照明标准值不宜低于表2-1的规定。

表2-1　屠宰间与分割间照明标准值

| 照明场所 | 照明种类及位置 | 照度（lx） | 照明密度（W/m²） |
|---|---|---|---|
| 屠宰间 | 屠宰加工流水生产线操作部位照明 | 200±10% | 10 |
| | 检验操作部位照明 | 500±10% | 20 |
| 分割间、副产品加工间 | 操作台面照明 | 300±10% | 15 |
| | 检验操作台面照明 | 500±10% | 25 |
| 寄生虫检验室 | 工作台面照明 | 750±10% | 30 |
| 待宰圈、隔离圈 | 一般照明 | 50±10% | 4 |
| 急宰间 | 一般照明 | 100±10% | 6 |

在照明光源的选择上，应遵循节能、高效的原则，屠宰间与分割间宜采用节能型荧光灯或金属卤化物灯。

# 第三节　兽医卫生检验人员卫生要求

生猪屠宰企业应配备相应数量的兽医卫生检验人员。兽医卫生检验人员不反应经过专业培训，具有专业技能，还应遵守卫生管理要求。

**（一）健康检查要求**

兽医卫生检验人员需经体检合格，并取得健康证后方可上岗，每年应进行一次健康检查，必要时做临时健康检查。凡患有影响食品安全的疾病者，应调离肉品生产与检验岗位。

**（二）清洁卫生要求**

兽医卫生检验人员应保持个人清洁，与生产无关的物品不应带入车间；工作时不应戴首饰、手表，不应化妆；进入车间时应洗手、消毒。

（三）着装、消毒要求

兽医卫生检验人员上岗前应穿戴好工作服、工作帽、手套、口罩、胶靴等，必要时戴防护镜。不得穿着工作服离开工作场所（如去餐厅、办公室和卫生间等），工作服和日常服装应分开存放。下班后应将换下的工作服统一收集、统一清洗消毒、烘干后再穿。

## 附　人员进入车间着装、消毒操作程序

人员进入车间时，应更换工作衣帽、鞋靴，洗手消毒，并经过消毒池进入车间。生产结束后，应将工器具放至指定地点，清洗双手并消毒后，更换工作衣帽、鞋靴后方可离开生产区。

人员进入车间着装、消毒操作流程为：穿工作服、戴口罩、戴帽、穿工作鞋、洗手消毒、工作服除尘、鞋靴清洗消毒（图2-16）。

进入车间洗手消毒程序为：清水洗手→皂液搓洗→清水冲洗皂液→消毒液浸泡30s→清水冲洗→干手（图2-16）。手部清洗后应使用75%酒精喷雾消毒，或用50～100mg/L次氯酸钠溶液浸泡不少于30s及其他有效方式消毒。

在工作服除尘环节，可采用滚刷或风淋机除去身上的灰尘、头屑、毛发等污物。
遇到下列情况之一的，必须洗手消毒。
(1) 进入车间之前。
(2) 开始工作之前。
(3) 上厕所之后。
(4) 处理被污染的原料或病猪及其产品之后。
(5) 从事与生产无关的其他活动之后。

**图2-16　人员进入车间着装、消毒操作流程**
①穿工作服、戴口罩、戴帽、穿工作鞋；②手部浸泡消毒；③清水冲洗；④干手；⑤滚刷除尘；⑥风淋室除尘；⑦A、⑦B鞋靴清洗；⑧鞋靴消毒

# 第四节 消毒技术要求

## 一、生猪车辆出入厂消毒

运输生猪车辆的出入口处应设置与门同宽，长4m、深0.3m以上，且能排放和更换消毒液的车轮消毒池（图2-17）。池内消毒液建议用2%的氢氧化钠或600～700mg/L的含氯消毒剂（二氧化氯、次氯酸钠或二氯异氰尿酸钠）等，可对车轮进行消毒。另外，可用50～100mg/kg的含氯消毒剂对车体及生猪进行喷雾消毒。

图2-17 生猪进厂入口处 车轮消毒池

## 二、车间消毒

### （一）屠宰、分割间入口消毒

屠宰、分割间入口应设与门同宽的鞋靴消毒池，长度不小于2.0m、深0.1m，内置有效氯含量600～700mg/L的含氯消毒剂等消毒液，并能定期排放和更换消毒液（图2-18）。

图2-18 屠宰间入口鞋靴消毒池和洗手池

## （二）屠宰、分割间内部环境消毒

首先机械清扫车间地面、墙面、设备表面的污物，用高压清洗消毒机（季铵盐消毒液400mg/L）冲刷地面、墙面和设备表面（图2-19），再用清水冲洗干净；也可用100～200mg/L的氯制剂喷洒消毒；非工作时间可对车间环境按100～200mg/（h·m²）的臭氧消毒。

图2-19 车间高压消毒

### 三、车间、卫生间入口洗手消毒

车间、卫生间入口处应配有出水温度适宜的洗手设施，干手和消毒设施。洗手设施应采用非手动式开关。消毒设施一般采用手部浸泡消毒池，池内通常置50～100 mg/L次氯酸钠溶液。

### 四、工器具消毒

在各检验检疫操作区和头部刺杀放血、预剥皮、雕圈、剖腹取内脏等操作区，应设置82℃刀具热水消毒池（图2-20）。检验刀具、检验台、盛放内脏的托盘等，每次使用后，应使用82℃热水进行清洗消毒。检验检疫人员应配备两套刀具，一套使用，另外一套放在82℃消毒池中消毒，轮换使用和消毒，做到"一猪一刀一消毒"。

班后将所用检验检疫工器具清洗干净，煮沸消毒；也可使用0.5%过氧乙酸溶液等浸泡消毒并清洗干净；或者用500～1 000mg/L的含氯消毒剂充分喷洒或擦拭消毒。

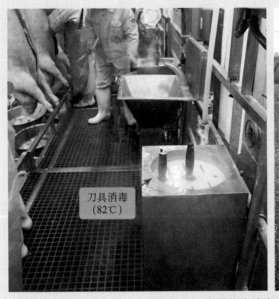

图2-20  刀具热水消毒池（82℃）

### 五、圈舍消毒

待宰圈生猪在圈待宰12h以上时，可使用50～100mg/L的含氯消毒剂或0.1%过氧乙酸溶液等喷雾消毒。隔离间带猪消毒时，可使用0.1%～0.3%过氧乙酸溶液、有效氯含量200～300mg/L的含氯消毒剂等进行喷雾消毒。待宰圈送宰后，应对空圈的地面、墙壁等部位使用有效氯含量1 000mg/L以上的含氯消毒剂或2%～3%氢氧化钠溶液等进行喷雾消毒（图2-21）。

图2-21　圈舍消毒

## 六、防护用品消毒

工作服、帽清洗后使用200～300mg/L的次氯酸钠溶液、0.5%过氧乙酸溶液等浸泡消毒。胶靴、围裙等橡胶制品，班后清洗后使用有效氯含量600～700mg/L的含氯消毒剂等擦拭消毒。

## 附　生猪运输管理

按照农业农村部第79号公告的要求，生猪运输车辆与车辆所有人应具备如下条件：

### 一、生猪运输车辆应当符合以下条件

1.采用专用机动车辆，车辆载重、空间等与生猪大小、数量相适应（图2-22）；

2.厢壁及底部耐腐蚀、防渗漏；

3.随车配有简易清洗、消毒设备；

4.卸车后，运输车辆、工具及相关物品要进行清洗和消毒。

5.具有其他保障动物防疫的设施设备。

6.跨省、自治区、直辖市运输生猪的车辆，应配备车辆定位跟踪系统。

## 二、车辆所有人应具以下条件

1.应具有工商营业执照；

2.道路运输经营许可证；

3.机动车行驶证；

4.备案车辆的车辆营运证；

5.应有登记注册的《生猪运输车辆备案表》。

## 三、运输生猪时，应具备如下条件

1.为生猪提供必要的饲喂和饮水条件；

2.通过分栏隔离使生猪密度符合要求，每栏生猪的数量不能超过15头，装载密度不能超过265kg/m²（图2-22）。

3.当温度高于25℃或者低于5℃时，应当采取必要防护措施（图2-22）。

**图2-22 多层分栏 生猪专用运输车**
共3层，底层5间，上两层7间，每间8～10头，每车180头左右
每个房间都安装有通风装置的电风扇

第三章

# 兽医卫生检验基础知识

# 第一节 猪解剖学基础知识

猪的系统解剖学可按器官功能分为运动、被皮、消化、呼吸、泌尿、生殖、心血管、淋巴、内分泌、神经和感觉系统等，本节介绍与屠宰检验检疫有关的猪的主要解剖部位和9大系统的解剖学基础知识，不涉及神经和感觉系统。

## 一、主要部位

猪体各部分划分和命名主要以骨为基础，可分为头部、躯干和四肢三部分。

### （一）头部

1.颅部　位于颅腔周围，分为枕部（在头颈交界部，两耳根之间）、顶部（在枕部的前方）、额部（在顶部之前，两眼眶之间）、颞部（在耳和眼之间）、耳部（包括耳及耳根）和腮腺部（在耳根腹侧，咬肌后方）。

2.面部　位于口腔和鼻腔周围，分为眼部（包括眼及眼睑）、眶下部（在眼眶前下方）、鼻部（包括鼻孔、鼻背和鼻侧）、咬肌部（咬肌所在部位）、颊部（颊肌所在部位）、唇部（包括上唇和下唇）、颏部（在下唇腹侧）和下颌间隙部（在下颌支之间）。

### （二）躯干

1.颈部　分为颈背侧部、颈侧部和颈腹侧部。

2.背胸部　分为背部、胸侧部（肋部）和胸腹侧部（包括胸前部和胸骨部）。

3.腰腹部　分为腰部和腹部。

4.荐臀部　分为荐部和臀部。

5.尾部　分为尾根、尾体和尾尖。

### （三）四肢

1.前肢　分为肩部（肩带部）、臂部、前臂部和前脚部（分腕部、掌部和指部）4部分。

2.后肢　分为臀部、股部、膝部、小腿部和后脚部（分为跗部、跖部和趾部）5部分。

## 二、被皮系统

被皮由皮肤和皮肤衍生物构成。在有的部位，皮肤演变成为特殊器官，如蹄、毛、皮脂腺、乳腺等，称其为皮肤衍生物。兽医卫生检验人员需掌握与生猪屠宰检验检疫有关的被皮系统知识。

### （一）皮肤

皮肤覆盖于体表，与外界接触，为天然屏障，在天然孔（口裂、鼻孔、肛门和尿生殖道外口等）处与黏膜相接。在生猪宰前检查、宰后体表检查和胴体检查时，应注意观察体表、皮肤有无异常。

### （二）猪蹄

蹄位于指（趾）端，由皮肤演变而成，结构与皮肤相似，由蹄匣和肉蹄构成。猪为偶蹄动物，指（趾）端有2个主蹄（与地面接触）和2个副蹄（又称悬蹄，很小，不着地）。主蹄分为蹄壁、蹄缘、蹄冠和蹄枕。蹄壁的上缘叫蹄冠，蹄冠与皮肤相连接的部分叫蹄缘，位于底面后部为蹄枕（又称蹄球），两主蹄之间的裂隙叫蹄叉（图3-1）。

猪患口蹄疫时蹄冠、蹄球、蹄叉出现水疱和破溃。

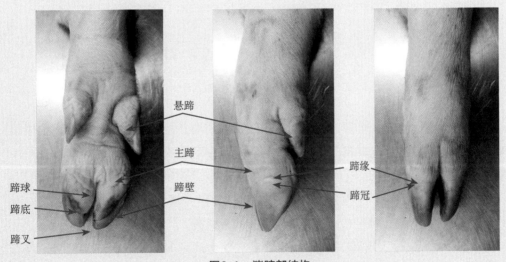

图3-1　猪蹄部结构
（吴晗，孙连富，《生猪屠宰检验检疫图解手册》）

## 三、运动系统

猪的运动系统由骨、骨连结和肌肉3部分组成。骨与骨之间借纤维结构组织、软骨、骨组织相连，形成骨连接。动物全身的骨借骨连结形成骨骼，构成坚固支架，肌肉附着于骨上。

（一）骨骼

猪全身骨骼的部位及名称见图3-2。

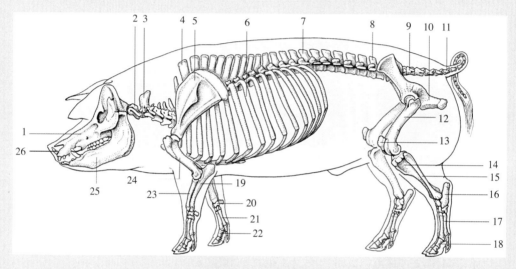

图3-2　猪全身骨骼

1. 上颌骨　2. 寰椎　3. 枢椎　4. 第1胸椎　5. 肩胛骨　6. 肋骨　7. 第1腰椎　8. 腰椎　9. 荐骨
10. 髋骨　11. 尾椎　12. 股骨　13. 膝盖骨　14. 胫骨　15. 腓骨　16. 跗骨　17. 距骨　18. 趾骨
　　19. 尺骨　20. 腕骨　21. 掌骨　22. 指骨　23. 桡骨　24. 肱骨　25. 下颌骨　26. 吻骨
（陈耀星，刘为民，《家畜兽医解剖学教程与彩色图谱》，2009）

（二）肌肉

猪肉分割加工时，通常根据分割标准及市场需要，按部位进行分割。在胴体检查和复检时，应注意观察肌肉色泽有无异常；猪宰后检查寄生虫时，需要检查下述肌肉。

1. 咬肌　咬肌位于下颌支的外侧，起于颧弓和面嵴内面，止于下颌支的外面（图3-3）。头部检查，需剖检两侧咬肌，以检查囊尾蚴。

2. 膈　膈为一大圆形板状肌，构成胸腔和腹腔间的间隔，又称为横膈膜。膈周围由肌纤维构成，称肉质缘（肌质部）；中央为强韧的腱膜（腱质部）凸向胸腔，称中心腱（图3-4）。膈的肉质缘有三个部位附着于体壁：①肋部，附着于肋软骨；②胸骨部，附着于胸骨的剑状软骨背侧；③腰部，附着于腰椎腹侧，分为左膈脚和右膈脚。左膈脚较小，起于2～3腰椎腹侧，止于中心腱；右膈脚较大，起于前4个腰椎腹侧，止于中心腱。旋毛虫检查，从膈脚取样（图3-5）。

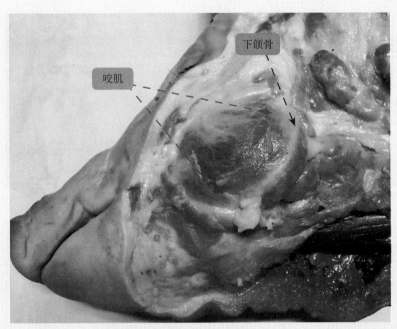

图3-3 屠宰猪咬肌（孙连富 供图）

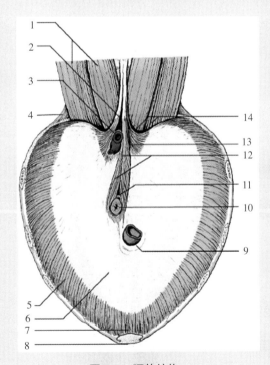

图3-4 膈的结构

1.腰肌 2.膈脚起始腱 3.主动脉 4.肋缩肌 5.肌质缘肋部 6.中央腱 7.肌质缘胸骨部 8.剑状软骨
9.后腔静脉裂孔 10.食管裂孔 11.迷走神经 12.右膈脚腹侧支 13.右膈脚外侧支 14.腰肋弓
（农业部兽医局，中国动物疫病预防控制中心，《全国畜禽屠宰疫检疫检验培训教材》）

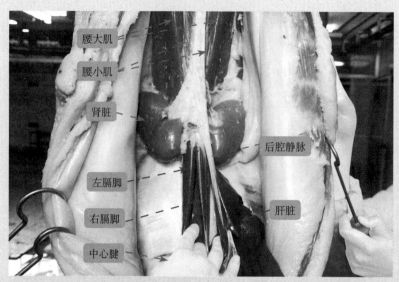

图3-5　吊挂猪膈肌、腰肌（孙连富　供图）

3.腰肌　腰肌属于脊柱肌，位于腰椎两侧的长肌，大部分位于腰椎椎体与横突之间的陷沟内，肌纤维以羽状形式向外下方排列走行（图3-6）。腰肌包括腰小肌和腰大肌。腰小肌位于腰椎腹侧面的两侧；腰大肌是腰椎腹侧最大的肌肉，位于腰小肌的外侧。胴体检查，需剖检两侧腰小肌，观察有无囊尾蚴。

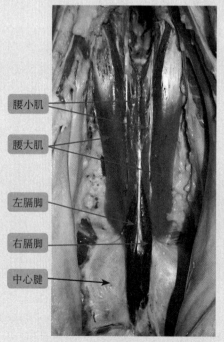

图3-6　吊挂猪腰肌（孙连富　供图）

## 四、消化系统

消化系统由消化管和消化腺两部分组成。消化管长而曲折，包括口腔、咽、食管、胃、小肠、大肠和肛门（图3-7）。消化腺分为两类：①位于消化道外，如唾液腺、肝脏和胰脏；②分布于消化道壁内的小腺体，在显微镜下方可看到，如胃腺、肠腺等。

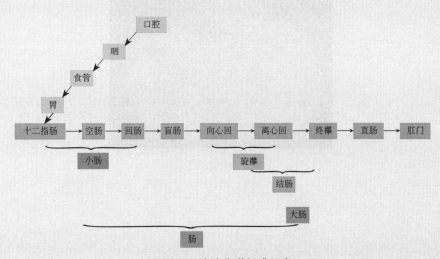

**图3-7 猪消化道组成示意**

（吴晗，孙连富，《生猪屠宰检验检疫图解手册》）

### （一）口腔

口腔是消化道和呼吸道的入口，由唇、颊、硬腭、软腭、口腔底、舌和齿组成。猪唇运动不灵活，上唇短厚，与鼻端一起形成吻突（图3-8）。头部检查时，应注意观察吻突、舌面、口腔黏膜有无异常。

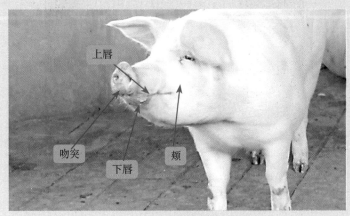

**图3-8 猪头部结构**

（吴晗，孙连富，《生猪屠宰检验检疫图解手册》）

（二）胃

猪胃位于腹腔内，呈囊状，前端以贲门接食管，后端以幽门通十二指肠，其结构包括幽门部、贲门部、胃体、胃小弯、胃大弯、胃憩室、胃底部（图3-9）。

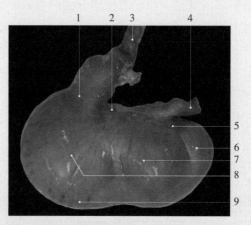

图3-9　猪胃外部结构

1.幽门部　2.胃小弯　3.十二指肠　4.食管　5.贲门部　6.胃憩室　7.胃体　8.胃底部　9.胃大弯
（陈耀星等，动物解剖学彩色图谱，2013）

（三）肠

肠起自胃的幽门，止于肛门，分小肠和大肠两部分。小肠为细长的管道，包括十二指肠、空肠和回肠3部分，长15～21m；大肠管径比小肠粗，包括盲肠、结肠和直肠3部分，长3.5～6m（图3-10，图3-11）。

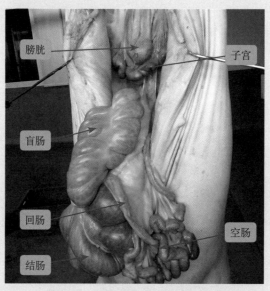

图3-10　吊挂猪剖腹后大肠与小肠

（吴晗，孙连富，《生猪屠宰检验检疫图解手册》）

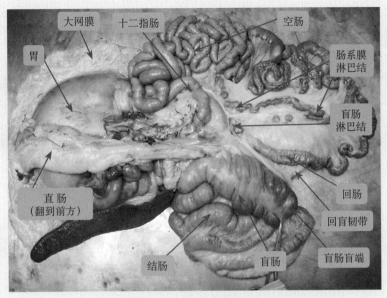

**图3-11 猪消化系统主要器官——胃、肠**
（吴晗，孙连富，《生猪屠宰检验检疫图解手册》）

## （四）肝脏

肝脏位于腹腔最前端、膈的后方，大部分位于右季肋部，呈暗褐色。猪肝脏分膈、脏两面，膈面（壁面）光滑隆凸，脏面凹，有肝门。猪肝分叶明显，腹侧缘有3条较深的叶间切迹，将肝脏分为左外叶、左内叶、右内叶和右外叶，方叶和尾状叶位于肝门附近。胆囊位于肝右内叶和方叶之间的胆囊窝内，呈长梨形（图3-12、图3-13）。

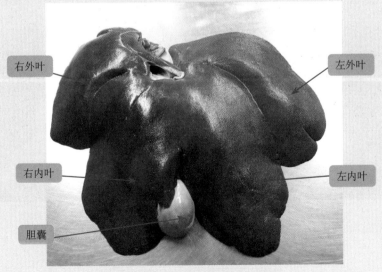

**图3-12 猪肝膈面结构**
（吴晗，孙连富，《生猪屠宰检验检疫图解手册》）

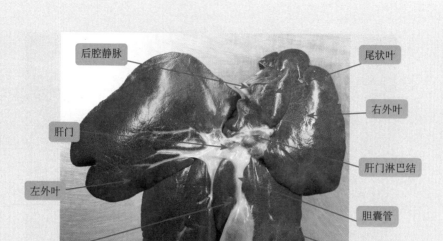

图3-13　猪肝脏面结构（孙连富　供图）

（五）胰脏

胰脏位于腹腔背侧，靠近十二指肠，呈淡红黄色，质地柔软，呈不规则三角形。可分为左、中、右3叶，中叶又称胰头（或叫胰体）（图3-14）。

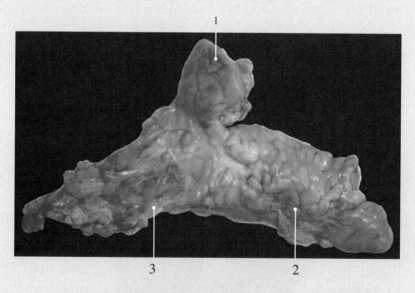

图3-14　猪胰脏结构
1.胰右叶　2.胰左叶　3.胰体
（陈耀星等，动物解剖学彩色图谱，2013）

### 五、呼吸系统

呼吸系统由呼吸道、肺脏和呼吸辅助器官三部分组成（图3-15）。呼吸道是气体进出肺的通道，包括鼻、咽、喉、气管和支气管；肺脏为气体交换的器官；呼吸辅助器官包括胸膜和胸膜腔。

（一）鼻

鼻是呼吸道的起始部分，分为外鼻、鼻腔和鼻旁窦。鼻尖与上唇一起构成了吻突（图3-8）。

（二）喉

喉位于头颈交界的腹侧、下颌间隙的后方，悬于两甲状舌骨之间（图3-15）。喉软骨包括环状软骨、甲状软骨、会厌软骨和成对的勺状软骨。

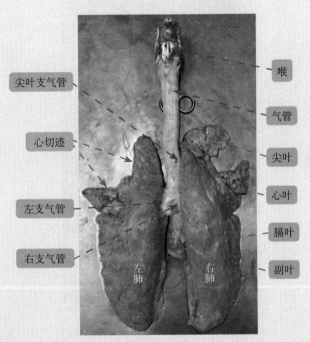

图3-15　猪呼吸系统结构（孙连富　供图）

（三）气管和支气管

气管长15～20cm，位于颈腹侧中线，由喉向后延伸，经胸前口入胸腔。猪有三个支气管，气管在第3肋间分出尖叶支气管，进入右肺尖叶；在心底背侧（相当于第4～6肋间隙处）分为左、右两条主支气管，分别经肺门进入左、右肺（图3-15）。气管和支气管为圆筒状长管，由软骨环构成支架。

**（四）肺脏**

肺脏位于胸腔内，心脏两侧，分左肺和右肺，左肺分3叶：尖叶、心叶、膈叶；右肺分4叶：尖叶、心叶、膈叶和副叶（图3-15），右肺比左肺大。肺脏呈浅红色，海绵状，富有弹性，表面光滑、湿润。在内脏检查时，应注意观察肺脏有无异常。

## 六、泌尿系统

泌尿系统由肾脏、输尿管、膀胱和尿道组成（图3-16）。

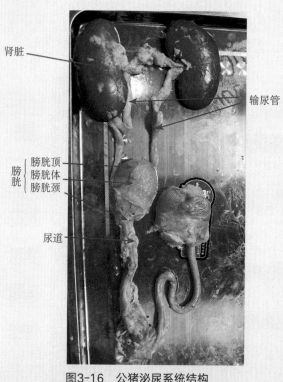

图3-16 公猪泌尿系统结构

（吴晗，孙连富，《生猪屠宰检验检疫图解手册》）

**（一）肾脏**

肾脏成对，位于腹主动脉和后腔静脉两侧、腰椎的腹侧。猪肾脏呈棕色，放血后呈灰棕色，表面光滑，呈豆形，肾门位于肾脏内侧缘中部（图3-17）。肾脏由被膜和实质构成。被膜即纤维囊，又称肾包膜。猪宰后要剥离肾包膜，健康猪容易剥离。肾包膜的外面有一层脂肪包裹叫肾脂囊。肾实质由若干个圆锥状的肾小叶组成，每个肾小叶可分为外部皮质部和内部髓质部，皮质薄，髓质厚。肾小叶的末端钝圆叫肾乳头（猪有8～12个），朝向肾门，每个肾乳头由一个肾小盏包绕，肾乳头流出的尿液进入肾小盏，再汇入两条肾大盏，经肾盂进入输尿管和膀胱。

宰后检查肾脏时，要注意肾表面、肾皮质、肾髓质、肾乳头、肾盂有无出血点等异常。

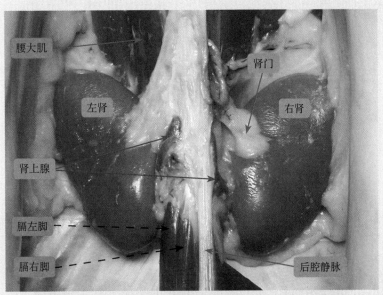

图3-17 猪肾脏及肾上腺结构（孙连富 供图）

### （二）膀胱

膀胱是暂时贮存尿液的器官，位于盆腔内，呈椭圆形，尿液充盈时呈圆形，伸入腹腔内（图3-16、图3-18）。膀胱前端钝圆称膀胱顶，凸向腹腔；后端细小称膀胱颈，与尿道相连；中间为膀胱体（图3-16、图3-18）。检查膀胱时，应注意观察有无猪瘟的出血性变化；检测瘦肉精时，可从膀胱取尿液。

## 七、生殖系统

### （一）母猪生殖器官

母猪生殖器官由卵巢、输卵管、子宫、阴道、阴道前庭和阴门组成。猪的子宫角长而弯曲（图3-18）。

### （二）公猪生殖器官

公猪生殖器官由睾丸、附睾、输精管、尿道、副性腺、阴茎、包皮和阴囊等组成（图3-19）。

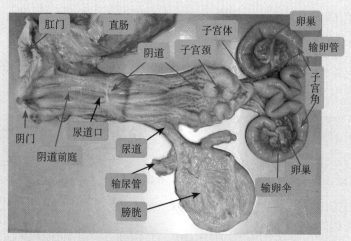

图3-18　母猪泌尿生殖器官（孙连富　供图）

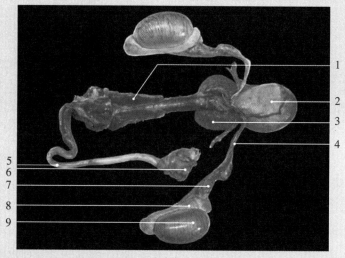

图3-19　公猪泌尿生殖器官结构

1.尿道球腺　2.膀胱　3.精囊腺　4.输精管　5.阴茎　6.包皮憩室　7.精索　8.附睾　9.睾丸
（陈耀星等，《动物解剖学彩色图谱》，2013）

## 八、心血管系统

心血管系统为一个密闭的循环管道，血液在其中流动，由心脏、动脉、毛细血管和静脉构成。心脏是推动血液流动的动力器官，动脉是引流血液出心脏的血管，静脉是引流血液回心脏的血管，毛细血管是位于动静脉之间的微细血管。

### （一）心脏

心脏位于第2～6肋间，胸腔纵隔内，夹于两肺之间，略偏左侧，呈前后略扁的圆锥体，下部略尖，为心尖；上部较大，为心基（心底）。心脏表面有一环形的冠状沟和2条纵沟（图3-20），冠状沟为心房和心室的外表分界，上为心房，下为心室。左纵沟（前纵沟）较长，位于心脏的左前方；右纵沟（后纵沟）较短，位于心脏的右后方。两纵沟相当于两心室的外表分界。房中隔和室中隔把心脏分为左、右两半，每一半又由心房和心室组成，心房与心室相交的口叫房室口（图3-21，图3-22）。

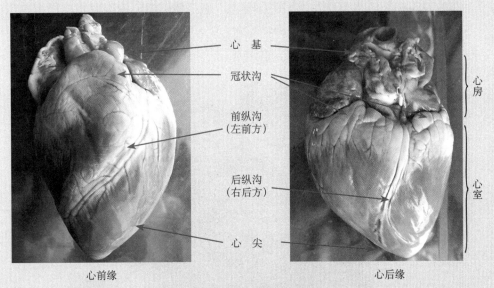

心前缘　　　　　　　　　　　　　　　　心后缘

**图3-20　猪心脏外部结构**

（吴晗，孙连富，《生猪屠宰检验检疫图解手册》）

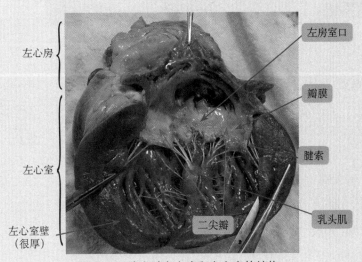

**图3-21　猪心脏左心房和左心室的结构**

（吴晗，孙连富，《生猪屠宰检验检疫图解手册》）

心脏的房室口和动脉口都有瓣膜，叫心瓣膜，血液顺流时开放，逆流时关闭，保证血液朝一个方向流动。右房室口有三片瓣膜叫三尖瓣（图3-22），左房室口有两片瓣膜叫二尖瓣（图3-21）；肺动脉口和主动脉口都有三个半月形的瓣膜叫半月瓣，肺动脉口的半月瓣又叫肺动脉瓣，主动脉口的半月瓣又叫主动脉瓣。

心壁由外向内依次为心外膜、心肌、心内膜。

心包为包裹心脏的浆膜囊，分脏层和壁层，脏、壁两层之间的腔隙，称为心包腔，心包外面有强韧的纤维膜和心包胸膜固定心脏。

宰后检查心脏时，要注意心包腔、心外膜、心内膜、二尖瓣、心肌有无异常。

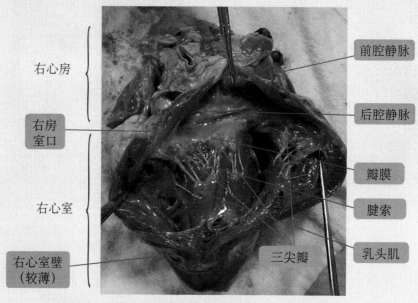

图3-22　猪心脏右心房和右心室的结构
（吴晗，孙连富，《生猪屠宰检验检疫图解手册》）

**（二）血管**

1．动脉　动脉血管连于心脏和毛细血管之间，血液循环有2种形式：①肺循环，又称为小循环，是指血液由右心室输出，经肺动脉、肺毛细血管、肺静脉回流到左心房；②体循环，又称为大循环，是指血液由左心室输出后，经主动脉及其分支运输到全身各部，通过毛细血管、静脉回流到右心房。

2．静脉　静脉血管连于毛细血管和心脏之间，收集血液流回心脏。全身的静脉汇集成心静脉、前腔静脉、后腔静脉等静脉系。

3．毛细血管　连于动脉和静脉之间，互相连接成网，是血液与组织间进行物质交换的部位。

### 九、淋巴系统

淋巴系统由淋巴、淋巴管、淋巴组织、淋巴器官组成。生猪宰后检查中，要注意观察脾脏、淋巴结有无异常，必要时检查扁桃体。

#### （一）脾脏

脾脏是体内最大的淋巴器官。猪脾脏呈细而长的带状，暗红色，质地较坚实，位于胃大弯左侧，上端稍宽，下端稍窄（图3-23）。脾脏外包被膜，实质由红髓和白髓组成，红髓位于白髓周围，白髓呈灰白色。

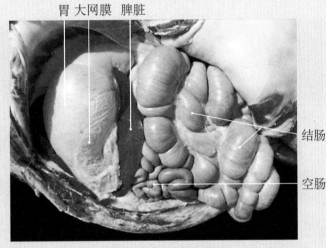

**图3-23　猪脾脏位置**

（陈耀星等，《动物解剖学彩色图谱》，2013）

#### （二）扁桃体

猪扁桃体分布于口、咽部，有舌扁桃体、会厌旁扁桃体、腭帆扁桃体、咽扁桃体和咽鼓管咽口扁桃体。

#### （三）淋巴结

淋巴结位于淋巴管的通路上，呈椭圆形或带状。淋巴结一侧凸隆，另一侧凹陷为淋巴门。活体中淋巴结为粉红色或红褐色，屠宰放血后为不同程度的灰白色、略带黄色，无血色。饲喂脂类物质较多的饲料，肠系膜淋巴结呈乳白色；长期饲喂叶黄素较多的饲料，淋巴结有不同程度的黄色；长期吸收炭尘后支气管淋巴结呈黑色。

一般动物的输入淋巴管有多条，从淋巴结的凸部进入淋巴结，输出淋巴管有1～2条，从淋巴结的凹陷处（淋巴门）离开淋巴结。猪则相反，输入淋巴管从淋巴门进入，输出淋巴管从凸部离开。

淋巴结由被膜和实质构成，被膜深入实质形成许多小梁，构成淋巴结的支架。

淋巴结的实质由淋巴组织构成，分为皮质和髓质。一般动物，皮质位于淋巴结的外周，由淋巴小结、副皮质区和皮质淋巴窦组成；髓质位于淋巴的中央部，由髓索和髓质淋巴窦构成。猪则相反，皮质位于中央，髓质位于外周（小猪多见），或皮、髓质相混存在（大猪多见）。

猪有190多个淋巴结，在头部、内脏、胴体检查时，需剖检下述淋巴结。

1.下颌淋巴结　位于下颌间隙的后部、下颌腺的前方、胸骨舌骨肌的外侧，被耳下腺覆盖着（图3-24），呈卵圆形或扁椭圆形。猪在放血后、脱毛前，应剖检两侧下颌淋巴结，观察有无异常。

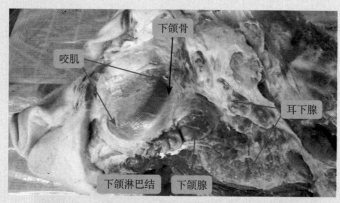

图3-24　猪下颌淋巴结及周围结构（孙连富　供图）
下颌腺和下颌淋巴结表面覆盖的一部分耳下腺已剥离掉

2.腹股沟浅淋巴结　在母畜又称乳房淋巴结，位于最后一对乳头的外侧皮下。在公畜又称阴囊淋巴结，位于阴囊的前下方、阴茎的两侧（图3-25）。胴体检查时，应剖检两侧的腹股沟浅淋巴结，观察有无异常。

3.支气管淋巴结　支气管淋巴结有左、右、中和前支气管淋巴结，左、右支气管淋巴结分别位于气管分叉的左方背面（被主动脉弓覆盖）、右方腹面（图3-26）。肺脏检查时，应剖检一侧支气管淋巴结。

4.肝门淋巴结　位于肝门或门静脉表面（图3-13）。肝脏检查时，应剖检肝门淋巴结。

5.肠系膜淋巴结　位于空回肠系膜中，形成两列，沿小肠分布如串索状（图3-27）。内脏检查时，需剖检肠系膜淋巴结。

6.腹股沟深淋巴结（必要时）　分布于髂外动脉分出旋髂深动脉后，进入股管以前的一段血管旁，有的靠近旋髂深动脉起始处，甚至与髂内淋巴结连在一起。这组淋巴结在生猪常缺失，或并入髂内淋巴结。

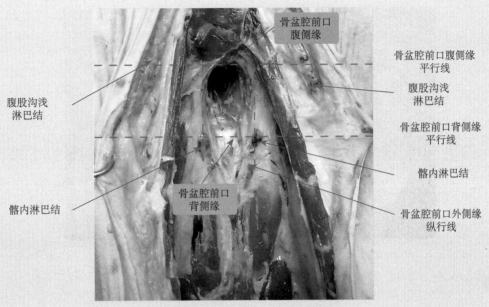

图3-25　猪胴体后半部主要淋巴结

（吴晗，孙连富，《生猪屠宰检验检疫图解手册》）

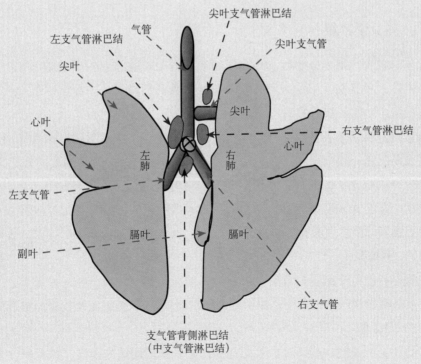

图3-26　猪肺脏结构及支气管淋巴结示意图（孙连富　供图）

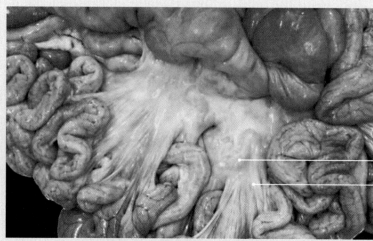

肠系膜淋巴结

肠系膜

**图3-27　猪肠系膜淋巴结**
（陈耀星等，《动物解剖学彩色图谱》，2013）

7.髂下淋巴结（必要时）　位于髋结节与膝关节之间的股阔筋膜张肌前缘中部的皮下，包埋于脂肪内（图5-149）。

8.髂内淋巴结（必要时）　位于旋髂深动脉起始部的前方，腹主动脉分出髂外动脉处的附近（图3-25）。

## 十、内分泌系统

内分泌系统包括内分泌腺和内分泌组织。内分泌腺在结构上单独存在，包括垂体、松果体、甲状腺、甲状旁腺、肾上腺、胸腺、性腺等，内分泌组织则散存在其他器官组织中，如胰腺内的胰岛等。

动物内分泌腺被人食用后，绝大部分内分泌腺分泌的激素可以被人体消化液分解，对人无危害，如脑垂体、胸腺、甲状旁腺、胰岛、甲状腺C细胞等分泌的激素；少部分内分泌腺分泌的激素不能被人体消化液分解，吸收后进入血液，会引起人体代谢紊乱，甚至会威胁生命，因此，在屠宰动物时这类内分泌腺必须摘除，如甲状腺和肾上腺（分泌皮质激素）。

**（一）甲状腺**

猪的甲状腺位于胸前口气管的腹侧面，腺峡与左右侧叶连成一个整体，分叶不明显，呈长椭圆状，形如大枣，深红色（图3-28）。甲状腺在头蹄检查时被摘除。

**（二）肾上腺**

猪的肾上腺成对，长而窄，表面有沟，位于肾内侧缘的前方（图3-29）。肾上腺实质可分为周围的皮质和中央的髓质两部分（图3-30）。肾上腺在内脏检查时被摘除。

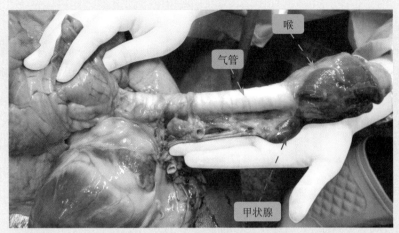

图3-28 猪甲状腺位置（孙连富 供图）

图3-29 猪肾脏和肾上腺位置
（吴晗，孙连富，《生猪屠宰检验检疫图解手册》）

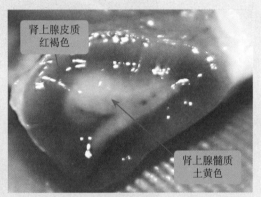

图3-30 猪肾上腺横切面结构
（吴晗，孙连富，《生猪屠宰检验检疫图解手册》）

# 第二节　动物病理学基础知识

　　动物病理学是研究动物疾病的原因、发病机理和患病机体所呈现的形态结构、代谢和机能等方面的变化，揭示疾病发生发展和转归的一门学科，包括基础病理学、系统病理学和疾病病理学3部分内容。本节主要介绍基础病理学中的出血、充血、淤血、水肿、脓肿、坏死、败血症、肿瘤等病理变化，传染病的病理变化见本章第四节，黄疸、中毒等病理变化见第五节。

## 一、充血和淤血

充血是指组织、器官的血管内血液含量增多的状态，可分为动脉性充血和静脉性充血。动脉性充血是指局部组织或器官动脉输入血量增多，以致动脉血管内含血量增多，简称充血。静脉性充血是指静脉回流受阻，引起局部组织器官的毛细血管和小静脉血量增多，又称为被动性充血，简称淤血。

### （一）充血

动脉充血时，局部组织、器官肿胀，小血管过度扩张，血管内含血量增多。生猪体表充血时，局部组织呈鲜红色，温度升高。充血发生于炎症时，局部组织有浆液渗出，如急性猪丹毒的皮肤充血（图3-31）。

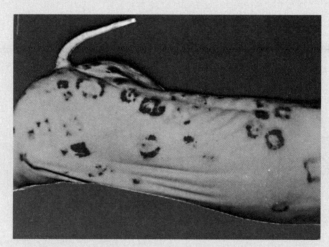

图3-31 猪丹毒的皮肤充血（俗称"打火印"）
（中国食品总公司，《肉品卫生检验图册》）

### （二）淤血

静脉充血的组织和器官肿胀，呈暗红色甚至蓝紫色，切面多血，有时伴有水肿、出血、增生等病理变化。

1. 体表淤血 生猪宰前局部皮肤发绀，如猪蓝耳病（图3-32），宰后有类似病理变化。

2. 肺淤血 急性淤血肺脏膨胀，呈暗红色或暗紫色，切面有暗红色血液流出（图3-33）。急性淤血，肺脏硬化，呈棕褐色。

3. 肝淤血 急性淤血，肝脏肿大，呈暗红色（图3-34），切面流出多量暗红色血液。慢性淤血，肝脏切面暗红色淤血区与灰黄色脂肪变性区相间，似槟榔花纹，称为槟榔肝。慢性淤血可发展为肝萎缩、坏死，甚至肝硬化。

**图3-32 猪蓝耳病的皮肤淤血**
全身性淤血，躯体末端蓝紫色
（江斌，《猪病诊治图谱》）

**图3-33 急性肺淤血**
肺血管和肺泡壁毛细血管淤血，肺实质变红
（James F. Zachary，《Pathological Basis of Veterinary Disease》，Fifth Edition, 2012）

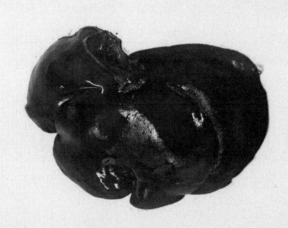

**图3-34 肝淤血**（佘锐萍 供图）
猪肝脏肿大，暗红色，伴有水肿

## 二、出血

出血是指血液流出到血管或心脏之外。根据出血的部位不同，分为外出血和内出血两种：①血液流出体外的，称为外出血；②血液流到组织间隙或体腔内的，称为内出血。出血可发生于全身或者局部，表现有血肿、积血，也见局部组织器官散在出血点、出血斑。引起出血的原因有病理性、机械性的，也见电麻出血、呛血等，应注意加以鉴别。

### （一）病理性出血

生猪发生猪瘟、非洲猪瘟等传染病，或砷中毒、有机磷中毒等中毒性疾病时，可见皮肤、黏膜、浆膜、淋巴结及局部组织器官出血。如猪瘟病猪的体表有出血点或出血斑（图3-35），宰后见皮肤、内脏、淋巴结等有出血（图3-36）。

图3-35　猪瘟皮肤出血

猪耳、颈部的出血点

（农业部兽医局，中国动物疫病预防控制中心，

《全国畜禽屠宰检疫检验培训教材》）

图3-36　猪瘟的肺脏出血（佘锐萍 供图）

### （二）机械性出血

生猪在运输、候宰时被驱打，或发生外伤、骨折后，易引起机械性损伤而出血。宰前检查，见生猪体表有出血斑、出血条；宰后检验，见皮肤、皮下组织、肌间，甚至体腔和肾脏周围有局限性破裂性出血，有时可见血肿。但通常其他组织器官无出血及炎症反应。如果局部肌纤维撕裂或死亡前肌肉收缩使毛细血管破裂，可见跗关节、趾关节、耻骨联合部肌肉、腿部肌肉、腰部肌肉、膈肌有点状出血。

### （三）电麻出血

生猪屠宰电麻不当时，有时见内脏器官、局部肌肉有新鲜的放射状出血点，多见于肺脏，其次是淋巴结、心外膜和颈部肌间结缔组织等部位。肺脏出血多见于两侧肺脏膈叶背缘的肺膜下，散在分布，有时密集成片；支气管淋巴结、头颈部淋巴结周缘有出血，但不肿大。

## 三、水肿

水肿是指组织间隙或体腔中过量的液体潴留或集聚。皮下组织等组织间隙中液体潴留称为浮肿，体腔（如胸腔和腹腔）内液体增多称为积液。根据水肿发生的部位和分布范围不同，分为全身性水肿和局部性水肿。

### （一）全身性水肿

全身性水肿多因心力衰竭、肝脏或肾脏疾病、营养不良所致，表现为全身组织间隙内液体潴留。肝脏有疾患时，常引发腹水。

### （二）局部性水肿

局部性水肿主要指炎性水肿。生猪发生感染性疾病、中毒性疾病、外伤等可引起局部水肿，表现为皮下肿胀（图3-37），或者器官组织的炎性水肿（图3-38）。

图3-37 猪胃壁水肿
（江斌，《猪病诊治图谱》）

图3-38 猪大肠水肿
（潘耀谦，《猪病诊治彩色图谱》第3版）

## 四、萎缩

萎缩是指发育成熟的组织器官或细胞的体积缩小、功能减退的变化。根据发生原因，分为生理性萎缩和病理性萎缩。生理性萎缩是动物在生命活动过程中，一些组织器官发生了萎缩，如老龄动物的全身组织器官发生萎缩，生猪少见。病理性萎缩是指在致病因子作用下发生的萎缩，分为全身性萎缩和局部性萎缩。

### （一）全身性萎缩

全身性萎缩是指在病因作用下，全身各组织器官出现不同程度的萎缩。萎缩可见于脂肪、肌肉、内脏器官、内分泌腺等组织器官。

1.脂肪组织萎缩　局部或全身脂肪组织减少，严重时脂肪组织全部消失。

2.骨骼肌萎缩　肌肉变薄，弹性降低，质地变软。

3.肝脏萎缩　肝脏体积变小、变薄，边缘变锐，质地变硬，色暗呈褐色，也称为褐色萎缩。

4.肾脏萎缩　肾脏体积变小，色泽变深呈褐色，切面见皮质变薄。

5.胃肠萎缩　胃肠壁变薄，严重时呈灰白色、半透明，弹性降低，管腔扩张。

### （二）局部性萎缩

局部性萎缩是指由于局部因素作用，引起的局部组织和器官发生的萎缩。在生猪屠宰检验中，偶见局部组织器官萎缩，体积变小，内脏色泽变深。

## 五、变性

变性是指在病因作用下，组织和细胞物质代谢障碍，在细胞内和间质中出现异常物质或原有的某些物质堆积过多的现象。变性主要是组织细胞损伤时发生的形态学变化，如中毒或炎症时细胞发生的变化。严重的变性可发展为坏死。变性可分为细胞水肿、脂肪变性、透明变性（玻璃样变）、黏液样变性、淀粉样变性等。

（一）细胞水肿

细胞水肿是指细胞内水分和钠离子增多的现象，曾简称浊肿。严重时，大量水分在细胞内存积，称为细胞水变性。常见于急性感染、缺氧、中毒（砷、磷）等。细胞变性可分为颗粒变性和水泡变性。

1.颗粒变性　见于肝细胞、肾小管上皮细胞和心肌细胞。变化轻微时，眼观变化不明显；变性严重时，器官体积增大、肿胀，色变淡、无光泽，质脆易碎，呈灰黄色或土黄色，好像煮过一样，切面实质隆起，边缘外翻。

2.水泡变性　通常由颗粒变性发展而来，多见于被覆上皮细胞、肝细胞、肾小管上皮细胞和心肌细胞。严重时，皮肤和黏膜出现水疱。

（二）脂肪变性

脂肪变性是实质细胞质内出现脂肪滴，其量超过正常范围，或原不含脂滴的细胞质内出现了脂滴。见于急性感染、缺氧、中毒（如磷、氯仿、酒精）等。肝脏、心脏和肾脏等实质器官易发生脂肪变性。

1.肝脏脂肪变性　轻度变性时，肝脏无明显变化或轻度黄色。变性严重而广泛时，肝脏肿大，表面光滑，边缘较钝，色黄，质地略软如泥块，切面黄色，实质稍隆起，包膜外翻，触之有油腻感。重度弥漫性肝脏脂肪变性，也称为脂肪肝，肝脏增大，肝细胞坏死，肝硬变。肝脏慢性淤血同时发生脂肪变性时，肝窦淤血呈暗红色，脂肪变性的肝细胞呈黄色，以致肝脏表面及切面呈红黄相间的纹理，如槟榔花纹，故称之为"槟榔肝"。

2.心肌脂肪变性　恶性口蹄疫时，乳猪心肌纤维发生脂肪变性、蜡样坏死等，心肌见灰黄色条纹或斑点，与正常暗红色的心肌相间排列，如虎皮纹，故称为"虎斑心"（图3-39）。重度感染或中毒，常引起心肌弥漫性脂肪变性，心肌均匀变浊呈灰黄色。

3.肾脏脂肪变性　肾脏体积增大，切面见肾皮质增厚，略呈浅黄色。

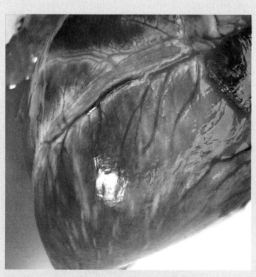

图3-39　恶性口蹄疫的虎斑心
心室壁上灰白色和黄白色条纹
（潘耀谦，《猪病诊治彩色图谱》第3版）

## 六、坏死

坏死是指活的机体内局部组织细胞的病理性死亡。坏死为严重的损伤性变化。组织坏死后颜色苍白，缺乏弹性。根据坏死组织的形态学变化，分为凝固性坏死（可分为干酪样坏死和蜡样坏死）、液化性坏死、（如脂肪坏死）、坏疽等类型。下面简述生猪屠宰检验检疫中可能遇到的坏死。

### （一）干酪样坏死

干酪样坏死见于分枝杆菌引起的变化。眼观见病变组织略带黄色，质软易碎，似干酪样物质，故称为干酪样坏死。

### （二）脂肪坏死

脂肪坏死是指脂肪组织的分解变质和死亡的一种变化，属液化性坏死。脂肪坏死后，组织中出现黄白色、浑浊、坚实的颗粒或团块，见于腹腔和皮下等部位脂肪组织。据发病原因不同，有胰性脂肪坏死、外伤性脂肪坏死，偶见营养性脂肪坏死。

1.胰性脂肪坏死　由于胰腺发炎，胰脂酶游离出来，分解胰腺周围和腹腔内脂肪而发生坏死，主要发生在胰脏间质及其附近的肠系膜脂肪组织。坏死灶浊白、无光泽，呈小而致密的颗粒，质地变硬，失去正常的弹性和油腻感。

2.外伤性脂肪坏死　因受外伤作用引起脂肪发生坏死，多见于背部脂肪。局部坏死脂肪坚实、无光，呈白垩质样团块。如有明显外伤，可见渗出物从坏死局部流到体外。

### （三）坏疽

组织坏死后，继发腐败菌感染和受外界环境因素影响所致的一种变化。根据其形态，分为干性坏疽、湿性坏疽、气性坏疽。干性坏疽多发于体表，坏疽组织呈黑色或褐色、干燥、皱缩、边界清楚、质硬。湿性坏疽常发生于与外界相通的内脏器官，如子宫、肺等。气性坏疽常发生于肌肉丰满的肢体，由于深部创伤感染了厌氧菌所致。

## 七、梗死

梗死是指动脉血流供应中断，局部组织、器官缺血而发生的局部组织坏死。病灶呈锥形，初肿胀、后隆起，进而干燥、质硬。根据梗死灶的性质和特点，可分为贫血性梗死和出血性梗死。

### （一）贫血性梗死

贫血性梗死多见于肾脏、心脏等器官，梗死灶呈灰白色、黄白色，故又称为白色梗死。肾脏贫血性梗死灶呈锥体状，锥底在肾表面，尖端指向血管堵塞部位（图3-40）。

## （二）出血性梗死

出血性梗死多见于肺脏、脾脏等器官，梗死区呈暗红色或紫色，故称为红色梗死（图3-41）。梗死灶切面湿润，呈黑红色，与周围组织界限清楚。

**图3-40　肾脏贫血性梗死**

肾切面呈楔形土黄色的梗死区，与周围界限明显

（陈怀涛，《兽医病理学原色图谱》）

**图3-41　脾脏出血性梗死**

猪瘟：脾脏边缘大小不一、隆突于表面的出血性梗死灶

（陈怀涛，《兽医病理学原色图谱》）

## 八、脓肿

脓肿是指组织内发生局限性化脓性炎症。通常脓肿外有包膜，内有潴留的脓汁。

### （一）颈部脓肿

颈部脓肿多因注射药物后局部感染、化脓引起。颈部皮下组织或肌肉间有多个脓肿钙化灶，有时甚至流出脓汁（图3-42）。宰后见局部组织有脓包，呈乳白色、淡黄色，麦粒至黄豆大甚至鸡蛋大，也称之为脓包肉。

### （二）肝脓肿

肝脏表面或实质有脓肿，多见于膈面，大小不等，单个或多个存在（图3-43）。

**图3-42　颈部脓肿**

（宣长和，《猪病学》）

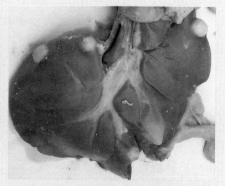

**图3-43　肝脓肿**

肝脏表面脓肿，化脓棒状杆菌所致

（徐有生，《猪病理剖检实录》）

## （三）其他部位脓肿

头部、四肢、子宫、乳房、肺脏等部位有时也见脓肿（图3-44）。

## 九、败血症

败血症是指病原微生物和寄生原虫侵入血液循环，大量增殖并产生毒素，引起病原扩散的一种急性全身广泛性出血和组织损伤的病理过程。见于某些传染病的败血型表现，如猪瘟、非洲猪瘟、炭疽、急性猪丹毒、急性猪Ⅱ型链球菌病等，也见于局部感染进一步发展的结果。败血症多表现为血凝不良，皮肤、全身浆膜、黏膜、淋巴结和实质器官充血、出血、淤血、水肿等变化（图3-45）。

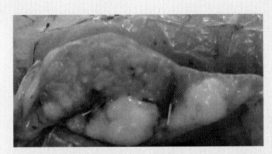

图3-44 肺脓肿（佘锐萍 供图）
肺脏切面见脓肿区，脓汁外流

图3-45 败血型猪链球菌病
脾肿大1~3倍，呈"巨脾症"
（芦惟本，《跟芦老师学猪的病理剖检》）

## 十、肿瘤

肿瘤是指机体在各种致瘤因子作用下，局部组织细胞增生所形成的新生物。根据新生物的细胞特性及对机体的危害程度，将肿瘤分为良性肿瘤和恶性肿瘤两大类。

### （一）良性肿瘤

良性肿瘤是指机体内某些组织的细胞发生异常增殖，呈膨胀性方式向外扩张，生长速度缓慢。瘤体组织多呈球状、结节状，表面较平整，外有包囊，与周围正常组织分界清楚，用手触摸，推之可移动。良性肿瘤有乳头状瘤、纤维瘤（图3-46）、平滑肌瘤、神经鞘瘤等。

### （二）恶性肿瘤

恶性肿瘤是指细胞分化和增殖异常，生长快，

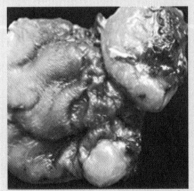

图3-46 猪皮下纤维瘤
肿瘤呈结节状，突出于皮肤表面
（陈怀涛，《兽医病理学原色图谱》）

向周围组织浸润生长，常转移，对机体影响大。通常所说的"癌症"泛指恶性肿瘤。肿瘤组织大多表面凸凹不平，有的呈多个结节融合在一起，形状不规则，有较薄或不完整的包囊或包膜，与周围组织分界不清楚。恶性肿瘤有鳞状上皮癌、原发性肝癌、成肾细胞癌等。

# 第三节　动物病原学基础知识

本节主要介绍与生猪屠宰检验检疫有关的动物病原学基础知识。病原主要指引起猪发病的微生物和寄生虫。

## 一、病原微生物学基础知识

病原微生物学主要研究病原微生物的形态结构、生长繁殖、生理代谢、遗传变异、生态分布和分类进化等生命活动的基本规律。

### （一）微生物特点及分类

微生物是个体最小的生物，具有体积小、生长旺、繁殖快、适应强、分布广、种类多、易变异等特点。根据形态结构不同，微生物分为8大类：细菌、放线菌、真菌（霉菌和酵母菌）、病毒、立克次氏体、支原体、衣原体、螺旋体。污染肉品的主要是细菌，其次是病毒，也见霉菌污染。微生物结构简单，有的是真核生物，如真菌；有的是原核生物，如细菌、支原体；有的是非细胞形态，如病毒。

### （二）细菌的大小、形态结构及染色

1.细菌的大小　细菌个体微小，不超过几个微米，如球菌的直径为0.5～2.0μm。同一种细菌的大小，因培养条件、制片方法、染色以及菌龄的影响而不同。

2.细菌的形态　细菌常见外形有球状、杆状和螺旋状，据此将细菌分为球菌、杆菌和螺旋状菌3类（图3-47）。

（1）球菌　菌体呈正圆球形或近似球形。按其裂殖方向和裂殖后排列形式不同，可分为单球菌、双球菌、四联球菌、八叠球菌、葡萄球菌和链球菌。如链球菌分裂后3个以上菌体联成短链或长链，葡萄球菌分裂后菌体堆积在一起呈葡萄串状排列（图3-48）。

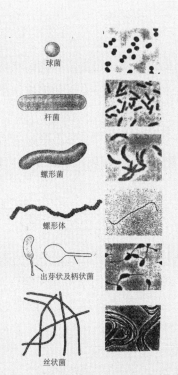

图3-48 葡萄球菌电镜图（佘锐萍 供图）

图3-47 细菌的各种形态示意图（左）
及电镜照片（右）
（陆承平，《兽医微生物学》第5版）

（2）杆菌 菌体多样、呈圆柱状，有的菌体稍弯，两端多钝圆形，有的菌体两端平齐，如炭疽杆菌。

（3）螺旋状菌 菌体呈弯曲或螺旋状圆柱形，两端圆或尖突，分为弧菌和螺菌两种。

3.细菌的结构

（1）细菌基本结构 细菌结构包括细胞壁、细胞膜、细胞质、核体等基本结构（图3-49）。

1）细胞壁 细胞壁位于细菌最外层，是一层坚韧有弹性的膜，具有保护、营养交换、抗原性作用，与致病性有关。通常将细菌染色后，可看到细胞壁。如用革兰染色法，可将细菌分为革兰阳性菌（G$^+$）和革兰阴性菌（G$^-$）两类。

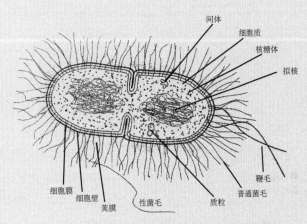

图3-49 细菌细胞结构模式图
（陆承平，《兽医微生物学》第5版）

此外，还可用特殊染色法鉴定细菌。

2）细胞膜　细胞膜位于细胞壁内面、包围在细胞质外面，是富有弹性的半透性薄膜。具有分泌胞外酶、营养交换、参与细胞呼吸等作用。细胞膜受到损伤，细菌即可死亡。

3）细胞质　细胞膜内除核体以外的所有物质均为细胞质，为无色透明、均质的黏稠胶体物质，主要成分为水分、蛋白质、脂类、多糖类、核糖核酸及少量无机盐。细胞质是细菌进行营养物质代谢、合成核糖核酸和蛋白质的主要场所。

（2）细菌特殊结构　细菌除了具有上述的基本结构外，有的细菌在一定条件下还有荚膜、鞭毛、菌毛、芽孢等具有特殊功能的结构，可用于鉴定细菌的形态。

1）荚膜　荚膜是某些细菌表面的特殊结构，位于细胞壁表面的一层边界清晰的黏液物质。如炭疽杆菌，用荚膜染色法染色后，在光学显微镜下可观察到荚膜。

2）鞭毛　鞭毛是某些细菌菌体表面附着的细长而弯曲的具有运动功能的蛋白质丝状物。鞭毛少则1～2根，多则数百根。细菌经特殊的鞭毛染色法染色后，在光学显微镜下可观察到。

3）芽孢　芽孢是在一定条件下，有的革兰阳性菌的菌体内形成的一种休眠体。芽孢呈圆形或椭圆形，结构坚实，通透性低，有较强的抵抗力，可存活数年甚至数十年，增加了致病风险，如炭疽杆菌。

4.细菌的染色方法

（1）单染法　单染法是采用一种染料对细菌进行染色，如美蓝染色法。该法操作简单易行，多用于观察细菌的形态、大小与排列，但不能显示细菌的结构与染色特性。

（2）复染法　复染法是利用两种或两种以上的染料对细菌进行染色，如革兰染色、瑞氏染色、抗酸染色（分枝杆菌）和特殊染色（如芽孢、鞭毛、荚膜染色）等，用于观察细菌的大小、形态及鉴别细菌。

**（三）病毒的大小、形态结构及组成**

病毒一般以病毒颗粒形式存在，具有一定的形态、结构及感染性。病毒离开了宿主细胞，即无生命活动。病毒含单一核酸，其复制、转录和翻译均在宿主细胞中进行。病毒进入宿主细胞后，利用宿主细胞的物质和能量完成生命活动，按照其核酸所包含的遗传信息产生与其相同的新一代病毒。

1.病毒的大小　病毒颗粒极其微小，用电子显微镜方可观察到。其直径以nm为测量单位，最大的病毒为痘病毒，约300nm，最小的圆环病毒仅17nm。

2.病毒的形态结构　病毒颗粒的形态多样，多为球状，少数为杆状、丝状或子弹状等，有的为多形性。病毒结构简单，病毒颗粒主要由核酸和蛋白质组成，中心是核酸，外面为衣壳。由核酸组成的芯髓被衣壳包裹，衣壳与芯髓组成了核衣壳。有些病毒的核衣壳外面包裹着由脂质和糖蛋白构成的囊膜。囊膜具有病毒种、型特异性，是病毒鉴定、分型的依据之一。

3.病毒的化学组成　病毒的化学组成包括核酸、蛋白质、脂质与糖类，前两种为主要成分。

（1）核酸　核酸构成病毒的基因组，为DNA或RNA，二者不同时存在，核酸又可分单股或双股、线状或环状、分节段或不分节段。核酸携带病毒全部的遗传信息，为病毒的感染、复制、遗传和变异提供遗传信息。

（2）蛋白质　蛋白质为病毒的主要成分，具有特异性。病毒蛋白可分为结构蛋白和非结构蛋白，组成病毒的蛋白称为结构蛋白，病毒组分之外的蛋白为非结构蛋白。

（3）脂质与糖类　病毒的脂质和糖类均来自宿主细胞。脂质主要存在于病毒的囊膜。利用脂溶剂可去除囊膜中的脂质，使病毒失活，用以处理和检测病毒，并可确定病毒有无囊膜结构。糖类一般以糖蛋白的形式存在，是某些病毒纤突的成分，如流感病毒的血凝素（HA）、神经氨酸酶（NA）等，与病毒吸附细胞受体有关。

（四）微生物形态结构的观察方法

1.普通光学显微镜观察法　光学显微镜有明视野显微镜（普通光学显微镜）、相差显微镜、荧光显微镜等，可用于观察不同形态结构的细菌。普通光学显微镜以自然光或灯光为光源，细菌经放大100倍的物镜和放大10倍的目镜联合放大1 000倍后，达到0.2～2mm，肉眼即可看见细菌。通常将细菌染色后，再用普通光学显微镜观察。

2.电子显微镜观察法　电子显微镜是利用电子流代替可见光波，电磁圈代替光学显微镜的放大透镜的放大装置。电子流可将微生物放大数十万倍，观察到大小仅1nm的微粒（包括病毒）。

二、寄生虫学基础知识

动物寄生虫学主要研究常见寄生虫病的病原形态特征、生活史、流行病学特征、症状、病理变化、诊断、防控等。本节主要简介寄生虫与宿主等基础知识。

（一）寄生虫的种类

寄生虫是指暂时或永久地寄生在宿主体内或体表，并从宿主身上获取其所需营养物质的动物。寄生虫的种类繁多，按其形态可分为原虫（如弓形虫）、绦虫（如猪囊尾蚴）、线虫（如旋毛虫、丝虫、猪蛔虫）、吸虫（如血吸虫），其中后三类统称为蠕虫。

### （二）宿主的类型

宿主是指为寄生虫提供生存环境和营养的动物。寄生虫发育过程较为复杂，有的不同发育阶段寄生于不同的宿主，主要有终末宿主和中间宿主，还有保虫宿主、贮藏宿主、带虫现象、媒介等。

1.终末宿主　终末宿主是指寄生虫的成虫或者有性生殖阶段所寄生的动物。终末宿主通常为寄生虫提供长期稳定的寄生环境。例如，人是猪带绦虫的终末宿主。

2.中间宿主　中间宿主是指寄生虫的幼虫、童虫或无性生殖阶段所寄生的动物。中间宿主为寄生虫提供营养和保护，但寄生虫不能在中间宿主体内发育为成虫。例如，猪是猪带绦虫的中间宿主，其幼虫——猪囊尾蚴寄生于生猪的横纹肌内。

### （三）寄生虫的生活史

寄生虫的生活史是指寄生虫生长、发育和繁殖的一个完整循环过程，也称为发育史，包括寄生虫的感染与传播两个环节。据此有直接发育和间接发育两种类型，直接发育型不需中间宿主，间接发育型则需要中间宿主。寄生虫的生活史可以分为若干个阶段，每个阶段的虫体有不同的形态特征和生物学特征（如寄生部位、致病作用不同）。例如，猪囊尾蚴主要寄生于骨骼肌和心肌，人食用具有感染性的猪囊尾蚴病猪肉（俗称"米猪肉"）后可感染猪带绦虫病，幼虫在人肠道发育为成虫，虫卵随粪便排出体外，被猪采食后可感染囊尾蚴。

### （四）寄生虫的感染来源及途径

寄生虫的感染来源及途径与寄生虫的种类、宿主排出病原有关。宿主排出寄生虫途径取决于侵入门户、寄生虫特异性定位和可能的传播条件。多数蠕虫寄生于宿主的消化道，也见于呼吸系统，常以虫卵或幼虫的形式随宿主的排泄物排出，进入自然界，进而造成新的感染。有的寄生虫生活史中没有中间宿主，有的则需要中间宿主，有的由媒介昆虫传播。例如，人感染旋毛虫病，因生食或食用半生不熟的含有感染性的旋毛虫猪肉所致。

### （五）寄生虫对宿主的作用

寄生虫寄生于宿主的组织器官，可引起以下损害作用：①吸收宿主营养，如猪囊尾蚴；②吸取宿主血液；③机械性损害；④化学毒性损害；⑤变应原作用；⑥传播疾病，如软蜱，可传播非洲猪瘟。

## 三、生猪屠宰检疫对象涉及的病原

《生猪屠宰检疫规程》（2019）规定的检疫对象14种，其中11种病由病原微生物引起，3种由寄生虫引起，病原分类及主要特点不同（表3-1）。

表3-1　生猪屠宰检疫相关病原

| 序号 | 病　原 | 病原分类及主要特点 | 所致疫病 |
|---|---|---|---|
| 1 | 口蹄疫病毒 | 口蹄疫病毒属，有O、A、C、SAT1、SAT2、SAT3和Asia1共7个血清型，病毒无囊膜，20面体对称 | 口蹄疫 |
| 2 | 猪瘟病毒 | 瘟病毒属，正链单股正链RNA病毒，病毒粒子圆形，直径50nm，核衣壳20面体对称 | 猪瘟 |
| 3 | 非洲猪瘟病毒 | 非洲猪瘟病毒属，双股线性DNA病毒，直径300 nm，病毒粒子呈20面体对称 | 非洲猪瘟 |
| 4 | 猪繁殖与呼吸综合征病毒 | 动脉炎病毒属，有囊膜的单股正链RNA病毒，直径为50～70 nm，核衣壳呈20面体对称 | 猪蓝耳病（检疫对象为高致病性猪蓝耳病） |
| 5 | 炭疽杆菌 | 芽孢杆菌属，菌体粗大，两端平截或凹陷，排列似竹节状，无鞭毛，无动力，革兰染色阳性 | 炭疽 |
| 6 | 猪丹毒丝菌（红斑丹毒丝菌） | 丹毒杆菌属，平直或微弯纤细小杆菌，革兰染色阳性 | 猪丹毒 |
| 7 | 多杀性巴氏杆菌 | 巴氏杆菌属，细小的球杆状或短杆状，两端钝圆，近似椭圆形，无鞭毛，无芽孢，革兰染色阴性 | 猪肺疫 |
| 8 | 沙门菌 | 沙门菌属，短杆状，无芽孢，无荚膜，大多有周身鞭毛，革兰染色阴性 | 猪副伤寒 |
| 9 | 猪Ⅱ型链球菌 | 链球菌属，圆形或卵圆形，常排列成链状或成双，革兰染色阳性 | 猪Ⅱ型链球菌病 |
| 10 | 猪肺炎支原体 | 支原体属，形态多样，大小不等，以环形为主，也见球状、丝状，革兰染色阴性 | 猪支原体肺炎 |
| 11 | 副猪嗜血杆菌 | 嗜血杆菌属，多见短杆状，无鞭毛，无芽孢，革兰染色阴性 | 副猪嗜血杆菌病 |
| 12 | 猪浆膜丝虫 | 双瓣科，虫体呈丝状，在寄生部位见粟粒至赤豆大、长条弯曲的透明包囊，内有蜷曲的虫体 | 丝虫病 |
| 13 | 猪囊尾蚴 | 带属，猪带绦虫的幼虫，呈椭圆形囊泡状，囊内充满半透明液体 | 猪囊尾蚴病 |
| 14 | 旋毛虫 | 毛形属，幼虫寄生于肌肉内，形成包囊，内含一条弯曲呈螺旋状的幼虫 | 旋毛虫病 |

# 第四节　屠宰生猪主要疫病的检疫

　　生猪屠宰检疫分为宰前检查和宰后检查（同步检疫）两个环节，宰前检查按照《生猪产地检疫规程》规定的临床检查方法和检查内容，观察生猪有无规程规定疫病的可疑临床症状；宰后检查按照《生猪屠宰检疫规程》（2019）规定，对头蹄及体表、内脏、胴体等进行检查，观察胴体和组织器官有无规程规定疫病的病理变化；按照农业农村部规定需要进行实验室疫病检测或快速检测的，应按照有关规定执行。《生猪屠宰检疫规程》（2019）规定的检疫对象为14种疫病，其特征见表3-2。

表3-2　屠宰生猪主要疫病的检疫特征

| 检疫对象 | | 特征（鉴别要点） | |
| --- | --- | --- | --- |
| 疫病名称 | 别名或俗称 | 宰前检查（临诊症状） | 宰后检查（病理变化） |
| 口蹄疫 | 口疮，蹄癀 | 发热；蹄部出现水疱、烂斑，严重时蹄壳脱落；吻突、口腔黏膜、舌、乳房出现水疱和糜烂等症状等 | 皮肤变化同宰前所见，幼龄动物发生心肌炎时，见"虎斑心" |
| 猪瘟 | 烂肠瘟 | 高热，皮肤出血，腹泻、便秘等 | 淋巴结大理石样变，脾脏梗死，"雀斑肾"，皮肤、黏膜有出血点；慢性病例肠黏膜有"扣状"溃疡 |
| 非洲猪瘟 | 非瘟 | 高热，皮肤有出血点，呕吐，腹泻，共济失调、步态僵直，突然死亡 | 淋巴结出血、黑紫色；脾肿淤血、出血、质脆易碎，心、肺、肾、胃肠出血 |
| 高致病性猪蓝耳病 | 蓝耳病 | 高热，耳朵、四肢末梢和腹部皮肤发绀，咳嗽、气喘、呼吸困难等 | 间质性肺炎，胸腔积液；严重的肺脏呈"肝样变" |
| 炭疽 | 炭疽热 | 咽喉、颈等部位皮肤红肿热痛，呼吸困难等 | 下颌淋巴结肿大、出血，有坏死灶，切面砖红色，周围组织出血样浸润 |
| 猪丹毒 | 红热病，大红袍，打火印 | 高热稽留，皮肤有红斑，指压褪色 | 急性，皮肤充血，"大红袍"；亚急性，皮肤出现"打火印"；慢性，心内膜有菜花样增生物 |
| 猪肺疫 | 出败，锁喉风 | 高热，呼吸困难，哮喘，咽喉急性肿大，皮肤出现红斑、指压褪色 | 急性，肺脏出现"肝变区"，胸腔有纤维素性渗出物；慢性，肺脏"肝变区"扩大，胸膜与肺脏粘连 |
| 猪副伤寒 | 沙门菌病 | 发热，呼吸困难，皮肤有紫红色斑，消瘦，先便秘后腹泻 | 急性，肠系膜淋巴结肿胀、充血、胃肠道卡他性炎症；慢性，盲肠、回肠和结肠为坏死性肠炎 |
| 猪Ⅱ型链球菌病 | | 发热，呼吸急促，局部皮肤呈紫红色、有出血点，关节肿胀、共济失调，脑膜炎 | 血凝不良，皮肤、黏膜、浆膜充血、出血，肺、胃肠、脾、肾充血或出血 |
| 猪支原体肺炎 | 气喘病，猪地方流行性肺炎 | 咳嗽、气喘，后期张口呼吸，严重时呈"犬坐式" | 肺脏呈灰红、灰黄或米黄色，无弹性，外观似肉样、胰样变 |
| 副猪嗜血杆菌病 | 革拉瑟氏病 | 发热，咳嗽，呼吸困难，消瘦，关节肿胀、跛行，共济失调 | 胸膜炎，肺炎，腹膜炎，关节炎 |
| 丝虫病 | | 心悸，多汗；呼吸极度困难，呈腹式呼吸；"五足拱地" | 心脏表面见形状不一、大如绿豆、小如粟粒或长条弯曲的透明包囊 |
| 猪囊尾蚴病 | 猪囊虫病 | 临床症状不明显 | 心肌、骨骼肌有米粒大半透明的囊泡状物 |
| 旋毛虫病 | | 临床症状不明显 | 膈脚肌肉压片，显微镜下见梭形包囊，内有卷曲虫体 |

## 一、口蹄疫

口蹄疫是由口蹄疫病毒引起的偶蹄动物的一种急性、热性、高度接触性传染病。特征是口腔黏膜、蹄部和乳房皮肤发生水疱和溃疡。该病传染性强，传播迅速，对养殖业危害严重。OIE（世界动物卫生组织）将其列为必须报告的动物传染病，我国将其列为一类动物疫病。

### （一）宰前检查

生猪出现发热、精神不振、食欲减退、流涎；蹄冠、蹄叉、蹄踵、吻突、口腔黏膜、舌、乳房出现水疱（图3-50），水疱破裂后形成鲜红色烂斑，继发细菌感染后可造成化脓、坏死，严重者蹄壳脱落，运动障碍，常卧地不起，强迫运动时出现明显的跛行或跪行。怀疑感染口蹄疫。

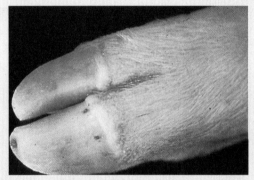

图3-50 口蹄疫的蹄部水疱
（潘耀谦，《猪病诊治彩色图谱》第3版）

### （二）宰后检查

通常宰后病变不明显，幼龄动物可能发生心肌炎和胃肠炎，心肌炎病例可见"虎斑心"（心壁上有灰白色和黄白色的虎皮样的条纹病灶，俗称"虎斑心"）（图3-39）。应结合宰前检查所见头、蹄部的病变进行综合判定。

口蹄疫与猪水疱病、猪水疱性疹等疫病的临诊症状相似，应注意鉴别。确诊需进行实验室检测。

## 二、猪瘟

猪瘟是由猪瘟病毒引起的猪的一种急性、热性、高度接触性传染病。特征为高热稽留，小血管变性及全身泛发性小点出血，脾脏梗死，致死率高。OIE将其列为必须报告的动物传染病，我国将其列为一类动物疫病。

### （一）宰前检查

生猪出现高热、倦息、食欲不振、精神委顿、弓腰、腿软、行动缓慢；间有呕吐，便秘腹泻交替；可视黏膜充血、出血或有不正常分泌物、发绀；鼻、唇、耳、下颌、四肢、腹下、外阴等多处皮肤点状出血（图3-51），指压不褪色等症状，怀疑感染猪瘟。

#### （二）宰后检查

1.急性型　全身皮肤特别是颈部、腹部、股内侧、四肢等处皮肤散在小点出血或融合成出血斑；黏膜、浆膜、实质器官、咽喉、气管、膀胱等部位见出血（图3-52）；全身多处淋巴结出血，切面大理石样外观（图3-53）；肾脏苍白色，表面有数量不等的出血点、出血斑，称为"雀斑肾"（图3-54）；脾脏边缘见出血性梗死灶（图3-41）。

图3-51　猪瘟的皮肤出血（佘锐萍　供图）

图3-52　猪瘟的膀胱出血
（江斌，《猪病诊治图谱》）

图3-53　猪瘟的淋巴结出血（佘锐萍　供图）

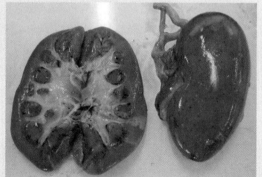

图3-54　猪瘟的肾脏出血（佘锐萍　供图）

2.慢性型　结肠和盲肠黏膜有"扣状"溃疡。猪瘟确诊应按照农业农村部有关规定进行实验室检测。

### 三、非洲猪瘟

非洲猪瘟是由非洲猪瘟病毒感染猪和野猪引起的一种急性、出血性传染病。特征为发热，皮肤变红，内脏器官严重出血，共济失调，病死率极高。OIE将其列为必须报告的动物传染病，我国将其列为一类动物疫病。

### （一）宰前检查

生猪出现高热、倦怠、食欲不振、精神委顿；呕吐，便秘，粪便表面有血液和黏液覆盖，或腹泻，粪便带血；可视黏膜潮红、发绀，眼、鼻有黏液脓性分泌物；耳、四肢、颈部、腹部皮肤有出血点（图3-55）；共济失调、步态僵直、呼吸困难或其他神经症状；或出现无症状突然死亡的，怀疑感染非洲猪瘟。

### （二）宰后检查

淋巴结严重出血、水肿，呈黑紫色；心外膜、内膜出血（图3-56）；脾脏淤血，肿大3～5倍，呈黑紫色，质脆易碎，切面凸起；肾脏见大量出血点、出血斑；心肌柔软，心内、外膜见出血点、出血斑；严重的，见肺脏充血、水肿，肝脏肿大、充血，胃肠黏膜出血。胸腔、腹腔、心包腔积液。

非洲猪瘟确诊应按照农业农村部有关规定进行实验室检测。

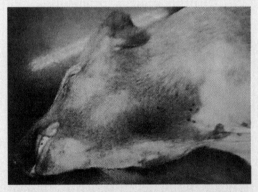

图3-55 非洲猪瘟的颈部皮肤发红，有出血点
（FAO/WHO，《非洲猪瘟：发现与诊断兽医指导手册》）

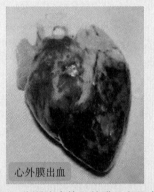

心外膜出血

图3-56 非洲猪瘟的心外膜及心耳出血点
（FAO/WHO，《非洲猪瘟：发现与诊断兽医指导手册》）

## 四、高致病性猪蓝耳病

高致病性猪蓝耳病是由猪繁殖与呼吸综合征病毒变异株引起的一种急性、高致死性传染病。特征为成年猪繁殖障碍、早产、流产和死胎，仔猪呼吸异常，常继发感染其他病原。OIE将其列为必须报告的动物传染病，我国将其列为一类动物疫病。

### （一）宰前检查

生猪出现高热；眼结膜炎、眼睑水肿；咳嗽、气喘、呼吸困难；耳朵、四肢末梢和腹部皮肤发绀（图3-57）；偶见后躯无力、不能站立或共济失调等症状的，怀疑感染高致病性猪蓝耳病。

**（二）宰后检查**

肺脏表现间质性肺炎，见肺脏肿胀、淤血、水肿（图3-58）、暗红色，间质增宽，小叶明显，切面鲜红色；胸腔积液；严重的，肝脏呈"肝样变"，胃肠道有出血、溃疡、坏死灶。

图3-57　猪蓝耳病的双耳发绀，呈蓝紫色
（潘耀谦，《猪病诊治彩色图谱》第3版）

图3-58　猪蓝耳病的肺脏淤血、水肿
（潘耀谦，《猪病诊治彩色图谱》第3版）

高致病性猪蓝耳病确诊应按照农业农村部有关规定进行实验室检测。

## 五、炭疽

炭疽是由炭疽杆菌引起的一种急性、热性、败血性人兽共患病。猪对炭疽抵抗力较强，常见的是咽炭疽，肠炭疽和肺炭疽少见，"败血型炭疽"罕见。炭疽对人畜危害性很大，人感染后发生皮肤炭疽、肠炭疽和肺炭疽，也见败血症。OIE将其列为必须报告的动物传染病，我国将其列为二类动物疫病、人兽共患传染病、职业病。

**（一）宰前检查**

猪患咽炭疽时，出现高热，咽喉部、颈部、前胸出现急性红肿（图3-59），咽喉肿胀变窄，呼吸困难、吞咽困难，可视黏膜发绀，咳嗽、呕吐，严重的窒息死亡等症状的，怀疑感染炭疽。

**（二）宰后检查**

猪炭疽以咽型最为常见，患猪下颌淋巴结急剧肿大，有的可达鹅蛋大，严重充血、出血，切面呈樱桃红色或深砖红色，有时见大小不等的暗红色或褐红色出血斑点；中央有凹陷的黑色坏死灶。淋巴结周围有浆液性或浆液出血性液体渗出（图3-60）。

**图3-59 猪咽炭疽**

腮大脖子粗

（中国食品总公司，《肉品卫生检验图册》）

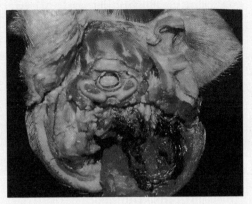

**图3-60 猪咽炭疽**

下颌淋巴结出血、坏死，砖红色，周围组织出血性浸润

（潘耀谦，《猪病诊治彩色图谱》第3版）

确诊应按照农业农村部有关规定进行实验室检测。

## 六、猪丹毒

猪丹毒是由红斑丹毒丝菌引起的一种急性、热性传染病。主要表现为急性败血型和亚急性疹块型，也见慢性关节炎或心内膜炎。屠宰加工、检验人员经损伤的皮肤或黏膜感染红斑丹毒丝菌，皮肤出现局部性炎性红肿，称为"类丹毒"。

**（一）宰前检查**

生猪出现高热稽留；呕吐；结膜充血；粪便干硬呈栗状，附有黏液，腹泻；皮肤有红斑、疹块，指压褪色（图3-61）等症状的，怀疑感染猪丹毒。

**（二）宰后检查**

1.急性型 全身皮肤呈弥漫性充血，常表现为大片红斑，俗称"大红袍"；全身淋巴结充血肿胀，呈红色或紫红色；肾脏肿大淤血，称为"大红肾"；肺充血、水肿。

**图3-61 亚急性疹块型猪丹毒**

疹块隆起于皮肤，指压褪色

（潘耀谦，《猪病诊治彩色图谱》第3版）

2.亚急性疹块型 皮肤上出现大小不等的方形、菱形、不规则形的疹块，俗称"打火印"；有的疹块部分病变坏死脱落，留下灰色凹陷的疤痕。

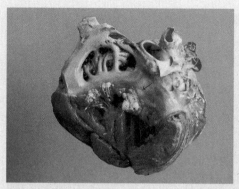

**图3-62 慢性型猪丹毒**
心内膜（二尖瓣）上有菜花样增生物
（江斌，《猪病诊治图谱》）

3.慢性型 心内膜上（多见二尖瓣）有菜花样灰白色增生物（图3-62）。四肢关节肿胀、变形，关节液呈黄色或红色浑浊浆液，滑膜有红色绒毛样物质。

## 七、猪肺疫

猪肺疫是由多杀性巴氏杆菌引起的一种急性、热性传染病。急性型病例以败血症、炎症出血和咽喉炎为主要特征，又称出血性败血症，简称"出败"，也称"锁喉风"；亚急性型以黏膜出血性炎症为特征。

### （一）宰前检查

生猪出现高热，呼吸困难，呈犬坐姿势，伸长头颈呼吸，有喘鸣声，继而哮喘，口鼻流出泡沫或清液；颈下咽喉部急性肿大、变红、高热、坚硬；腹侧、耳根、四肢内侧皮肤出现红斑，指压褪色等症状的，怀疑感染猪肺疫。

### （二）宰后检查

1.最急性型 全身浆膜、黏膜有出血点；咽喉及其周围组织有明显的出血性浆液性炎症变化；下颌、咽后和颈部淋巴结肿胀、出血；肺脏急性水肿。

2.急性型 肺脏有不同程度"肝变区"，伴有肺水肿、肺气肿，切面呈大理石样纹理；胸腔积液，有纤维素性渗出物；心包积液，呈淡红黄色，混浊有絮状物，心外膜覆有纤维蛋白呈绒毛状，称为"绒毛心"（图3-63）。

3.慢性型 肺脏的"肝变区"扩大（图3-64），胸膜与肺粘连。

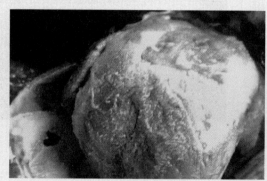

**图3-63 猪肺疫的绒毛心**
心外膜覆有大量纤维蛋白，形成"绒毛心"
（潘耀谦，《猪病诊治彩色图谱》第3版）

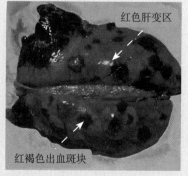

红色肝变区

红褐色出血斑块

**图3-64 猪肺疫的肺脏红色肝变区**
（潘耀谦，《猪病诊治彩色图谱》第3版）

### 八、猪副伤寒

猪副伤寒是由沙门菌引起的一种传染病。沙门菌病为我国法定的人兽共患传染病，人食用被沙门菌污染的肉品，可发生食物中毒。

#### （一）宰前检查

生猪出现体温突然升高；精神委顿，食欲废绝或减退，消瘦；继而呼吸困难；先便秘后腹泻，粪便混有黏液或血液、恶臭；耳朵、腹部和股内侧皮肤出现紫红斑点等症状的，怀疑感染猪副伤寒。

#### （二）宰后检查

1.急性型 耳根、胸前和腹下皮肤呈青紫色或有紫红色斑点；全身淋巴结，尤其是咽部和肠系膜淋巴结肿胀、充血；胃肠道卡他性炎症（图3-65）。

2.亚急性和慢性型 盲肠、回肠和结肠呈现局灶性或弥漫性纤维素性坏死性肠炎（图3-66）；肠系膜淋巴结、肝、脾肿大，有小坏死灶。

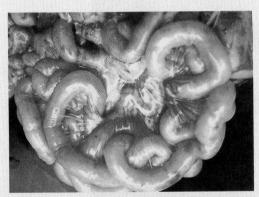

图3-65　猪急性副伤寒
胃肠黏膜可见急性卡他性炎症
（潘耀谦，《猪病诊治彩色图谱》第3版）

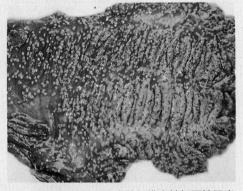

图3-66　猪慢性副伤寒的纤维素性坏死性肠炎
盲肠、结肠黏膜覆盖一层糠麸样坏死伪膜
（崔治中，《动物疫病诊断与防控彩色图谱》）

### 九、猪Ⅱ型链球菌病

猪Ⅱ型链球菌病是由猪链球菌引起的一种急性、败血性人兽共患传染病。特征为呼吸道症状、败血症和脑膜炎。本病为我国法定的人兽共患传染病。

#### （一）宰前检查

生猪出现高热稽留；精神委顿；呼吸急促；行走困难，呆立或卧地，或卧地不起；吻突干燥，口、鼻流红色泡沫液体；颈部、腹股沟、臀部、四肢的皮肤呈紫红色，有出血点；关节肿胀，共济失调；食欲废绝，昏睡等症状的，或常无任何症状突然死亡的，怀疑感染猪Ⅱ型链球菌病。

#### （二）宰后检查

1.败血型　血液凝固不良；胸、腹下和四肢皮肤有紫斑或出血斑；皮下、黏膜、浆膜出血；吻突、喉头及气管黏膜充血；全身淋巴结肿胀、出血；心包积液，心肌柔软，肺脏充血、肿胀（图3-67）；胃和小肠黏膜充血、出血；脾脏肿大、出血，呈暗红色；肾脏肿大、出血，皮质、髓质界限不清。

2.慢性型　关节出现浆液纤维素性炎症（图3-68），淋巴结肿大。

图3-67　败血型猪链球菌病
肺脏肿胀、出血
（潘耀谦，《猪病诊治彩色图谱》第3版）

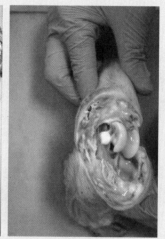

图3-68　慢性猪链球菌病（佘锐萍　供图）
左：关节肿胀；右：关节有炎性渗出物

### 十、猪支原体肺炎

猪支原体肺炎是由猪肺炎支原体引起的一种慢性接触性呼吸道传染病，又称地方流行性肺炎、猪气喘病。特征为咳嗽，气喘，肺脏尖叶、心叶、中间叶和膈叶前缘呈肉样或胰样实变。

#### （一）宰前检查

生猪出现短声咳嗽，流黏性或脓性鼻液；继而出现气喘，呈腹式呼吸；后期气喘加重，甚至张口喘气，或呈犬坐姿势（图3-69）等症状的，可疑感染猪支原体肺炎。

## （二）宰后检查

肺脏显著膨大，有不同程度气肿和水肿，病变部分与正常部分界限分明，两侧对称，呈灰红色、灰黄色或米黄色，无弹性，外观似肉样或胰样（也有称之为虾肉样）实变（图3-70），支气管淋巴结肿大。

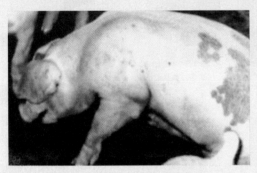

**图3-69 急性型猪支原体肺炎**
犬坐姿势，剧烈痉挛性咳嗽
（潘耀谦，《猪病诊治彩色图谱》第3版）

**图3-70 猪支原体肺炎**
肺脏尖叶、心叶、膈叶呈胰样变
（宣长和，《猪病学》）

## 十一、副猪嗜血杆菌病

副猪嗜血杆菌病是由副猪嗜血杆菌引起的一种传染病，又称革拉瑟氏病。特征为关节肿胀，呼吸困难，浆液性或纤维素性多发性浆膜炎、关节炎、脑膜炎。

### （一）宰前检查

生猪出现发热；呼吸困难，咳嗽；食欲不振、厌食；关节肿胀，四肢无力或跛行、颤抖，共济失调；皮肤及黏膜发绀；反应迟钝，消瘦，被毛凌乱，站立困难、瘫痪等症状的，怀疑感染副猪嗜血杆菌病。

### （二）宰后检查

多为胸膜肺炎，表现为浆液性和化脓性纤维素性肺炎和胸膜炎，肺脏充血、出血、水肿，出现肝变区；气管和支气管内有大量的血色液体和纤维蛋白凝块；胸膜表面有广泛性纤维蛋白沉积（图3-71），胸腔积有血样液体。病变也见于腹腔、关节（尤其是腕关节和跗关节）和脑，出现纤维蛋白渗出物（图3-72）。病程较长的，肺脏有坏死灶或脓肿，胸膜粘连。

## 十二、丝虫病

猪丝虫病是由双瓣科的猪浆膜丝虫寄生于猪的心脏、膈肌、肝脏、胆囊、子宫等部位的浆膜淋巴管内引起的寄生虫病。

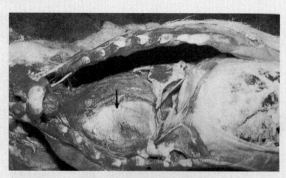

图3-71 副猪嗜血杆菌病
肺、胸膜、心包、腹膜被覆纤维蛋白薄膜
（潘耀谦，《猪病诊治彩色图谱》第3版）

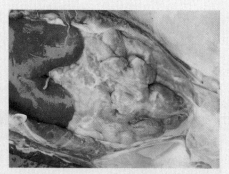

图3-72 副猪嗜血杆菌病
胃、肠浆膜被覆大量纤维蛋白渗出物
（陈怀涛，《兽医病理学原色图谱》）

## （一）宰前检查

病猪出现发热，精神委顿；眼结膜充血，有黏性分泌物；可视黏膜发绀；心悸，多汗；呼吸极度困难，呈腹式呼吸；离群独居，"五足拱地"（四肢站立，吻突拱地）；或者突然惊厥倒地，四肢痉挛抽搐死亡等症状的，怀疑感染丝虫病。

## （二）宰后检查

虫体寄生于心外膜层淋巴管内，心脏纵沟和冠状沟血管丰富部位的心外膜见稍微隆起的乳白色、粟粒至绿豆大或长条弯曲的透明包囊（图3-73），或为长短不一、质地坚实的纡曲的条索状物（图3-74）。陈旧性病灶外观为灰白色、针头大钙化灶，呈沙粒状。通常所见病灶为包囊形成的寄生性结节，虫体已钙化死亡。

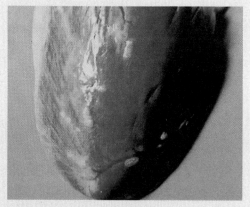

图3-73 猪丝虫病
心外膜表面有乳白色水泡样的浆膜丝虫寄生病灶
（陈怀涛，《兽医病理学原色图谱》）

图3-74 猪丝虫病
心脏纵沟淋巴管内有浆膜丝虫寄生，呈灰白色长条索状
（陈怀涛，《兽医病理学原色图谱》）

## 十三、猪囊尾蚴病

猪囊尾蚴病是由猪囊尾蚴寄生于动物的骨骼肌、心肌、脑、眼等组织器官中所

引起的一种寄生虫病。我国将其列为人兽共患传染病。

（一）宰前检查

猪轻度感染囊尾蚴时，通常无明显症状，宰前不易检出。

（二）宰后检查

囊尾蚴寄生于骨骼肌和心肌的肌间结缔组织中，常见寄生部位为咬肌（图3-75）、肩胛外侧肌、腰肌、股内侧肌、膈肌、心肌等部位，有时也见于大脑，少见于实质器官。严重感染时，肥膘内的肌肉间层，甚至淋巴结和蹄部筋膜等部位也可见到囊尾蚴。肌肉中的囊尾蚴呈米粒至豌豆大小、白色半透明的囊泡状，囊内充满无色透明液体，俗称"米猪肉"或"豆猪肉"。

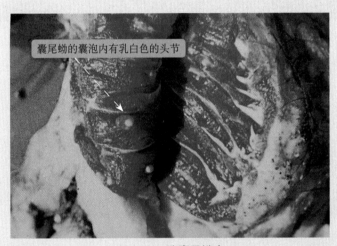

**图3-75 猪囊尾蚴病**
咬肌肌纤维间有半透明状的囊尾蚴囊泡（↑）
（潘耀谦，《猪病诊治彩色图谱》第3版）

### 十四、旋毛虫病

旋毛虫病是由旋毛虫引起的一种人兽共患寄生虫病。我国将其列为人兽共患传染病。

（一）宰前检查

感染旋毛虫的猪，一般无明显症状，宰前不易检出。

（二）宰后检查

旋毛虫寄生于膈肌、咬肌、舌肌、喉肌、颈肌、肋间肌及腰肌等部位，以膈肌最多。检疫时，从膈脚取样，制成肌肉压片，显微镜下观察，旋毛虫包囊与周围肌纤维界限明显，包囊呈梭形，内有卷曲虫体（图3-76），有时尚未形成包囊，或见钙化灶。

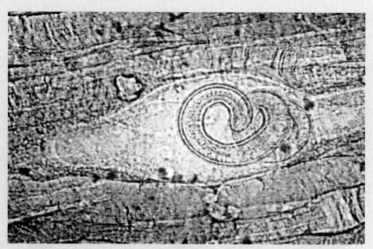

图3-76 猪旋毛虫病：膈肌压片镜检（佘锐萍 供图）
肌纤维间包囊内卷曲的虫体

# 第五节 生猪肉品品质检验

生猪肉品品质是指生猪屠宰产品的卫生、质量和感官性状。生猪肉品品质检验包括以下6个方面：①生猪健康状况；②传染性疾病和寄生虫病以外疾病的检验及处理；③品质异常肉的检验及处理；④有害腺体和病变淋巴结、病变组织的摘除与修割状况；⑤注水或注入其他物质、有害物质的检验及处理；⑥肉品卫生状况的检查及处理。本节主要介绍放血不全肉、淋巴结异常、皮肤与内脏异常、中毒肉、品质异常肉、注水肉、种猪肉等的检验，败血症和肿瘤的检验见第二节。

## 一、放血不全

### （一）原因

放血不全主要由于生猪患病、过劳、濒死时生理机能降低等所致，或者宰杀放血技术不良所致。

### （二）检验

检验时，注意观察肌肉和脂肪的色泽，大小血管内血液滞留情况，以及肌肉新鲜切面的状态。放血不全时，肌肉黑红色，脂肪淡红色；脂肪、结缔组织、胸腹膜下血管显露；肌肉切面见血液浸润区（图3-77），挤压时有血液外滴；内脏淤血、肿大（图3-78）。

图3-77　放血不全肉

（吴晗，孙连富，《生猪屠宰检验检疫图解手册》）

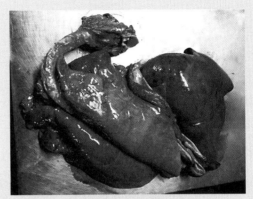

图3-78　放血不全

心脏和肺脏淤血、肿大

（吴晗，孙连富，《生猪屠宰检验检疫图解手册》）

## 二、淋巴结异常

### （一）原因

淋巴结是机体的免疫器官，可产生免疫细胞，具有吞噬、消灭和抑制病原体的作用。发生炎症时，淋巴结首先出现异常变化。

### （二）检验

1.充血　淋巴结肿胀、发硬，表面潮红，切面暗红色。见于急性猪丹毒。

2.水肿　淋巴结肿大，切面苍白、凸起、多汁，质地松软。见于炎症初期和慢性消耗性疾病后期、外伤、长途急性赶运等。

3.出血　淋巴结肿大，暗红色，切面景象模糊或被膜下及小梁沿线发红，如猪瘟淋巴结呈现大理石样变（图3-79），或有暗红色斑点散在其中。

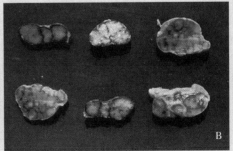

图3-79　出血性淋巴结炎

A.肠系膜淋巴结出血，呈暗红色肿大的外观；B.淋巴结的切面呈大理石样花纹

（农业部兽医局，中国动物疫病预防控制中心，《全国畜禽屠宰检疫检验培训教材》）

4.出血性坏死　淋巴结肿大，质地变硬，切面干燥，呈砖红色，散在灰、黑或紫色坏死灶。见于慢性局限性炭疽的典型病变。

### 三、皮肤异常

#### （一）原因

生猪感染猪瘟、非洲猪瘟、猪丹毒、猪Ⅱ型链球菌病等传染病时，皮肤有出血、淤血、充血、疹块等特征变化。此外，化学性、机械性、物理性及过敏性等因素影响，生猪皮肤或体表也可出现异常变化，特别是放血、浸烫煺毛后表现得更为明显。

#### （二）检验

1.外伤性出血　外伤所致背、臀部体表出现不规则的紫红色条状出血，有时见斑块出血，甚至皮下组织也见出血。

2.麻电出血　麻电不当，可见肩部和臀部等部位体表有新鲜不规则的点状或斑状出血，有时呈放射状。

3.运输斑　由于冷空气的侵袭或烈日的暴晒引起皮肤充血，以白毛猪较多。

4.皮癣　患部皮肤粗糙，少毛或无毛；病变多呈圆形，大小不等。

### 四、内脏异常

#### （一）心脏

心脏的变化除了特定的传染病（图3-80）、猪囊尾蚴病（图3-81）病变外，还有

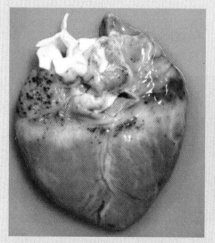

图3-80　猪瘟的心耳、心外膜点状出血（佘锐萍　供图）

图3-81　猪囊尾蚴病的心脏外观（佘锐萍　供图）
囊尾蚴呈半透明囊泡或米粒状，突出于心肌表面

心脏肥大、心包炎、心内膜炎、心肌炎等。注意检查心包和心脏是否有出血、淤血、粘连（图3-71）、坏死病灶。

（二）肺脏

病原微生物和其他致病因子可随吸入空气经支气管到达肺泡，引起肺脏出现异常变化，应注意普通病与传染病（高致病性猪蓝耳病、猪肺疫、猪支原体肺炎、副猪嗜血杆菌病等）肺部变化的鉴别。肺脏的变化有肺炎、胸膜肺炎、支气管肺炎（图3-82）、支气管扩张、肺膨胀不全、肺气肿、肺水肿、肺呛水、肺呛血、肺脓肿、肺纤维化、肺萎缩，以及肺脏的淤血、坏疽、肿瘤等变化。

（三）肝脏

肝脏除了有传染病和寄生虫病的特征变化外，要注意观察肝脏有无白色坏死灶、肝淤血、肝出血、肝萎缩、脂肪肝（图3-83）、肝硬变、肝坏死、肝脓肿、锯屑肝、肿瘤、肝胆管扩张等异常变化。

图3-82  化脓性支气管肺炎

米黄色到褐色的区域为大量中性粒细胞渗出到肺泡中所致

(James F. Zachary，《Pathological Basis of Veterinary Disease》，Fifth Edition，2012)

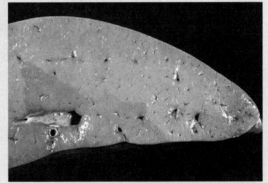

图3-83  肝脏脂肪变性

肝脏切面外翻，呈红黄色

（农业部兽医局，中国动物疫病预防控制中心，《全国畜禽屠宰检疫检验培训教材》）

（四）胃肠

胃肠的变化除了特定的传染病和寄生虫病病变外，还可见胃肠炎、出血（图3-84）、充血、水肿、糜烂、溃疡、化脓、坏死、肿瘤及肠气泡症，应注意检查。

（五）脾脏

脾脏的变化见肿大、出血、淤血、血肿、出血性梗死、西米脾（淀粉样变）等变化。

（六）肾脏

肾脏除了特定的传染病和寄生虫病的病变（猪瘟时的"雀斑肾"，猪丹毒时的

"大红肾"等）外，还可见淤血（图3-85）、出血、脓肿、结石、囊肿、萎缩、梗死（图3-86）、肿瘤等变化。

图3-84　猪瘟的大肠黏膜出血

（江斌，猪病诊治图谱）

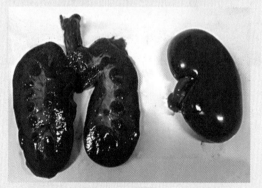

图3-85　肾脏淤血、水肿（佘锐萍 供图）

图3-86　肾脏出血性梗死

梗死灶呈楔形，暗红色

(James F. Zachary，《Pathological Basis of Veterinary Disease》，Fifth Edition，2012)

## 五、中毒肉

中毒是指动物受毒物作用而出现的疾病状态，严重时可导致动物死亡。中毒肉是指屠宰或急宰中毒动物后的胴体或肉。

## （一）原因

引起生猪中毒的原因较多，如农药、亚硝酸盐、氰化物、有毒植物等。

## （二）检验

1.宰前检查 毒物不同，生猪中毒后的症状不尽相同。应仔细检查生猪的精神状态、皮肤和黏膜，注意观察有无神经症状和消化系统症状等。

2.宰后检查 病变常见于毒物侵入的部位及有关组织。有时见口腔、食道和胃肠黏膜有充血、出血、变性、坏死、糜烂，肝、肾、肺、心等器官和淋巴结水肿、出血、变性、坏死，胴体放血不良。中毒物质种类不同，病变各异。例如，氰化物中毒，血液和肌肉呈鲜红色；亚硝酸盐中毒，肌肉和血液呈暗红色（酱油色）（图3-87）；砷中毒，肉有大蒜味；黄曲霉毒素中毒，肝脏肿大、硬变，呈黄色，后期为橘黄色，有坏死灶，或有大小不一的结节（图3-88）。

3．实验室检测 取肉、内脏、血液或淋巴结等样品，送往实验室进行毒物检测。

图3-87 猪亚硝酸盐中毒
（江斌，猪病诊治图谱）

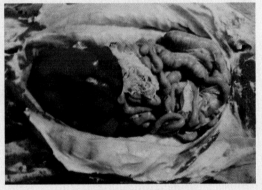

图3-88 黄曲霉毒素中毒
肝肿大、黄染，脂肪黄染
（潘耀谦，《猪病诊治彩色图谱》第3版）

## 六、白肌病

白肌病是幼畜的一种以骨骼肌、心肌发生变性、坏死为特征的疾病。

## （一）原因

硒和维生素E的缺乏，导致细胞膜受损，进而引起横纹肌发生变性和坏死，因病变部位肌肉色淡，甚至苍白而得名。

## （二）检验

病变常见于半腱肌、半膜肌、股二头肌、腰肌、臂三头肌和心肌等。胴体局部肌肉呈白色条纹、斑块，严重时大块肌肉苍白或灰白色，呈鱼肉样（图3-89），并多呈对称性损害。偶尔可见局部钙化灶。心肌也有类似病变。

## 七、白肌肉（PSE肉）

白肌肉是指受到应激反应的生猪，宰后产生肌肉色泽变白、质地松软、肉汁渗出的肉，也称为PSE肉、水煮样肉。

### （一）原因

生猪宰前受到惊吓、拥挤、饥饿、高温、捆绑等应激刺激，或者电麻不当致死、放血技术不规范，引起机体发生强烈应激反应，屠宰后产生色泽苍白、灰白或粉红、质地松软和肉汁渗出的肉。因其保水性差，属于劣质肉。

### （二）检验

变化常见于背最长肌、半腱肌、半膜肌等。肉眼观察见肌肉苍白，质地变软，切面突出、纹理粗糙、水分渗出等（图3-90）。

图3-89　猪白肌病
腰肌灰白色病变，左右肌肉对称性发生
（宣长和，《猪病学》）

图3-90　PSE肉

## 八、黑干肉（DFD肉）

黑干肉是指受到应激反应的猪，宰后产生肌肉色暗、质地坚硬、切面发干的肉，也称为DFD肉。

### （一）原因

生猪宰前受应激刺激强度小而时间长，宰前禁食时间过长，长时间处于紧张状态，引起肌糖原大量消耗。猪宰后肉成熟过程中产生的乳酸少，成熟不好所致。黑干肉加工性能差，腌肉色深，风味不良，pH较高，肉易腐败变质，不耐藏，为劣质肉。

### （二）检验

变化最常见于股部肌肉和臀部肌肉。肉眼观察见肌肉干燥、质地粗硬、色泽深暗（图3-91）。

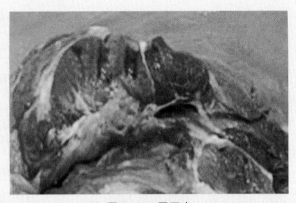

图3-91 黑干肉

肉暗红色，质地粗硬、切面干燥

（商务部屠宰办，《生猪肉品品质检验人员教材》）

## 九、黄疸

黄疸是由于体内胆红素形成过多、排出障碍造成血液中胆红素浓度增高，大量胆红素进入血液，将全身皮肤、巩膜和黏膜等组织黄染。

**（一）原因**

黄疸属于一种病症，可见于某些传染病、寄生虫病、普通病。根据发生原因不同，有溶血性黄疸、实质性黄疸、阻塞性黄疸、中毒性黄疸等。

**（二）检验**

皮肤、脂肪组织、巩膜、关节滑液囊液、心血管内膜、肌腱，甚至实质器官等全身组织均被染成不同程度的黄色（图3-92）。大多数病例的肝脏和胆囊都有病理变化。胴体放置24 h后，黄色不消退。

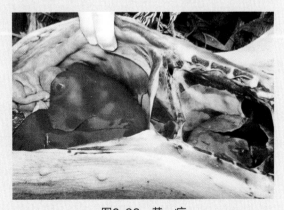

图3-92 黄 疸

全身皮肤、皮下、脂肪、内脏器官黄染，肝肿大

（潘耀谦，《猪病诊治彩色图谱》第3版）

## 十、黄脂

黄脂是脂肪组织的一种非正常的黄染现象，又称黄膘。

### （一）原因

黄脂发生主要与饲料、动物色素代谢机能失调有关。萝卜素、玉米等饲料中的黄色素在猪的脂肪组织发生异常沉积使之黄染。此外，长期给猪饲喂鱼粉、鱼制品残渣、蚕蛹等饲料也会发生黄脂。

### （二）检验

皮下脂肪、体腔脂肪呈黄色，其他组织未见黄染，胴体放置24 h后黄色逐渐消退（图3-93）。

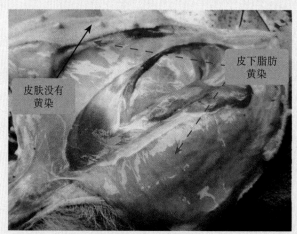

皮肤没有黄染

皮下脂肪黄染

**图3-93 黄 脂**
皮下脂肪黄色，皮肤不黄染
（江斌，《猪病诊治图谱》）

## 十一、红膘

红膘是皮下脂肪组织明显红于正常的猪胴体。

### （一）原因

生猪宰前长途运输、受冷热刺激或机械性刺激、饲养管理不当等，可引起红膘；生猪感染急性猪丹毒、猪肺疫等传染病，也会出现红膘；胴体放血不良也可引起红膘。

### （二）检验

皮下脂肪组织的毛细血管充血、出血，呈粉红色（图3-94）。宰后检验发现红膘时，应仔细检查其他组织器官有无异常。

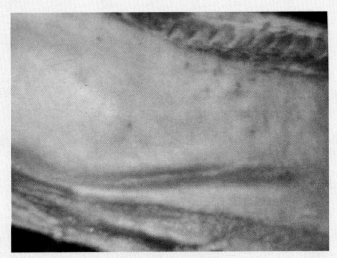

**图3-94 猪红膘**
猪皮下脂肪呈粉红色
（商务部屠宰办，《生猪肉品品质检验人员教材》）

## 十二、卟啉沉着症

卟啉沉着症又称骨血素病、卟啉色素沉着。

### （一）原因

卟啉色素是血红素不含铁的色素部分，由卟啉衍生而来。卟啉代谢紊乱，血红素合成障碍时，卟啉色素沉着于骨骼，出现骨血色素沉积症。

### （二）检验

1.宰前检查 卟啉色素沉着于皮肤，有时在无黑色素保护的部分，经日光照射导致皮肤充血、渗出性炎症，之后形成水疱、坏死、结痂和斑痕。

2.宰后检查 全身骨骼呈淡红褐色、褐色或暗褐色，但骨膜、软骨关节、软骨韧带等均无肉眼可见变化。牙齿也见类似病变。

## 十三、黑色素沉着

黑色素沉着是指黑色素沉着于正常情况下无黑色素存在的部位，又称黑变病。

### （一）原因

先天性的发育异常或后天性黑色素细胞扩散、演化时，即可发生黑色素沉着，见于仔猪。

### （二）检验

1.宰前检查 仔猪特别是皮肤色素很重的部位，有时见变黑、褐色。

2.宰后检查　黑色素沉着可见于心脏、肺脏、肝脏、胸腹膜、淋巴结等组织器官。色素沉着区域为棕色、褐色或黑色，由斑点至大片，甚至整个器官。

## 十四、气味和滋味异常肉

引起肉的气味和滋味异常的原因较多，主要有饲料气味、性气味、病理性气味、药物气味，以及肉贮藏于有异味的环境和变质等。通过嗅闻肉，检查有无异味。必要时采用煮沸肉汤试验检验气味和滋味异常肉。

### （一）饲料气味

生猪宰前长期采食腐烂的块根、油渣、鱼粉或具有浓厚气味的植物，宰后嗅检，肉可能具有这些植物或鱼粉的异常气味。

### （二）性气味

种公猪（未阉割和晚阉割的）肉有性气味，尤其脂肪、阴囊等部位气味明显，有臊味和毛腥味。煮沸肉汤试验，可使肉中气味挥发出来，易嗅出。

### （三）病理性气味

生猪感染某些传染病或者发生某些普通病，屠宰后局部组织有异常气味。例如，尿毒症，有尿味；酮血症时，有酮臭和恶甜味；有机磷中毒，有大蒜味。

### （四）药物气味

生猪宰前用过有芳香气味的药物，宰后局部肌肉和脂肪可能有药物异味。

### （五）附加气味

胴体贮藏于有异味（如油漆味、消毒药物味、鱼虾味等）的仓库里或包装材料内，易吸附异味。嗅检时，肉可能出现这些物品的异味，必要时用煮沸肉汤试验进行检验。

### （六）变质气味

肉在贮藏、运输中发生自溶、腐败、脂肪氧化等变化时，则出现酸味、臭味或哈喇味，通过嗅闻和煮沸肉汤试验可检出。

## 十五、注水肉

### （一）原因

注水肉是指向生猪体内注水后屠宰的肉，或者屠宰加工过程中向屠体、胴体肌肉丰满处注水后的肉。注水肉水分含量增加，被注入的水常不清洁，有时还注入其他物质，使产品受到污染，严重影响肉品安全，甚至威胁到食用者健康，侵害消费者的利益。

（二）检验

1.宰前检查　生猪宰前被从口腔灌入大量水后，可见口腔、鼻、肛门等天然孔流出水，严重时卧地不起。

2.宰后检查

（1）视检　肌肉组织肿胀，表面湿润、光亮，颜色较浅泛白（图3-95），肌纤维突出明显；放置后有浅红色血水流出；吊挂的胴体，有肉汁滴下。冻猪肉解冻后，有许多渗出的血水。胃、肠等内脏器官肿胀，表面光亮，实质器官边缘增厚。

（2）触检　注水肉缺乏弹性，有湿润感，指压凹陷往往不能完全恢复或恢复较慢。

（3）剖检　横断肉的肌纤维，按压时切面常有液体渗出（图3-96）。

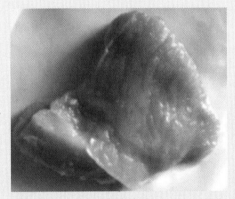

图3-95　注水肉的颜色变浅（尹荣焕　供图）

图3-96　注水猪肉
注水肉外表呈水莹状，颜色泛白按压切面有液体渗出
（商务部屠宰办，《生猪肉品品质检验人员教材》）

（4）理化检验　疑似注水肉的，送样品至实验室，进行水分测定。方法见第六章。

## 十六、种公猪、种母猪、晚阉猪

（一）宰前检查

1.种公猪　未经阉割，带有睾丸，体型大，皮肤厚。

2.种母猪　未经阉割，乳腺发达，乳头长、大。

3.晚阉猪　阉割时间晚于适时月龄，或曾做种用、去势后育肥的猪，一般体形较大，在阴囊或左髂部有阉割痕迹的。

（二）宰后检查

观察皮肤厚度、颜色，皮下组织、脂肪的质地和厚度，肌肉色泽，腹围宽度，乳腺、睾丸等生殖器官。

1.种公猪肉

（1）皮肤　厚、粗糙、硬，呈青白色，刀切有干涩感，两肩胛部皮肤颜色变深。毛孔粗而稀。

（2）皮下组织及脂肪组织　皮肤与皮下脂肪组织分界不清，皮下脂肪层较薄，脂肪颗粒粗大。

（3）肌肉组织　发红，肌纤维粗，纹路明显，横切面颗粒粗大；尤其臂部和颈部肌肉色暗红，无光泽，有腥臊气味。

（4）生殖器官　公猪有睾丸。

2.种母猪肉

（1）皮肤　组织结构松弛，粗糙发白，较厚硬，尤其是颈部和下腹部皮肤皱缩。

（2）皮下组织及脂肪组织　皮肤与皮下脂肪结合不紧凑，皮下脂肪层薄，脂肪外膜呈黄白色。

（3）肌肉组织　肌纤维粗，色暗红。

（4）乳腺　发达，乳头孔明显变大。

（5）腹围　较宽。

（6）子宫　子宫变粗，偶见子宫内有胎儿。

# 第六节　肉品污染与控制

生猪在养殖及屠宰加工中，可能受到有毒有害物质污染，引起肉的腐败变质，传播疫病，导致肉品品质及食用安全性降低，影响肉品工业及养殖业的发展以及消费者健康。兽医卫生检验人员了解肉品污染的基础知识，对保障生猪屠宰产品质量安全具有重要意义。

## 一、概念

### （一）肉品污染

肉品污染是指有毒有害物质介入肉品的现象或过程。有害因素主要包括微生物、兽药、重金属等。此外，屠宰加工中骨屑、毛、血污、粪污等也可造成肉品污染。

（二）肉品卫生

肉品卫生是指为确保肉品安全性和食用性在食品链的所有阶段必须采取的一切条件和措施。屠宰企业应当建立卫生管理制度，注重环境卫生和人员卫生，保持肉品接触面清洁卫生。

（三）肉品安全

肉品安全是指对肉品按其原定用途进行制作和食用时危害消费者健康的一种担保。肉品必须无毒、无害，符合应当有的营养要求，对人体健康不造成任何急性、亚急性或者慢性危害。

## 二、肉品污染的分类

### （一）按污染物性质分类

按照污染物性质，可分为生物性污染、化学性污染和物理性污染（表3-3）。

表3-3　肉品污染分类及污染物

| 污染分类 | 污染物 | |
| --- | --- | --- |
| | 类型 | 种类 |
| 生物性污染 | 微生物 | 致病菌：沙门菌，链球菌，炭疽杆菌等<br>腐败菌：微球菌，假单胞菌，<br>真菌及其毒素<br>病毒 |
| | 寄生虫 | 猪囊尾蚴，旋毛虫等 |
| | 食品害虫及鼠类 | 苍蝇，蟑螂，鼠 |
| 化学性污染 | 兽药 | 磺胺类药物，硝基呋喃类，喹诺酮类等药物 |
| | 农药 | 有机氯农药，有机磷农药等 |
| | 重金属 | 汞，镉，铅等 |
| | 清洁剂，消毒剂，杀虫剂 | 洗涤灵，次氯酸钠，除虫菊酯等 |
| | 食品包装材料 | 塑料制品，塑化剂等 |
| | 非法添加物 | 克仑特罗，沙丁胺醇，莱克多巴胺，松香，甲醛等 |
| 物理性污染 | 异物 | 鬃毛，骨屑，粪污，金属异物等 |
| | 放射性核素 | 天然放射性核素，人工放射性核素（意外污染） |

1.生物性污染　生物性污染是指微生物、寄生虫和食品害虫及鼠类对肉品的污染。微生物包括细菌及其毒素、真菌及其毒素、病毒等；寄生虫包括原虫、线虫、吸虫和绦虫等。

2.化学性污染　化学性污染是指有毒有害化学物质对肉品的污染。如兽药、重金属、非法添加物等污染。

3.物理性污染　物理性污染是指异物及放射性核素对肉品的污染。屠宰加工中的物理性污染物主要是未清除干净的浮毛、血污、粪污等，也有金属异物等异物污染。

### （二）按污染来源分类

按污染来源不同，肉品污染可分为内源性污染和外源性污染。

1.内源性污染　内源性污染是指生猪在生长过程中受到的污染，又称一次污染。如兽药残留、动物染疫所带病原体污染。

2.外源性污染　外源性污染是指生猪屠宰加工和流通过程中的污染，又称二次污染。如屠宰加工引起的异物污染。

## 三、肉品污染的危害

### （一）肉的腐败

肉的腐败是指肉中蛋白质和非蛋白质等含氮物质，在有害微生物作用下被分解，引起肌肉组织的破坏和色泽变化，产生腐败气味、产物和肉表面发黏的不良变化，并失去食用价值的变化。肉腐败后颜色变暗，表面、切面发黏，出现臭味，蛋白质等含氮物质分解产生胺类化合物，使挥发性盐基氮含量升高[*]。

### （二）食源性疾病

食源性疾病是指食品中致病因素进入人体引起的感染性、中毒性等疾病。包括食源性感染和食物中毒两类。

1.食源性感染　食源性感染是指摄食含有病原体污染的食品而引起的具有感染性的疾病。根据病原体不同，又可分为食源性传染病（病原微生物通过食品传播引起的疾病）和食源性寄生虫病（寄生虫通过食品传播引起的疾病）。生猪屠宰检疫对象中的炭疽、猪副伤寒、猪Ⅱ型链球菌病、猪囊尾蚴病、旋毛虫病等，均可通过肉品传播给人。

2.食物中毒　食物中毒是指摄入了有毒有害物质污染的食品或者把有毒有害物质当作食物摄入后引起的非传染性急性、亚急性疾病。致病因子有生物性和化学性因素。

（1）细菌性食物中毒　由细菌及其毒素引起的食物中毒。食物中毒病原菌有10余种，其中沙门菌、致泻性大肠杆菌、金黄色葡萄球菌、链球菌、李斯特菌等可污

---

[*]　GB 2707—2016规定：鲜、冻畜禽肉中挥发性盐基氮含量≤15 mg/100 g。

染猪肉产品。

（2）腺体中毒　主要是甲状腺和肾上腺中毒。人误食未摘除甲状腺的血脖子肉、喉气管肉可引起中毒。

（3）化学性食物中毒　化学性食物中毒是指摄入化学性有毒有害物质污染的食品而引起的中毒。多为误食所致，后果较为严重。中毒物质有重金属、农药、瘦肉精、杀虫剂、松香等。

（三）兽药残留和非法添加物对人体健康的影响

1.毒性作用　有的药物或非法添加物具有急性毒性作用，如克仑特罗可损害胃、肝、气管等组织，引起心血管系统、神经系统损害，出现肌肉震颤、心悸等中毒症状。有的药物具有亚慢性、慢性毒性作用，如氯霉素可引起再生障碍性贫血，链霉素可损害听力。有的物质具有致癌、致畸、致突变作用，如呋喃唑酮。

2.过敏反应　有的抗微生物药物可引起人的过敏反应，如青霉素、磺胺药等。

3.激素样作用　激素类药物可影响人的内分泌功能，引起疾患。例如，己烯雌酚可影响人的生殖生理功能，导致肥胖症，甚至诱发癌症。

4.细菌耐药性和菌群失调　抗微生物药物可引起细菌出现耐药性，导致人和动物肠道菌群失调。

## 四、肉品安全指标

### （一）微生物学指标

1.菌落总数　菌落总数是指食品检样经过处理，在一定条件下培养，所得1 g或1 mL检样中所含细菌菌落总数（CFU/g）。测定猪肉产品菌落总数具有两方面的食品卫生学意义：其一，判定猪肉被细菌污染程度；其二，用于观察细菌在肉品中繁殖的动态。检验方法见GB 4789.2—2022（见第六章）。

2.大肠菌群　大肠菌群是指一群能发酵乳糖、产酸产气、需氧和兼性厌氧的革兰阴性无芽孢杆菌。大肠菌群常以大肠菌群数表示，即100 g或100 mL检样中所含大肠菌群最可能数 [MPN/100 g（mL）]。测定该指标的食品卫生学意义：一是可用于评定猪肉的安全质量；二是判断食品是否被肠道致病菌污染。检验方法见GB 4789.3—2016（见第六章）。

3.致病菌　根据需要，可对猪肉产品进行沙门菌、致病性大肠杆菌等致病菌检验。检验方法见GB 4789系列标准。

（二）理化指标

1.限量　限量是指污染物和真菌毒素等有害物质在食品原料和（或）食品成品可食用部分中允许的最大含量水平。GB 2762—2022规定了食品中10余种污染物限量标准。

2.最大残留限量　最大残留限量是指在食品或农产品内部或表面法定允许的兽药或农药最大浓度，以每千克食品或农产品中兽药或农药残留的毫克数表示（mg/kg）。GB 31650—2019规定了动物性食品中兽药的最大残留限量。GB 2763—2021规定了食品中农药的最大残留限量。

## 五、肉品污染的控制

### （一）生物性污染的控制

在生物性污染控制中应坚持预防为主，加强养殖环节和屠宰环节的卫生管理，开展检验、检疫和检测。

1.防止内源性污染　从源头抓起，在生猪养殖环节，保持环境卫生，建立无病猪群；加强饲养管理，做好消毒工作，提高生猪抗病能力；开展动物防疫、检疫、驱虫、灭病工作，建立无规定疫病区；切断传播途径，消灭传染源。

2.防止外源性污染

（1）建立健全肉品卫生监督检验和管理机构，加强生猪屠宰监管工作。

（2）在屠宰中对生猪实施宰前检验和宰后检验，禁止屠宰病死猪。

（3）屠宰企业严格遵守卫生制度，采用良好生产工艺，采用GMP等管理控制体系，从原料到产品实行全过程质量安全监控。

（4）检验人员配备至少2套检验刀具，随时用82℃热水消毒，切割病害组织器官后，用消毒剂消毒。

（5）按照生猪屠宰操作规范屠宰加工，摘除"三腺"，修割浮毛、血污、粪污、病变组织；屠宰中产品不落地。

（6）设施设备符合要求；屠宰加工前后对车间、设备、工具实施消毒；保持环境、车间、设备和用具、包装材料、运输车辆卫生。

（7）屠宰加工用水、制冰用水应符合GB 5749—2022的规定。

（8）生猪必须经检验合格，猪肉产品符合GB 2707—2016及相关标准的规定。

（9）屠宰加工、兽医卫生检验等从业人员应身体健康，保持个人卫生，规范操作。

**（二）化学性污染的控制**

（1）屠宰企业选址远离污染源。

（2）生猪饲料应符合饲料卫生标准及其他有关规定。

（3）加强环境监测工作。

（4）强化兽药残留监管，生猪养殖中严禁使用违禁药物。

（5）屠宰企业要注重瘦肉精等违禁药物检测，开展兽药残留检测；禁止给猪肉注水和注入其他物质。

（6）防止生猪屠宰加工中的污染，不得使用松香拔毛；食品添加剂的使用应符合GB 2760的规定；肉品包装材料符合相关食品安全国家标准的要求。

### 第四章

# 生猪宰前检查

# 第一节　宰前检查概述

生猪宰前检查要按照《生猪屠宰检疫规程》和《生猪屠宰产品品质检验规程》（GB/T 17996—1999）等规定，对生猪实施查证、验物、临床检查、实验室检验（见第六章）及检查后结果的处理，以确保屠宰猪健康和食用安全。

## 一、宰前检查基本要求

### （一）检查内容

生猪宰前主要检查《生猪屠宰检疫规程》规定的14种疫病，以及《生猪屠宰产品品质检验规程》（GB/T 17996—1999）规定的品质不合格肉。同时还要检查规程规定以外的疫病、中毒性疾病、应激性疾病和非法添加物等。

### （二）检查后的处理

宰前检查发现病猪和品质不合格肉时，要按照《病死及病害动物无害化处理技术规范》的规定进行无害化处理，处理方法详见附表三。

### （三）注意事项

1.死猪病猪严格处理　经宰前检查，确认为死猪或病猪的，应按规定进行无害化处理，不得拒收或退回，以免通过不法途径流向市场，造成食品安全隐患。同时启动病死猪的溯源调查，如发现重大动物疫情，应按照相关规定立即向当地农业农村行政主管部门或者动物疫病预防控制机构报告，并采取隔离等控制措施，防止动物疫病扩散。

2.异主异批不得混群　不同产地、不同货主、不同批次的生猪不得混群同圈。发现病猪隔离观察，发现疑似重大动物疫情时，按不同产地进行溯源防控。

3.无证无标不得进厂　无产地签发的《动物检疫合格证明》和《生猪运输车辆备案表》或失效过期的，以及生猪未佩戴耳标或不符合要求的不得进厂卸车。

4.死猪和禁宰猪不得宰杀　宰前发现死猪的，严禁死宰；发现炭疽病猪或疑似炭疽病猪的，严禁宰杀。应按国家有关规定进行无害化处理。

## 二、宰前检查基本方法

宰前检查主要采用群体检查和个体检查相结合的方法进行。群体检查中发现异常，或发现异常个体时，要进行个体临床检查，或随机抽取10%的个体进行详检，必要时进行实验室检验。

**（一）群体检查**

生猪入厂按同一产地、同一货主、同一入厂批次作为同一个猪群，进入同一圈舍待宰。宰前检查也要分群、分批、分圈进行检查。群体检查主要通过检查"三态"来判定生猪的健康情况。

1.静态检查　静态检查包括卸车前登临车厢静态观察和圈舍静态观察（图4-1、图4-8）。主要检查生猪的精神状态、外貌、呼吸状态、站立与睡卧姿势，有无气喘、咳嗽、呻吟、昏睡、孤立等病态。

2.动态检查　动态检查包括卸车时动态检查（图4-13）、圈舍人为将猪轰起动态检查（图4-2）和送宰时动态检查（图4-20）。主要检查生猪群体的运动状态，有无行走困难、步态不稳、跛行、屈背弓腰、后肢麻痹、共济失调、离群掉队等现象。

3.饮态检查　饮态检查主要检查生猪自由饮水情况（图4-3），同时观察排泄物形状、颜色、气味等有无异常。

图4-1　圈舍静态检查

图4-2　圈舍动态检查（将猪轰起）

水槽饮水

自动饮水器饮水

图4-3　饮态检查

**【检验实践】**

"群症状"在群体检查中的意义

群体检查，是生猪宰前检查的重要组成部分，可以通过同一猪群中众多个体同时出现的同一特征性临床症状（群症状）而发现疫病和检出疫病猪。这就要求检验员应掌握各种疫病的特征性临床症状。

例如：同群猪中出现数量较多的跛行（群症状）时，应怀疑口蹄疫或水疱病的发生。检验人员应进一步检查个体的蹄部、口腔黏膜、乳房有无水疱和溃疡等特征性临床症状。

又如：如果跛行同时伴有关节肿大，应怀疑链球菌病或副猪嗜血杆菌病。这些典型症状和群症状为进一步确诊提供了线索。

### （二）个体检查

在实践中个体检查常用"五看、五摸、五听、五检"四大方法。

**1.五看**

（1）看精神　看精神状态，有无独处一隅、嗜睡、流涎、呻吟等。

（2）看体态　看卧地、站立、行走体态，有无屈背弓腰、跛行、麻痹等。

（3）看皮肤和可视黏膜　看颜色，检查有无发绀、出血、水疱、烂斑、脓肿等。

（4）看呼吸　有无呼吸困难、气喘、咳嗽、犬坐姿势等异常。

（5）看排泄物　看排泄物的性质、颜色、气味等有无异常。

**2.五摸**

（1）摸耳根　检验员用手检查猪耳根部温度是否正常（图4-4），注意由于人手温度（通常36℃）一般低于猪体表温度2℃左右，要形成经验才能准确判断。

（2）摸皮肤　主要摸下颌部、胸部、腹下部、四肢、阴鞘、会阴部等处，检查有无肿胀、结节、疹块等，并查明病变的硬度、波动感、捻发音等异常。

（3）摸体表淋巴结　主要检查淋巴结的大小、硬度、温度等有无异常，实践中常检查下颌淋巴结、髂下淋巴结和腹股沟浅淋巴结等。

（4）摸胸壁　触摸胸壁，注意有无敏感或压痛，如急性猪肺疫时，触摸胸部有痛感。

（5）摸腹壁　触摸腹壁，注意有无敏感或压痛，如腹膜炎时，腹部有压痛。

**3.五听**

（1）听叫声　听猪的叫声，有无凄厉、痛苦、呻吟、哀鸣声。

（2）听咳嗽声　有无干咳、湿咳、痉挛性阵咳、喘鸣声等。

（3）听心音　用听诊器检查猪心音有无异常（图4-5）。

（4）听呼吸音　用听诊器检查肺部，有无湿啰音、干啰音、哮鸣音、捻发音等。

（5）听胃肠音　用听诊器检查猪胃肠音有无异常。

### 4.五检

（1）检查体温　猪正常体温为38.0～39.5℃，可以使用体温枪进行体温测量。

（2）检查脉搏　猪正常脉搏为60～80次/min，必要时，用听诊器于猪的左侧肘突后上方的第四肋间听取心音与脉搏（图4-5）。

（3）检查呼吸　猪正常呼吸为18～30次/min，必要时，用听诊器在猪的胸部听取呼吸音与呼吸次数（图4-5）。

（4）检查耳标　检查耳标佩戴是否符合要求。

（5）检查非法添加物　主要是瘦肉精检测，宰前接取尿液进行检测（见第六章）。

图4-4　摸耳根，检查猪体温

图4-5　听　诊

## 三、宰前检查流程

生猪宰前检查包括接收检查、待宰检查、送宰检查、急宰检查、实验室检验（见第六章）和宰前检查后的处理（图4-6），详见附表三。

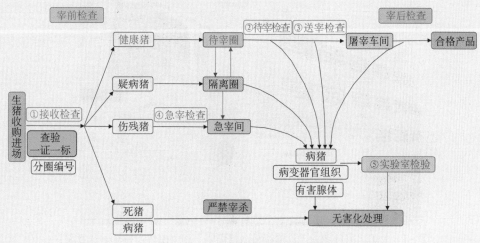
图4-6　生猪宰前检查流程示意图

# 第二节 接收检查

生猪入场时，要进行接收检查，经检查合格的生猪方可入场屠宰。

接收检查包括入场查验、卸车检查、瘦肉精检测（见第六章）、分圈编号和车辆清洗消毒。非洲猪瘟检测可在入场前或入场后进行（见第六章）。

## 一、入场查验

1.查证验物，询问情况 生猪进入屠宰场（厂）前，要在生猪收购验收区（图2-1）进行入场查验，检查人员应向押猪人员索取和查验产地签发的《动物检疫合格证明》（图7-2、图7-3）和《生猪运输车辆备案表》，无此证明或失效过期的，不得进场、不得卸车（图4-7）。同时询问生猪在运输过程中的有关情况。生猪运输车辆和车辆所有人要符合相关规定（详见第二章）（图2-22）。

2.临车检查 检验人员应登临车厢进行检查（验物检查）（图4-8）：

（1）查验车内动物的种类、数量与《动物检疫合格证明》登记是否相符。

（2）检查生猪是否佩戴耳标及佩戴是否符合要求（图4-9）。

（3）对车厢内的生猪进行群体静态检查，发现可疑病猪时，不得卸载，报告官方兽医，转入隔离圈内进行隔离观察，确诊后按有关规定处理。

图4-7 生猪进场前查验《动物检疫合格证明》和《生猪运输车辆备案表》

图4-8　检验人员登临车厢查验生猪　　　图4-9　检验人员登临车厢查验耳标

3.进厂消毒　经查验，"两证一标"（《动物检查合格证明》《生猪运输车辆备案表》和耳标）齐全有效，符合规定，生猪临床检查合格的，方可放行入场。

车辆入场时，要经过车轮消毒池对车轮进行消毒（图4-10、图2-17），同时对车体及猪体进行喷雾消毒（图4-11），消毒后可放行进入场区。

4.回收证明　经入场查验合格的，检查人员要收回货主的《动物检疫合格证明》（图4-12），并放行入场。

图4-10　生猪进场，车轮消毒

图4-11　生猪进场，车轮消毒及车体、猪体　　　图4-12　入场查验合格后，收回货主的《动物
　　　　　喷雾消毒　　　　　　　　　　　　　　　　　　　检疫合格证明》

## 二、卸车检查

卸车时，要将猪轰起进行卸车。检验人员要对生猪进行群体动态检查（图4-13），主要检查生猪的精神状况、外貌、呼吸和运动状态等，发现异常时要进行个体检查。卸车时一般会引起猪的排尿反射，可取尿样，进行瘦肉精检测（见第六章）。

图4-13　卸车动态检查

## 三、分圈编号

卸车后按照病健分圈的原则进行分圈编号，即将健康猪编号，赶入待宰圈休息待宰（图4-14）；如发现病猪和疑似病猪时，要报告官方兽医，开具《隔离观察通知书》，将病猪或疑病猪编号，并打上"可疑病猪"标记，赶入隔离圈进行隔离观察（图4-15）。经过隔离观察，确认健康的猪转入待宰圈继续休息待宰，确诊的病猪则按有关规定进行处理。

生猪分圈原则是：不同产地、不同货主、不同批次的生猪不得混群同圈。

图4-14　卸车后，健康猪进入待宰圈，休息待宰

图4-15　病猪和疑似病猪进入隔离圈，隔离观察

### 四、车辆清洗消毒

卸车后，运输车辆、工具及相关物品要进行清洗和消毒（详见第二章）。屠宰企业应提供清洗消毒设备和场所等（图4-16），并监督货主清洗消毒情况。

图4-16  运猪车辆清洗消毒

# 第三节  待宰检查

### 一、停食静养、自由饮水

生猪在待宰期间要执行停食静养的有关规定，同时保证自由饮水（图4-17），屠宰前3h停止喂水。饮水槽要有排水装置，并定期进行清洗；自动饮水装置要经常维护和清洗。

图4-17  生猪在待宰期间，停食静养，保证自由饮水

## 二、巡检视察

生猪在待宰期间，检验人员要对所有待宰圈的生猪进行巡检视察，至少每2h巡检一次，以群体检查为主，主要进行"三态检查"（静态检查、动态检查、饮态检查）和排便、排尿情况检查（图4-18），发现异常应及时处理。

图4-18　待宰期间，检验人员每2h巡检视察一次

## 三、病猪隔离

在生猪待宰期间，如发现病猪和疑似病猪，要立刻报告官方兽医，开具《隔离观察通知书》，将病猪或疑似病猪移入隔离圈进行隔离观察（图4-15）。经隔离观察确诊后，健康猪转入待宰圈继续静养待宰，病猪则按有关规定进行处理。

## 四、检疫申报

按照《生猪屠宰检疫规程》的规定，屠宰企业应在屠宰前6h申报检疫，填写《动物检疫申报单》。官方兽医接到检疫申报后，根据当地相关动物疫情，决定是否予以受理。受理的，应在屠宰前2h内按照《生猪产地检疫规程》中"临床检查"部分实施检查；不予受理的，应说明理由。

## 第四节 送宰检查

### 一、全面检查、签发证明

生猪送宰前要进行一次全面的群体检查，发现异常应进行详细的个体检查。检查后超过4h未屠宰的，在送宰前2h内，需再进行一次临床检查。

经检查确认健康的猪群，予以屠宰，可开具《准宰通知书》，注明准宰头数和检查结果。屠宰车间要凭证屠宰。不合格的，官方兽医开具《检疫处理通知单》（图7-1），屠宰企业按处理决定执行。

### 二、喷淋体表

送宰猪进入屠宰车间之前必须进行喷淋清洗（图4-19），猪体表面不得有灰尘、泥污、粪便等污物。

图4-19 生猪屠宰前的喷淋清洗

### 三、温和驱赶

生猪从待宰圈进入喷淋间，或从喷淋间进入屠宰车间时要经过赶猪道。送宰员驱赶生猪时要进行送宰动态检查，按顺序温和驱赶，遵从动物福利要求，不得电麻、棒打、脚踢等，按照《畜禽屠宰操作规程 生猪》（2019）和《生猪人道屠宰技术规范》（2008）的规定执行（图4-20）。

### 四、圈舍消毒

生猪送宰之后，待宰圈、隔离圈要及时进行空圈清洗和消毒（图4-21）；相关设备设施也要同时进行清洗消毒。病猪排泄物、分泌物要进行消毒和无害化处理。

图4-20 送宰生猪时，要温和驱赶

图4-21 送宰后圈舍消毒

# 第五节 急宰检查

宰前检查发现濒临死亡猪时，要立即报告官方兽医确诊处理：

1.确认为无碍于肉食安全的，官方兽医开具《急宰通知书》，急宰间要凭《急宰通知书》进行急宰（图4-22）。急宰时要进行急宰检查，经急宰检查无异常的为合格产品。发现疫病的进行无害化处理（见附表三）。

2.确认或疑似为病猪的不得急宰，官方兽医出具《检疫处理通知单》（图7-1），按规定进行无害化处理。

图4-22　急　宰

# 第六节　宰前检查后的处理方法

### 一、宰前检查合格生猪的处理方法

经宰前检查合格的生猪，准予屠宰，符合下列条件的为"合格生猪"：

1.《动物检疫合格证明》有效，证物相符的。

2.生猪佩戴耳标符合国家规定的。

3.无规定的传染病和寄生虫病，经宰前临床检查健康的。

4.按照国家规定需进行实验室检测的，其检测结果合格的。

5.按照《生猪屠宰检疫规程》的程序进行检查，结果符合规定的。

### 二、宰前检查不合格生猪的处理流程与方法

经宰前检查发现病猪时，官方兽医出具《检疫处理通知单》（图7-1），按照《动物防疫法》《重大动物疫情应急条例》《动物疫情报告管理办法》《生猪屠宰检疫规程》和《病死及病害动物无害化处理技术规范》等有关规定进行处理。

（一）宰前发现口蹄疫、猪瘟、非洲猪瘟、高致病性猪蓝耳病和炭疽病时的处理流程与方法

1.立即停止生产　停止收购、停止巡检、停止送宰，停止一切生产活动。

2. 封锁现场 病猪、疑病猪、同群猪，以及已宰杀的同群猪，由专人看护，禁止移动，禁止移圈，封锁现场，严禁人员接触。

3. 限制人员活动 所有工作人员坚守岗位，停止一切无关活动。

4. 报告疫情 立即向有关部门报告疫情，听从官方兽医统一处置。

5. 确诊处理 经检查确诊后，官方兽医出具《检疫处理通知单》，病猪、疑病猪、同群猪采用不放血方式扑杀，然后用密闭的运输工具运到动物卫生监督机构指定地点，按照《病死及病害动物无害化处理技术规范》（2017）的规定销毁处理，其中炭疽病猪、疑似炭疽病猪或同群猪严禁剖检，必须全部焚烧处理（见附表三）。

6. 全面消毒、隔离体检 实施全面严格的消毒，密切接触人员进行隔离体检。

**（二）宰前发现其他疫病时的处理流程与方法**

宰前发现猪丹毒、猪肺疫、猪副伤寒、猪Ⅱ型链球菌病、猪支原体肺炎、副猪嗜血杆菌病、猪囊尾蚴病、旋毛虫病、丝虫病，以及其他疫病时的处理流程与方法：

1. 将可疑病猪进行"标识" 宰前检查发现上述病猪和可疑病猪时，检验人员要在病猪背部作醒目的"标识"。

2. 转入隔离圈 将疑病猪转移入隔离圈，隔离观察；同时封锁检出病猪的待宰圈，禁止其他生猪出入。

3. 报告官方兽医、确诊处理 立即报告官方兽医，对病猪和疑病猪进行全面检查，并确诊处理。

（1）健康猪 送回待宰圈，继续静养待宰。

（2）病猪 由官方兽医出具《检疫处理通知单》，按规定进行无害化处理。同群猪进行隔离观察，正常的准予屠宰，异常的按病猪处理。

4. 无害化处理 确诊为病猪的，运到无害化处理间（图2-7、图2-8），或动物卫生监督机构指定地点，按照《病死及病害动物无害化处理技术规范》的规定进行无害化处理（见附表三）。

**（三）宰前发现濒临死亡和物理性损伤猪时的处理流程与方法**

宰前发现濒临死亡的猪，报告官方兽医确诊处理：

1. 经检查确诊为病猪的，官方兽医出具《检疫处理通知单》，在动物卫生监督机构监督下进行无害化处理。

2. 经检查确诊为物理性损伤的，并无碍于肉食安全的，官方兽医开具《急宰通知书》，送急宰间急宰并进行急宰检查，经急宰检查无异常的为合格产品。

**（四）宰前发现死猪时的处理流程与方法**

1. 宰前发现死猪时，严禁死宰。

2.经检查确诊为由疫病引起死亡的，报告官方兽医，出具《检疫处理通知单》，在动物卫生监督机构监督下进行无害化处理。

3.经检查未能确诊死因的，报告官方兽医，出具《检疫处理通知单》，在动物卫生监督机构监督下对尸体进行焚烧处理。

 **【注意事项】**

发现炭疽或疑似炭疽时，为何采用不放血方式扑杀，并进行焚烧处理？

炭疽杆菌在空气中形成芽孢后抵抗力极强，不易杀灭。炭疽杆菌在干燥环境中可存活20～50年，在冰冻的动物尸体中可休眠上百年。

因此，严禁剖检炭疽病猪和疑似炭疽病猪，否则会形成永久性的疫源地！剖检炭疽病畜和疑似炭疽病畜会触犯法律。

按照《病死及病害动物无害化处理技术规范》（2017）的规定，炭疽病猪和疑似炭疽病猪进行无害化处理时，要采用不放血方式扑杀，以免污染环境，并进行焚烧碳化处理，除焚烧处理外不得选择其他方式进行处理。

宰前发现死猪时，经检查未能确诊死因的，并不排除患炭疽死亡的，也要进行焚烧处理。

### 第五章

# 生猪宰后检查

# 第一节　宰后检查概述

生猪宰后检查是按照《生猪屠宰检疫规程》（2019）和《生猪屠宰产品品质检验规程》（GB/T 17996—1999）等规定，对生猪宰后逐头进行的病理学检查、肉品品质检验和实验室检验（见第六章），以及检查后结果的处理。宰后检查是生猪屠宰检查的重点和重要环节，是宰前检查的继续和补充。

## 一、检查内容

生猪宰后主要检查《生猪屠宰检疫规程》（2019）规定的14种疫病和《生猪屠宰产品品质检验规程》（GB/T 17996—1999）规定的品质不合格肉、有害腺体和病变组织器官的摘除等，以及规程规定以外的疫病、中毒性疾病、应激性疾病和非法添加物等。

## 二、检查方法

宰后检查方法包括感官检查（视检、嗅检、触检、剖检）和实验室检验方法（见第六章）。

## 三、检查后的处理

宰后检查发现疫病猪及其产品和品质不合格肉时，要按照《病死及病害动物无害化处理技术规范》（2017）的规定进行无害化处理，处理方法详见附表三。

## 四、宰后检查常用工具和使用方法

宰后检查常用工具包括检验刀、检验钩、挡刀棍，以及剪子和镊子等（图5-1、图5-2）。检查时要左手持钩，固定被检软组织；右手握刀，剖检软组织。检查较小的器官，或做病理检查时，也可以使用解剖剪和镊子等工具。

检验人员要配备两套以上刀具，一套使用，另一套放在82℃热水中消毒（图2-20），轮换消毒，轮换使用。为防止疫病传播，严格做到"一猪一刀一消毒"。

图5-1 宰后常用检验工具
检验刀、检验钩、挡刀棍

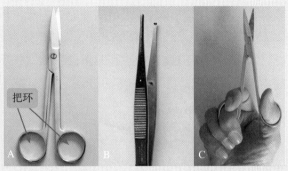

图5-2 带钩镊子与解剖剪
A.解剖剪；B.带钩的镊子；C持剪方法

**（一）检验钩的使用方法**

使用检验钩固定软组织时，首先将钩尖插入附近软组织内，左手持钩向左、向右或向下固定并用力拉紧被检软组织。但不能由下向上固定软组织，避免误伤。

在检验钩的使用过程中，经常做向左上外侧逆时针旋拧的动作，圆形手柄容易在手心中打滑，旋拧时费力，应购买扁形手柄的检验钩，检验钩的总长度宜在30 cm左右。

**（二）检验刀的结构与使用方法**

检验刀由刀柄、护手和刀身构成，刀身又包括刀刃、刀背、刀尖和刀面（图5-3）。

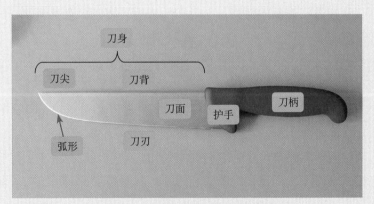

图5-3 检验刀的结构与各部名称

检验刀的刀柄前端下方要有"护手"装置（图5-3、图5-4B），避免向前窜刀时自伤；刀柄上方要有加宽装置，防止使用时伤拇指（图5-4A）；刀刃前部不能太尖锐，要有一定的弧度（图5-3），否则容易刺破胃肠等器官。

检验时的握刀方法：四指位于刀"护手"的后方环握刀柄，拇指平伸放在刀柄上方（图5-4B），这种握刀方法便于灵活掌握刀的力度和运刀轨迹。

用力切割时的握刀方法：四指位于刀"护手"的后方环握刀柄，拇指下垂于食指前方，手的虎口位于刀柄的正上方，五指紧握刀柄（图5-4C），这种握刀方法便于用力切割，但灵活度较差。

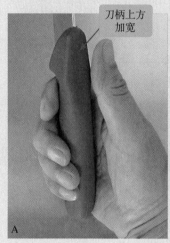
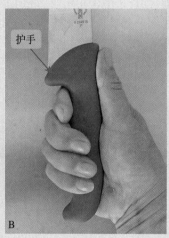

**图5-4　检验刀的刀柄结构与握刀方法**

A.刀柄结构；B.检验时握刀方法；C.用力切割时的握刀方法

### （三）检验刀动作类型

1.触检　一般用刀背触压被检器官，将刀背放在软组织的表面，由上向下或由左向右滑动，刮掉器官表面的血污，同时按压被检器官，检查其弹性、质地、光滑度等有无异常。

必要时，可以用手（佩戴医用手套）进行触摸检查，如检查胃肠时（图5-75至图5-77）。

2.剖检　剖检是用检验刀的刀刃切割软组织，打开和暴露被检器官的深部组织进行检查的方法。剖检分为正架检验和反架检验，以右手握刀为例：

（1）正架检验　正架检验是检查时经常使用的动作（图5-5）。正架检验时，左手持钩向左侧或向左下方固定被检器官或组织；右手握刀，向下或向右侧剖检被检器官或组织。

（2）反架检验　反架检验多用于胴体或二分胴体右侧部分的检查（图5-6）。反架检验时，左手持钩越过胸前部，掌心朝上，向右外侧拉紧被检组织；右手握刀，位于左手下方，向下或向左（右）下方运刀剖检。为避免自伤左手，严禁右手握刀在左手上方进刀剖检。

图5-5　正架检验操作方法

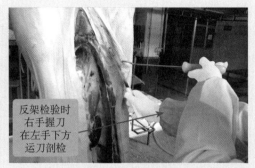

反架检验时右手握刀在左手下方运刀剖检

图5-6　反架检验操作方法

## （四）解剖剪和解剖镊子的使用方法

宰后发现病变器官需要进一步检查时，或寄生虫检验室制备检验标本时，或检查较小的器官时，可使用解剖剪和解剖镊子。胴体未劈半时胸腔或腹腔空间狭小，可以使用前端带钩的镊子和剪刀摘除较小的器官（如肾上腺），也可使用带钩镊子和较短的检验刀（图5-7）。

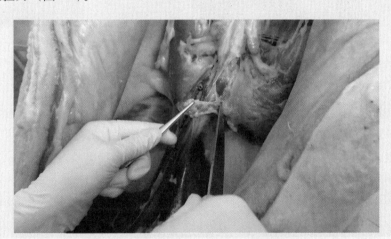

图5-7　使用带钩镊子和短检验刀摘除肾上腺

## 五、宰后检查时剖检技术要求

1.一般剖检要求　剖检时提倡"一刀剖开，适度剖检"，杜绝"拉锯式"反复切割，以免造成切口模糊，影响观察。检查时不可过度剖检，随意切割，要保证商品的完整性，发现可疑病变时，可适当增加剖检部位和扩大切口，以便准确判断。

2.剖检原则与顺序　一般剖检原则是：先疫病后品质，先重点后一般。例如，在放血后进行头蹄检查时，先检验下颌淋巴结有无猪瘟、非洲猪瘟、炭疽等的特征性病变，再摘除甲状腺。

胴体剖检顺序是：先左后右，先上后下。例如，先进行左侧二分胴体（片猪肉）的检查，再进行右侧二分胴体的检查；每侧胴体都是由上向下依次进行腹股沟浅淋巴结、腰肌和肾脏的检查。

3.皮肤剖检要求　切开皮肤时应沿肢体长轴进行，如颈部、胸部、腹部皮肤肌肉切开时，要沿躯体正中进行（图5-8），避免皮肤表面切口过多，杜绝"人"字形切口和弯曲的"蛇形"切口，保证商品的正常外观。

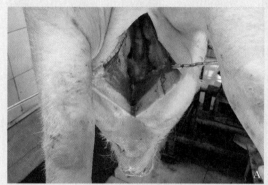
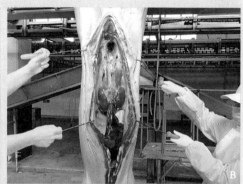

图5-8　皮肤切开时要沿肢体长轴进行
A.颈部皮肤纵切刀口；B.胸部和腹部皮肤纵切刀口

4.肌肉剖检要求　检查肌肉组织时应沿肌纤维方向纵行切开（图5-9）。一般应杜绝横断肌肉，以免血管被横断后，血液涌出，影响检查。同时肌纤维被横断后会向两端收缩，形成敞开性切口，不但影响商品外观，还易引起微生物繁殖。

5.淋巴结剖检要求　检查淋巴结时，应沿淋巴结长轴纵切，切开上2/3～3/4，然后用刀面扒开切口，使其外翻，形成"V"字形刀口，切面朝向检验员，便于视检（图5-10）。杜绝将淋巴结一分为二切成两半，形成"11"状切口，切面相互平行相对，使检验员不易观察切面情况。当发现可疑病变需要进一步检查时除外。

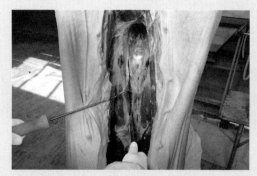
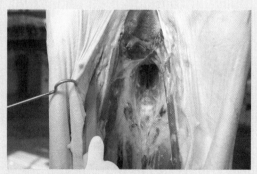

图5-9　肌肉剖检方法　　　　　　　图5-10　淋巴结剖检方法
顺肌纤维方向切开（腰肌）　　　　　纵切淋巴结上2/3～3/4

6.内脏实质性器官剖检要求　剖检肺脏、肝脏、肾脏等器官时，检验钩不能钩住这些器官的实质部分，因为实质脆嫩容易钩破，还会破坏商品的完整性。检验钩要钩住实质性器官"门部"或内部的结缔组织（结缔组织比较坚韧，不易钩破）。例如，检查肝脏时要钩住肝门处的结缔组织（图5-11）；检查肾脏时要钩住肾脏内部的肾窦部（图5-12）。

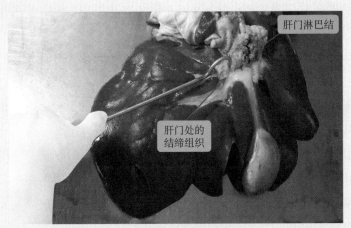

**图5-11　肝脏检查时的固定方法**
钩子要钩住肝门处的结缔组织

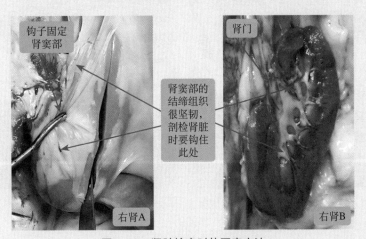

**图5-12　肾脏检查时的固定方法**
右肾A：剖检右肾，钩子钩住右肾的肾窦部；
右肾B：右肾水平剖面图，展示肾窦部结缔组织

## 六、生猪屠宰同步检验检疫

同步检验检疫是指生猪屠宰挑胸剖腹后，取出胃肠和心肝肺放在同步轨道的盘子里和挂钩上，并与胴体生产线上的胴体（带头蹄或不带头蹄）同步运行，同时进

行检验的一种方法。同步检验检疫时，不同的检验人员要对同步轨道上的胃肠和心肝肺与胴体生产线轨道上的胴体（带头蹄或不带头蹄）同时进行检验，一旦发现疫病，对照各器官的病变综合判断，确诊后对胃肠、心肝肺和胴体（带头蹄或不带头蹄）统一进行处理（图5-13、图5-14）。

同步检验检疫包括四个"同步"：①生猪屠宰与检验同步；②胴体（带头蹄或不带头蹄）与内脏运行同步；③胴体（带头蹄或不带头蹄）与内脏检验同步；④胴体（带头蹄或不带头蹄）与内脏处理同步。

由于同步进行检验的器官多少不一，又分为如下两种情况：

（1）胃肠、心肝肺与胴体的同步检验检疫　大部分企业的同步检验检疫只是胃肠、心肝肺和胴体的同步运行和同步检验检疫。头、蹄在同步检验检疫之前已经割除（如剥皮猪），未与胴体和其他器官进行同步检验检疫（图5-13）。

（2）胃肠、心肝肺与头、蹄、胴体的同步检验检疫　现在国内一些大型屠宰企业，屠宰带皮猪时，头、蹄在劈半之后和复验之时一直与胴体连在一起。同步检验检疫时，可对同步轨道上的胃肠、心肝肺与胴体生产轨道上的胴体和头蹄，同步进行检验检疫，即实现了全程同步检验检疫（图5-14）。

图5-13　胃肠、心肝肺与胴体同步检验检疫

图5-14　胃肠、心肝肺与头、蹄、胴体同步检验检疫

## 七、宰后检查统一编号

《生猪屠宰检疫规程》（2019）规定：与屠宰操作相对应，对同一头猪的头、蹄、内脏、胴体等统一编号进行检疫。如果发现疫病，通过统一编号可以找到同一屠体的所有器官（头、蹄、胃肠脾、心肝肺、胴体等），集中进行无害化处理。同时通过耳标溯源到疫病发源地，报告有关部门，按有关规定进行处理。

（一）无同步检验检疫设备的编号方法

无同步检验检疫设备的屠宰企业，在生猪宰后要对同一屠体分割下来的胴体以及头、蹄、胃肠脾、心肝肺、膈脚等各部位分别编同一号码备查。各器官编号方法见图5-15至图5-20。

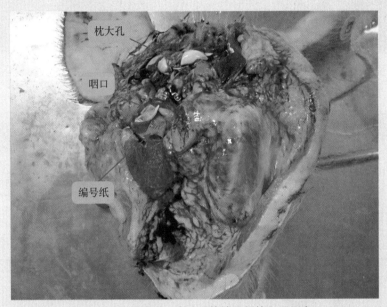

图5-15 头编号，去头后将编号纸放入咽口内

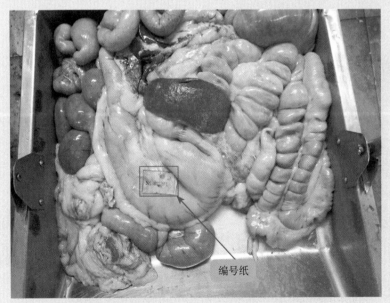

图5-16 检验台检查胃肠脾时，将编号纸贴在胃表面

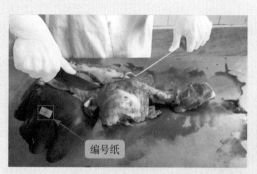

图5-17　检验台检查心肝肺时，将编号纸贴在肝的壁面

图5-18　膈脚编号，将编号纸包绕在左右膈脚之间

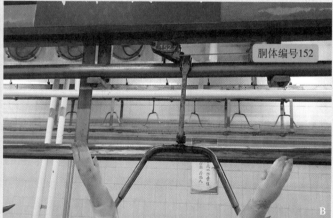

图5-19　胴体编号

A.将编号纸贴在胴体大腿外侧或内侧；B.将编号固定在挂钩上

图5-20　割蹄后，蹄分组编号

蹄分组编号

## （二）有同步检验检疫设备的编号方法

1.头、蹄在同步轨道之前摘除的（如剥皮猪）编号方法　胴体必须编号（图5-19），摘下的头、蹄、膈脚要与胴体编同一号码（图5-15、图5-18、图5-20）。同步轨道上的胃肠和心肝肺因与胴体同步运行、同步检验检疫，故不用编号，视与胴体同号。

2.头、蹄在劈半后或复验之后摘除的（全程同步检验检疫）编号方法　胴体必须编号（图5-19），摘出的膈脚要与胴体编同一号码（图5-18）。同步轨道上的胃肠和心肝肺与胴体同步运行、同步检验检疫，不用编号，视与胴体同号。在检查过程中，头、蹄与胴体一直连在一起，也不用编号。

## 八、宰后淋巴结检查概述

### （一）宰后检查淋巴结的意义

淋巴结位于淋巴管的通路上，视为淋巴管的膨大部分，是引流淋巴向心流动的淋巴器官。淋巴结属于外周淋巴器官，内有大量的淋巴细胞和巨噬细胞等，是机体进行免疫应答的场所，即机体与抗原物质进行斗争的场所。

体内的组织液进入毛细淋巴管成为淋巴，淋巴经毛细淋巴管、淋巴管、淋巴干、淋巴导管进入前腔静脉而汇入血液循环系统。淋巴管上分布着数量不等的淋巴结，淋巴经输入淋巴管进入淋巴结后，淋巴结内的淋巴细胞和巨噬细胞等要对淋巴进行过滤和"检验"，然后经输出淋巴管离开淋巴结，进入下一个淋巴结或淋巴干中（图5-21、图5-22）。

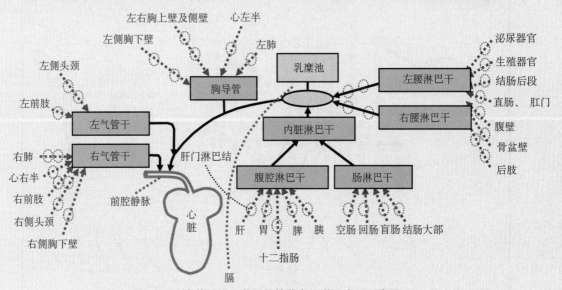

**图5-21　猪淋巴干、淋巴导管分布及淋巴来源示意图**

图中的 ⟲ 为淋巴结
（孙连富，尹茂聚）

由于毛细淋巴管比毛细血管通透性大、压力低，因此侵入机体的细菌等抗原物质，首先容易进入毛细淋巴管，为淋巴结扣留和消灭微生物提供了条件。

淋巴在汇入静脉之前，至少要流经一个以上的淋巴结（图5-22）。如果淋巴中带有细菌等抗原物质，在抗原物质的刺激下，淋巴结内的淋巴细胞和巨噬细胞大量繁殖增生，吞噬和作用于抗原物质，从而引起淋巴结肿大、硬度增加，并引起局部淋巴结的病理变化。病原微生物还会沿着输出淋巴管在体内扩散，引起多部位、多淋巴结甚至全身病理变化，这就为宰后检查和诊断疾病提供了客观依据。同时，不同的疾病会引起机体和淋巴结形成特征性的病理变化，通过检查淋巴结，依据其特征性变化，可以初步判断和确诊疾病。

机体每一淋巴结都通过输入淋巴管严格收集机体一定部位的淋巴，并通过输出淋巴管将淋巴输送到下一个特定部位的淋巴结或淋巴干中（图5-23），即两个不变：每个淋巴结收集淋巴的区域范围不变；淋巴结输出淋巴管的走向不变。因此，通过检查动物某一部位的淋巴结，就可以知道该淋巴结收集区域的健康情况；反之，欲了解机体某一部位的健康情况，就应剖检收集该部位淋巴的特定淋巴结，并通过输出淋巴管的走向追踪病原微生物在体内沿输出淋巴管扩散的范围，以便综合判断疾病。例如：下颌淋巴结输入淋巴管收集猪头下半部组织器官的淋巴；输出淋巴管走向下颌副淋巴结和颈浅腹侧淋巴结。

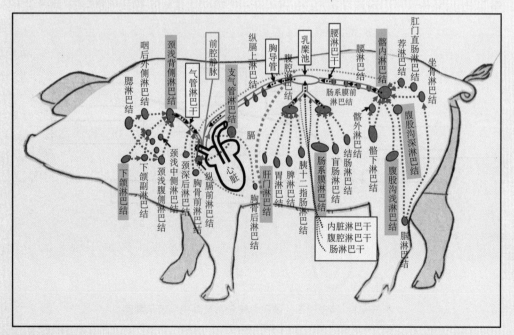

图5-22　猪全身淋巴结分布和输入淋巴管来源及输出淋巴管走向示意图（孙连富　供图）

因此，兽医卫生检验人员要熟悉生猪主要淋巴结的分布及其输入淋巴管的来源（汇集淋巴的区域）和输出淋巴管的走向，同时还要掌握淋巴结在不同疾病中的特征性病理变化。

**（二）宰后检查淋巴结的选择**

动物体内的淋巴结很多，猪有190多个（图5-22、图5-23）、牛有300多个、马有8 000多个、犬有60个左右。淋巴结在动物体内的分布很广，宰后检查淋巴结时必须有所选择。选择被检淋巴结的原则如下：

1.能反映特定病变过程的淋巴结　例如猪咽炭疽时，下颌淋巴结有特征性病变：淋巴结肿大数倍，切面砖红色，有黑色坏死灶，质地脆而硬，周围胶样浸润等。高致病性猪蓝耳病时，肠系膜淋巴结灰白色，切面外翻。急性猪丹毒时，全身淋巴结肿大，紫红色，切面外翻，有斑点状出血。

2.收集淋巴范围广泛的淋巴结　例如，猪的颈浅背侧淋巴结收集淋巴的范围很大，几乎收集全部头颈部的淋巴（图5-22、图5-23）。髂内淋巴结几乎收集猪后半躯的全部淋巴（图5-22、图5-23）。通过剖检这些淋巴结可以了解机体更大范围的健康情况。

《生猪屠宰检疫规程》（2019）和《生猪屠宰产品品质检验规程》（GB/T 17996—1999）规定生猪屠宰必须检查下颌淋巴结、肠系膜淋巴结、支气管淋巴结、肝门淋巴结和腹股沟浅淋巴结，就是依据这些原则进行选择确定的。

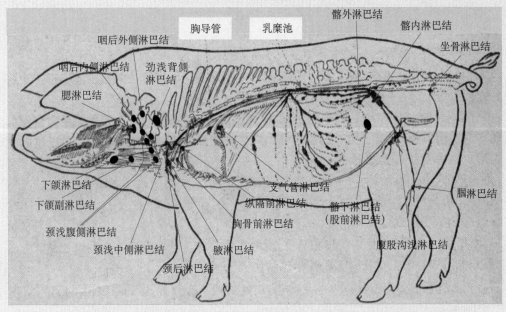

图5-23　猪全身主要淋巴结分布位置示意图（孙连富，尹茂聚　供图）

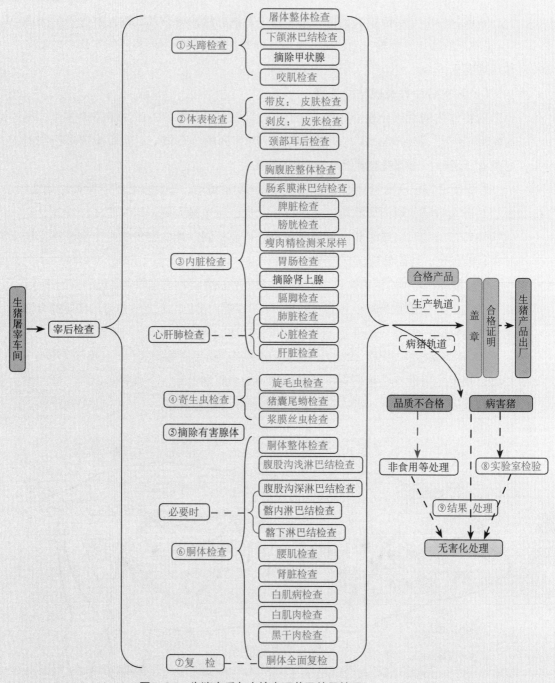

**图5-24　生猪宰后九大检查环节及结果处理**

## （三）生猪体内淋巴结分布的规律

淋巴结在猪体内分布数量很多，有如下分布规律：体内的淋巴结常分为浅层和深层，浅层淋巴结分布于皮下脂肪组织中（图5-10），深层淋巴结一般沿大血管分布。淋巴结常分布于关节后方的屈面，或分布于肌肉之间形成的肌缝中或肌沟中（如腋窝、腘窝、腹股沟、颈静脉沟等处）；在内脏器官常分布于"门部"，如肾门、肝门（图5-11）、肺门等。

### （四）宰后病变淋巴结与病变组织的处理

宰后检出病变淋巴结和病变组织时，如果疑似为传染病和寄生虫病或是其他疾病引起的，病变淋巴结和病变组织，不可摘除，要完整保留，为进一步确诊疾病提供病变依据。应将疑似病猪通过病猪轨道送到疑病猪间（图2-15）做全面检查，确诊后按如下方法处理：①经检查确诊为传染病、寄生虫病或是其他疾病引起的，生猪产品不可以食用的，病变淋巴结和病变组织不能摘除，应连同病猪及产品全部进行无害化处理。②经检查确诊为非传染病和寄生虫病引起的，生猪产品可以食用的，确诊后，病变淋巴结和病变组织必须摘除进行无害化处理。

### 九、生猪宰后检查环节

生猪宰后检查包括九大环节（图5-24）：①头蹄检查；②体表检查；③内脏检查；④寄生虫检查；⑤摘除有害腺体；⑥胴体检查；⑦复检；⑧实验室检验；⑨结果处理。（其中摘除有害内分泌腺，在头蹄和内脏检查中叙述；实验室检验见第六章。）

# 第二节  头蹄检查

生猪宰后头蹄检查包括：屠体整体检查、下颌淋巴结检查、摘除甲状腺和咬肌检查。

在实际检验中，屠体整体检查岗位和下颌淋巴结检查岗位可以放到一起顺序检验，这样可以提高检验效率。此处可安排经验丰富的检验员负责。

### 一、屠体整体检查

生猪屠宰放血后进入屠宰解体和检查之前，首先需要整体检查和评估屠体的健康情况，检查屠体有无规程规定的疫病，尤其是有无一类疫病和炭疽等烈性传染病，如果发现有疑似此类疫病，应马上处理，避免污染生产线及人员。屠体整体检查之后再进行其他分项检查。

（一）检查岗位设置

屠体整体检查岗位，放在屠体放血之后，下颌淋巴结检查之前。

（二）检查内容

1.全身皮肤检查

（1）有无出血点、出血斑点、蓝紫色、坏死灶、"大红袍"或"打火印"。

（2）乳房皮肤有无水疱或烂斑，要特别注意乳头及乳房体部。

（3）可视黏膜有无出血点。

（4）有无全身皮肤呈黄色；或皮肤充血，全身弥漫性红色。

2.头颈部检查　有无肿大，呈"腮大脖子粗"状。

3.蹄部检查　蹄球、蹄冠和蹄叉有无水疱和烂斑。

4.吻突检查　有无水疱、烂斑。

5.口腔黏膜检查　口角、唇、齿龈、舌、颊、硬腭有无水疱或出血点。

6.关节检查　有无肿大、变形，或化脓灶。

 **【相关疫病宰后症状】**

1.口蹄疫　蹄部、吻突、口腔黏膜、乳房出现水疱、烂斑。

2.猪瘟　全身皮肤，尤其耳、胸、腹、四肢出血点；可视黏膜出血点。

3.非洲猪瘟　全身皮肤出血，尤其耳、颈、胸、腹、四肢、会阴部有出血斑点（或呈片状）；耳、腹、后腿、臀部有蓝紫色斑块；颈部、腹部、耳部有坏死灶；关节肿大、积液。

4.高致病性猪蓝耳病　肢体末端呈蓝紫色，如耳、乳头、尾、胸腹下部和四肢末端等。

5.咽炭疽　咽喉部、颈部严重肿胀变粗（即腮大脖子粗）。

6.猪丹毒　急性败血型皮肤有大片紫红色（俗称"大红袍"）；亚急性疹块型皮肤有方形、菱形、不规则形紫红色疹块（俗称"打火印"）；慢性型关节肿大变形或皮肤坏死等。

7.猪肺疫　全身皮肤淤血，有紫斑或出血点。

8.猪Ⅱ型链球菌病　关节肿大变形，有化脓灶。

9.放血不全　皮肤充血，全身弥漫性红色。

（三）检查流程

体表整体检查→蹄部检查→吻突检查→口腔黏膜检查→咽及扁桃体检查（必要时）。

### （四）检查操作技术

1.体表整体检查　检验员左手持检验钩，钩住屠体前肢或体表，右手握刀辅助，顺时针旋转屠体（图5-25），按顺序做如下检查：①视检并用刀背轻刮触检屠体皮肤和乳头，检查有无出血点、水疱、疹块、肢体末端蓝紫色、黄染、全身弥漫性红色等；②视检屠体头颈部有无肿大变形；③视检关节有无肿大、变形、化脓灶等。

2.蹄部检查　按顺序检查蹄球、蹄冠和蹄叉有无异常。

蹄部检查时一般用手（佩戴医用手套）固定猪前肢；也可以用钩子固定。用钩子固定猪前肢时，要谨慎操作，避免因固定不牢滑脱伤人；另外，如果钩子钩在蹄叉或蹄冠部位时要避免钩破水疱。

（1）蹄球检查　检验员左手握住猪的前肢（拇指位于猪蹄上方，其余四指位于下方），视检蹄底部的蹄球有无水疱、烂斑等异常（图5-26）。

（2）蹄冠检查　检查完蹄球，左手松开猪蹄，手腕向内向下方翻转180°并再次握住猪前肢，此时检验员拇指位于猪蹄下方，其余四指位于上方，然后手腕向外上方旋转，使猪蹄的腕关节向上弯曲，视检蹄壳上缘的蹄冠部位有无水疱等异常（图5-27）。

（3）蹄叉检查　蹄冠检查后，左手握猪前蹄保持不动，右手将刀背伸进蹄叉内，向右侧旋转刀背，使猪蹄的左右两指分开，暴露蹄叉，视检蹄叉部位的皮肤有无水疱等异常（图5-28）。

**图5-25　屠体整体检查技术**
用检验钩和检验刀旋转屠体，检查屠体有无异常

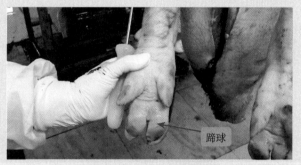

**图5-26　蹄球检查技术**
抬起前肢，检查蹄球有无水疱

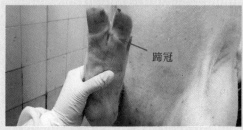

**图5-27　蹄冠检查技术**
高抬前肢，使其向上弯曲，检查蹄冠部有无水疱

**图5-28　蹄叉检查技术**
用刀背分开蹄壳，检查蹄叉部皮肤有无水疱

3.吻突检查 检验员左手持钩，钩住猪鼻孔，向侧上方拉起，使猪头侧向检验员，检查吻突有无水疱、破溃等异常（图5-29）。

4.口腔黏膜检查 检验员左手持钩，钩住猪下唇（或上唇）；右手握刀，用刀的背面向相反方向扒开猪的上唇（或下唇），打开口腔，检查口角、唇内侧、齿龈、舌面、颊部、硬腭等处有无水疱和出血点（图5-30）。

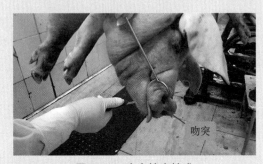
**图5-29 吻突检查技术**
钩起鼻孔,使其朝向检验员，检查吻突有无水疱

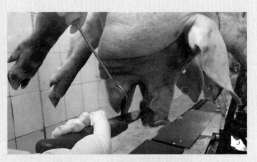
**图5-30 口腔黏膜检查技术**
打开口腔，检查口腔黏膜有无水疱、出血点

5.咽及扁桃体检查（必要时） 将猪侧卧，切开两侧颊部皮肤肌肉，直至下颌关节处（图5-31），用力打开下颌关节，检查口腔上部的硬腭和后方的软腭、咽及扁桃体，有无异常（图5-32）。

患口蹄疫时，硬腭、软腭、咽部有水疱；患猪瘟时，喉、会厌、扁桃体有出血点；患咽炭疽时，扁桃体出血，表面被覆黑褐色坏死伪膜，咽喉部有出血性胶样水肿等。

## 二、下颌淋巴结检查

按照《生猪屠宰检疫规程》（2019）的规定：生猪屠宰，放血后脱毛前，要检查

**图5-31 颊部切开检查技术**
切开两侧颊部皮肤肌肉，强力打开下颌关节

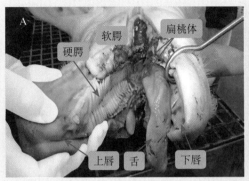 

**图5-32 咽及扁桃体检查技术**

A.打开颊观察咽部结构；B.头部纵剖结构图示咽及扁桃体
检查硬腭、软腭、咽与扁桃体有无水疱或出血点

两侧下颌淋巴结。

下颌淋巴结（图3-24）又叫颌下淋巴结，是猪宰后必检淋巴结，位于下颌间隙内、下颌角的内侧、胸骨舌骨肌末端的外侧、颌下腺的前下方。主要收集头下部组织器官的淋巴。猪患咽炭疽、猪瘟等烈性传染病时都有特征性变化。

**（一）检查岗位设置**

设在蹄部检查之后，脱毛之前。

**（二）检查内容**

1.头颈部检查　有无咽喉肿大、腮大脖子粗，发现疑似病猪时，不得剖检，立即停止生产和检验，报告官方兽医确诊。

2.下颌淋巴结检查

（1）视检　有无肿大、砖红色、暗红色、整个淋巴结形如血块。

（2）剖检　有无脆而硬、刀割沙砾感；切面有无呈大理石状；或严重出血；或砖红色，有黑色坏死灶，淋巴结周围胶样浸润。

 **【相关疫病宰后症状】**

1.猪咽炭疽　腮大脖子粗，咽喉肿大，下颌淋巴结急剧肿大数倍，切面砖红色，有黑色坏死灶，刀割脆而硬、有沙砾感，淋巴结周围胶样浸润。

相关知识

2.猪瘟　下颌淋巴结肿大，暗红色，切面红白相间，呈大理石状。

3.非洲猪瘟　下颌淋巴结肿大，大量出血，形似血块，切面严重出血。

### （三）检查时淋巴结的定位方法

检查下颌淋巴结之前，可以用下颌骨定位法了解倒挂猪下颌淋巴结的大体位置，对于初学者尤为重要；检查下颌淋巴结的过程中，可以用喉口定位法和胸骨舌骨肌和舌骨体定位法边定位边操作，做到精确定位，精准剖检。

1.下颌骨定位法　检验员伸开两手，左右食指放到倒挂猪下颌支的上缘（下颌骨后方），两拇指沿水平方向放到颈前部（图5-33）；然后两拇指自然下垂，两指尖相距5～6cm，两拇指的指尖所在位置，即是下颌淋巴结所在大体位置（图5-34）。

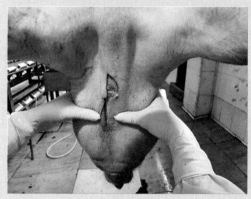

图5-33　下颌骨定位法1

两食指和两个拇指放在吊挂猪下颌支上缘，环绕猪颈部

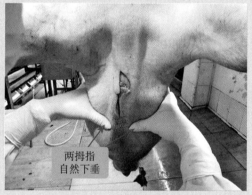

图5-34　下颌骨定位法2

两拇指自然下垂，指尖位置即是下颌淋巴结所在大体位置

2.喉口定位法　倒挂猪检查下颌淋巴结时，由放血刀口垂直向下切开第一刀后，可以见到喉和喉口，沿喉口划一条平行线，下颌淋巴结就在这条平行线下外方2～3cm的外侧45°角处（图5-35）。

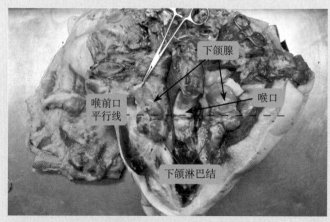

图5-35　喉口定位法

沿喉口划水平线，下颌淋巴结就位于该线下外方2～3cm的外侧45°角处

3.胸骨舌骨肌和舌骨体定位法 检查下颌淋巴结切开第一刀后，可以见到两条胸骨舌骨肌，该肌肉起于胸骨柄，止于舌骨体。下颌淋巴结位于舌骨体两侧，以及胸骨舌骨肌末端深面外侧，并被部分覆盖（图5-36、图5-37）。检查下颌淋巴结时，割断两条胸骨舌骨肌末端即可见到深面的下颌淋巴结（图5-37、图5-38）。

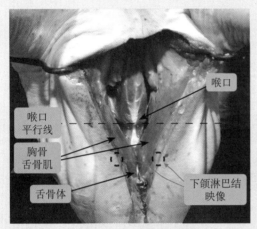

图5-36 胸骨舌骨肌和舌骨体定位法（未剥离出下颌淋巴结）

下颌淋巴结位于舌骨体两侧及胸骨舌骨肌末端外侧，并被部分覆盖

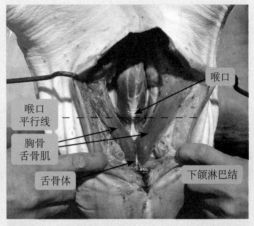

图5-37 胸骨舌骨肌和舌骨体定位法（已剥离出下颌淋巴结）

分离胸骨舌骨肌末端外侧组织，可见下颌淋巴结位于舌骨体两侧及胸骨舌骨肌末端外侧

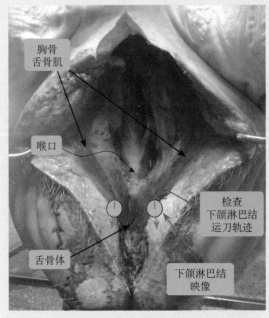

图5-38 检验下颌淋巴结运刀轨迹示意图

剖检时，切断两条胸骨舌骨肌末端，即见到深面的下颌淋巴结

## （四）检查操作技术

下颌淋巴结检查一般由两位检验员一起来完成，操作技术熟练以后，也可由一人来完成。检查时，可采用"三刀法"或"两刀法"操作技术。

下面介绍常见的两人"三刀法"操作技术：

1.固定屠体　主检验员位于倒挂猪左侧，左手持钩，于左前肢上方钩住放血刀口中部左侧的皮肤，并按压住左前肢；助手位于倒挂猪的右侧，左手抓住猪的右前蹄，右手持钩，于猪右前肢的下方钩住放血刀口中部右侧的皮肤（图5-39）。

2.第一刀：纵剖颈部皮肤肌肉　第一刀包括：进刀、运刀、收刀和斜刀。

（1）进刀　主检验员右手握刀，由放血刀口向内进刀，并沿放血刀的进刀轨迹将检验刀的刀刃全部插入放血刀口内直至刀柄处（图5-40）。

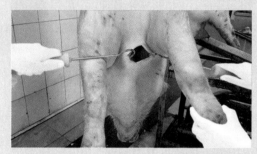

**图5-39　下颌淋巴结检查——固定屠体**

主检验员和助手用钩子钩住放血刀口中部，向两侧轻拉（注意：主检验员的钩子位于猪左前肢的上方；助手的钩子位于猪右前肢的下方）

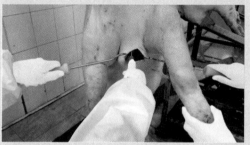

**图5-40　下颌淋巴结检查第一刀——进刀**

检验刀沿放血刀口进刀，刀刃全部插入放血刀口内

（2）运刀　主检验员由放血刀口沿颈中部垂直向下运刀，以深刀切开颈部的皮肤肌肉，直至舌骨体（图5-37、图5-41），一刀暴露出气管和喉。

（3）收刀　然后向外收刀，以浅刀运行。

（4）斜刀　浅刀运行时倾斜刀刃，向下斜切皮肤肌肉5～6cm，形成血流延长刀口，同时下滑抽出检验刀（图5-41）。

3.再次固定屠体　主检验员和助手的检验钩同时下移，钩住新刀口的中部再次固定屠体（图5-41）。

4.第二刀：纵剖左侧下颌淋巴结　第二刀包括：进刀、运刀、剖检和视检。

（1）进刀　主检验员右手握刀，紧贴喉的左侧进刀（图5-42）。

（2）运刀　沿喉与左侧下颌角连线的方向运刀，向左外侧下方做一外凸的弧形切口，向下切断左侧胸骨舌骨肌末端（2cm处）及下方的组织（图5-42）。

（3）剖检　继续向下运刀，纵剖左侧下颌淋巴结（图5-43、图5-46）。

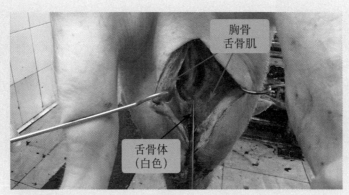

**图5-41 下颌淋巴结检查第一刀——运刀、收刀和斜刀**

沿颈中部向下，以深刀切开皮肤肌肉至舌骨体，然后收刀，以浅刀向下倾斜切开5~6cm

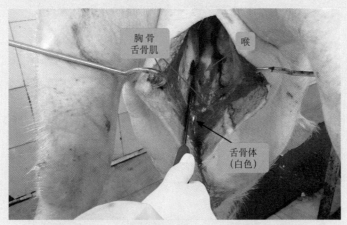

**图5-42 下颌淋巴结检查第二刀——进刀和运刀**

紧贴喉的左侧进刀，向左外侧下方运刀，切断左侧胸骨舌骨肌的末端

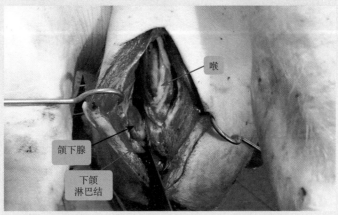

**图5-43 下颌淋巴结检查第二刀——剖检和视检**

纵剖左侧胸骨舌骨肌末端下方外侧的左下颌淋巴结，打开切面，检查有无异常

（4）视检　打开左下颌淋巴结切面，视检有无异常（图5-43）。

5.第三刀：纵剖右侧下颌淋巴结　第三刀包括：进刀、运刀、剖检和视检。

（1）进刀　主检验员右手握刀，紧贴喉的右侧进刀（图5-44）。

（2）运刀　沿喉与右侧下颌角连线的方向运刀，向右外侧下方做一外凸的弧形切口，向下切断右侧胸骨舌骨肌末端（2cm处）及下方的组织（图5-44）。

（3）剖检　继续向下运刀，纵剖右侧下颌淋巴结（图5-45、图5-46）；

（4）视检　打开右下颌淋巴结切面，视检有无异常（图5-45）。

**图5-44　下颌淋巴结检查第三刀——进刀和运刀**
紧贴喉的右侧进刀，向右下方运刀，切断右侧胸骨舌骨肌的末端

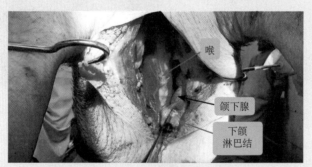

**图5-45　下颌淋巴结检查第三刀——剖检和视检**
纵剖右侧胸骨舌骨肌末端下方外侧的右下颌淋巴结，打开切面，视检有无异常

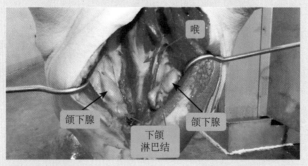

**图5-46　检查后的左、右下颌淋巴结**

**【注意事项】**

下颌淋巴结检查为何要在脱毛前进行，不能在脱毛后进行？

生猪宰后检查下颌淋巴结主要是控制人兽共患烈性传染病——炭疽。因此，检查下颌淋巴结的岗位，应放在生猪屠宰放血之后最前面的岗位进行，即放血之后脱毛之前进行，以防止病原沿生产线扩散，并保障生产人员安全。如果放在脱毛后进行，则又要经过洗猪-落猪-浸烫-脱毛-扎腿眼-吊挂等多个屠宰岗位，如遇炭疽会污染生产线，并威胁操作人员安全。

脱毛前检查下颌淋巴结也有不利的方面，即检查后进行浸烫时刀口创面会增大，并使刀口组织熟化变色，影响商品外观，需要进行修割，造成经济损失，但脱毛前检查下颌淋巴结能够严控疫病、确保食品安全和操作人员的人身安全。

 **【检验实践】**

在实际操作中，下颌淋巴结检查需要注意如下事项：

1.下颌淋巴结检查时，主检验员钩子要位于猪左前肢上方，并轻压住左前肢，防止左前肢挣扎时碰到检验刀伤人。

2.第一刀应在颈中部垂直切开皮肤肌肉，如果放血刀口偏斜也要尽量纠正。

3.第二刀和第三刀要全部在新刀口内运行，不能使皮肤形成"人"字形刀口，也不能使皮肤形成多处刀口，以保证商品的完整性。

4.剖检吊挂猪下颌淋巴结时，位于下颌淋巴结上方的下颌腺往往被同时剖开，要注意两者的区别：①猪下颌腺多为上尖下圆的扁圆形，长5~6cm，淡红色，可见分叶。②猪下颌淋巴结呈卵圆形，较小，长2~3cm，有带皮花生米大小，组织显细腻致密，位于吊挂猪下颌腺的下方（图5-35、图5-46）。

5.检查下颌淋巴结时，为了确保一刀剖开颈部皮肤肌肉，应使用较长的检验刀（刀刃21cm以上）。

## 三、摘除甲状腺

猪甲状腺属于不可食用的腺体，人食用后会引起代谢紊乱或危及生命。宰后要摘除甲状腺并进行无害化处理。

猪甲状腺位于喉的后方，气管腹侧，呈长椭圆状，形如大枣，深红色，分叶不明显（图5-47、图5-48、图5-51）。

## （一）岗位设置

设在下颌淋巴结检查之后，割头之前或割头之后，心肝肺摘除之前。

## （二）操作技术

摘除甲状腺的工作可由检验人员操作，也可由屠宰人员完成。

1.倒挂带头猪摘除甲状腺操作技术　操作人员左手握住猪的左前蹄，右手伸入下颌淋巴结检查刀口内，首先摸到坚实的喉，然后拇指和四指沿喉的两侧向上摸到气管，在距喉3～5cm处的气管腹侧摸到一个"大枣"状的实质性器官即为甲状腺，

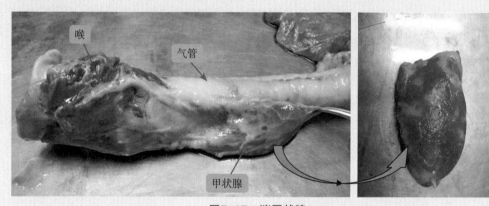

图5-47　猪甲状腺

位于喉的后方，气管腹侧，形如"大枣"样

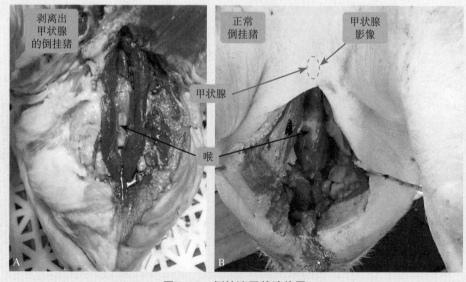

图5-48　倒挂猪甲状腺位置

A.剥离出甲状腺的倒挂猪：可见甲状腺位于喉的上方，气管腹侧；

B.正常的倒挂猪：看不见甲状腺，先用手摸到喉，再沿气管向上即可摸到

用手将其握紧向下完整摘除（图5-49），放到专用容器中，集中销毁处理。

如果甲状腺被较多的软组织包裹，用手摘除困难或找不到时，可以用检验刀在放血刀口内从甲状软骨上方约5cm处进刀，沿颈中部切开甲状腺腹侧的软组织，然后再将甲状腺摘除。应避免将甲状腺与气管之间剖开，否则不好寻找甲状腺。

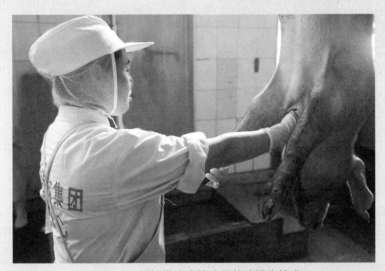

图5-49　倒挂带头猪摘除甲状腺操作技术

2.去头猪摘除甲状腺操作技术　割头之后，可以在倒挂去头猪上摘除甲状腺（图5-50A），也可以在剥皮台上摘除（图5-50B）。操作方法与倒挂带头猪相同。注意割头后，甲状腺的位置可能会向胸腔方向移动。

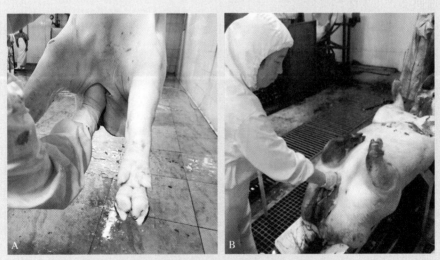

图5-50　去头猪摘除甲状腺操作技术
A.倒挂去头猪甲状腺摘除方法；B.剥皮台上仰卧去头猪甲状腺摘除方法

**图5-51　摘除的甲状腺**

形如大枣，深红色，集中进行无害化处理

 **【注意事项】**

1.甲状腺必须要完整摘除，然后放入专用容器中集中无害化处理。

2.摘除甲状腺要在心肝肺摘出之前进行，因为摘除心肝肺时要将喉、气管从颈部软组织中割出，只有少部分甲状腺带在气管上，绝大部分会遗留在胴体内，再寻找很困难，会危害食品安全。

3.放血时，如果刀口偏左侧，容易将甲状腺从气管腹侧上割掉，此时要在气管的两侧中去寻找甲状腺，多数情况下位于气管左侧的组织中。

## 四、咬肌检查

咬肌检查主要防控猪囊尾蚴。

在检查实践中，一般先检查咬肌，如果发现可疑囊尾蚴，再检查翼肌以及心肌和膈脚等；如果咬肌正常，翼肌可以不检查（图5-52）。

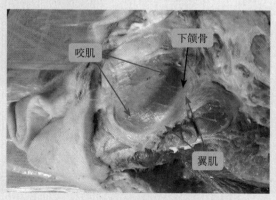

**图5-52　猪咬肌和翼肌**

咬肌位于下颌骨外侧；翼肌位于下颌骨内侧

（一）检查岗位设置

可设在割头之前的倒挂猪上进行；也可以在割头之后，将头放在检验台上检查，如剥皮猪。

咬肌检查分为脱毛检查和带毛检查。带皮猪脱毛后进行的咬肌检查，称为脱毛检查；剥皮猪剥皮前要先将头割掉，然后进行咬肌检查，称为带毛检查。带毛检查时体表的污物容易污染刀口，故剥皮猪在割头剥皮前要将屠体冲洗干净。

（二）检查内容

剖检两侧咬肌，检查有无黄豆粒大小椭圆形、半透明的囊泡（图3-78）。

**【相关疫病宰后症状】**

猪囊尾蚴主要寄生于骨骼肌和心肌以及脑、眼等处，常见寄生部位为咬肌、翼肌、腰肌、膈、心肌等处。剖检被感染的肌肉，可见猪囊尾蚴寄生于肌纤维间，为乳白色椭圆形半透明囊泡，平均有黄豆粒大小，囊泡内充满液体，内含头节。

（三）检查操作技术

检查咬肌时，无论在轨道上进行，还是在检验台上进行，为了便于操作，一般先检查位于检验员左侧的咬肌，再检查位于检验员右侧的咬肌。

在检查过程中如果发现疑似囊尾蚴感染，要再剖检翼肌等囊尾蚴易感染部位，以便综合判断确诊。

1.检查位于检验员左侧的咬肌和翼肌　检验员左手持钩，钩住位于检验员左侧咬肌的外缘；右手握刀，紧贴下颌骨外侧向后下方运刀，以深刀将咬肌平行剖开，然后左右手同时向两侧外展，打开剖面，检查有无囊尾蚴感染（图5-53）。

如果发现有疑似囊尾蚴感染，还要剖检翼肌：此时，左手钩子不动，右手握刀紧贴下颌骨内侧，以深刀将翼肌剖开，然后外展打开剖面，检查有无囊尾蚴感染（图5-54）。

2.检查位于检验员右侧的咬肌和翼肌　检验员左手持钩，钩住位于检验员右侧下颌骨内侧的翼肌；右手握刀，紧贴下颌骨外侧向后下方运刀，以深刀将咬肌平行剖开，然后左右手同时向两侧外展，打开剖面，检查有无囊尾蚴感染（图5-55）。

如果发现有疑似囊尾蚴感染，还要剖检翼肌：此时，左手钩子不动，右手握刀紧贴下颌骨内侧将翼肌剖开，然后外展打开剖面，检查有无囊尾蚴感染（图5-56）。

图5-53　检查位于检验员左侧的咬肌

图5-54　检查位于检验员左侧的翼肌

图5-55　检查位于检验员右侧的咬肌

图5-56　检查位于检验员右侧的翼肌

# 第三节　体表检查

体表检查应视检体表的完整性、颜色，检查有无皮肤病变、关节肿大等。当发现皮肤病变时，要在屠体上做醒目标志，送疑病猪间（图2-15）确诊处理。

生猪屠体开膛（挑胸剖腹）之前要经过两次"整体检查"，以全面检查和评估屠体的健康情况。一是生猪放血之后进入屠宰解体和检验之前进行的"屠体整体检查"（即"屠体带毛整体检查"），全面检查屠体有无《规定的疫病；二是屠体脱毛之后，在"体表检查"岗位进行的"体表整体检查"（即"屠体脱毛后整体检查"），这是对"屠体带毛整体检查"的补充，旨在检出带毛检查时不易观察到的症状，如猪瘟初期皮肤上有针尖大小的出血点》。两次"整体检查"相互补充，严控疫病。

## 一、检查岗位设置

1.带皮猪体表检查岗位设置　设在脱毛之后，燎毛之前。

2.剥皮猪体表检查岗位设置　设在剥皮之后。

## 二、检查内容

1.全身皮肤检查

（1）有无出血点、蓝紫色、坏死灶、皮肤大片紫红色（"大红袍"）、紫红色疹块（"打火印"），乳房有无水疱。

（2）有无皮炎、坏死、黄染或全身弥漫性红色等。

2.头颈部检查　有无腮大脖子粗；颈部耳后有无注射针孔。

3.关节检查　有无肿大、变形，或化脓灶。

【相关疫病宰后症状】

1.口蹄疫　蹄部、吻突、口腔黏膜、乳房出现水疱、烂斑等。

2.猪瘟　全身皮肤和可视黏膜有出血点。

3.非洲猪瘟　全身皮肤有出血斑点、蓝紫色斑块，或坏死灶；关节肿大、积液。

4.高致病性猪蓝耳病　肢体末端蓝紫色，如耳、胸腹下部和四肢末端等。

5.咽炭疽　咽喉部、颈部严重肿胀变粗（即腮大脖子粗）。

6.猪丹毒　皮肤大片紫红色（"大红袍"）；或紫红色疹块（"打火印"）；或关节肿大变形、皮肤坏死等。

7.猪肺疫　全身皮肤淤血，有紫斑或出血点。

8.猪Ⅱ型链球菌病　关节肿大变形，有化脓灶。

9.副猪嗜血杆菌病　关节肿大。

10.黄疸　全身组织呈黄色，放置时间越长颜色越黄（越放越深）。

11.皮肤病　皮炎或坏死等。

12.放血不全　皮肤充血，全身弥漫性红色。

13.注射包囊　颈部耳后肿胀、化脓，有注射针孔等。

## 三、检查操作技术

（一）皮肤检查操作技术

1.带皮猪皮肤检查操作技术　检验员用检验钩和检验刀旋转屠体，视检屠体全部皮肤，必要时用刀背向下轻刮皮肤，要注意有无水疱（乳房）、出血点、出血斑、紫斑、蓝紫色、疹块、肿瘤、坏死、皮疹、皮炎、脓肿、外伤、黄染、弥漫性红色等异常（图5-57）。

**图5-57　带皮猪体表检查**

用检验钩和检验刀旋转屠体，检查体表有无异常

2.剥皮猪皮肤检查操作技术　剥皮猪剥皮之后，将皮张放在灯箱上（猪毛朝下）进行灯箱照皮检查，要将皮张分成若干区域，逐区域进行检查。此时皮张上还带毛，皮肤上的异常不易被发现，即使是放到灯箱上也要认真观察，特别对黑皮肤猪更要仔细检查（图5-58）。

**图5-58　剥皮猪皮张的灯箱照皮检查**

将皮张放在灯箱上（猪毛朝下），逐区域进行检查

**（二）颈部耳后注射包囊、包块检查操作技术**

猪的颈部和耳后是生前注射疫苗或药物的主要部位，易引起局部感染、肿胀、

化脓，形成包囊或包块。包囊、包块检查处理应在割头之后进行，避免污染猪头。

检查屠体颈部、耳后时，要注意有无注射针孔、周围有无包囊或包块，或未被吸收的注射液等。如果皮下有这些异物，皮肤会凸起，也有的不见凸起，但皮肤的局部张力增加。因此，见到针孔却未见凸起时，要用刀背或手（佩戴医用乳胶手套）触检皮肤，检查张力是否增加。

发现包囊或包块时（图5-59），要将病猪送入病猪间进行修割处理。一般包囊都具有完整的包囊壁，修割时不能破坏包囊壁，要将包囊壁和周围组织一起修割。在处理过程中，如果包囊、包块破裂，内容物污染产品，要进行清洗与扩创修割，被污染的工具要彻底消毒清洗。

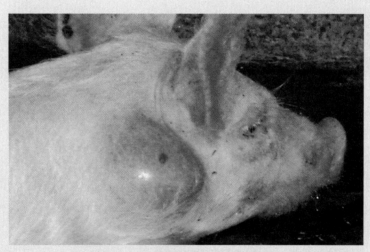

图5-59 猪颈部注射引起的脓肿
（徐有生，《科学养猪与猪病防制原色图谱》）

# 第四节 内脏检查

生猪宰后内脏检查包括胸腔器官、腹腔器官、胸腹壁及相关淋巴结的检查。内脏检查在屠体挑胸剖腹之后进行。

内脏检查包括九个检查岗位，检查顺序如下：①胸腹腔整体检查；②肠系膜淋巴结检查；③脾脏检查；④膀胱检查；⑤宰后瘦肉精检测（见第六章）；⑥胃肠检查；⑦摘除肾上腺；⑧膈脚检查；⑨心肝肺检查。

在实际检验中，胸腹腔整体检查岗位、肠系膜淋巴结检查岗位、脾脏检查岗位和膀胱检查岗位可以合并，每位检验员按上述顺序独立进行检验，其效率高于不同检验员剖检同一头猪的不同部位。

## 一、胸腹腔整体检查

生猪屠体挑胸剖腹后一般先进行腹腔的检查，再进行胸腔的检查。

### （一）检查岗位设置

设在生猪屠体挑胸剖腹之后。

### （二）检查内容

1.腹腔检查

（1）腹膜检查　检查腹壁、肠壁和肠系膜有无出血点；有无淡黄色伪膜。

（2）腹腔检查　有无深红色积液，或淡黄色浑浊液。

（3）大小肠检查　有无出血点、肠壁菲薄、内含大量气体、肠气泡症等。

（4）腹腔器官检查　肝、脾、肠表面有无覆盖淡黄色伪膜，并相互粘连。

2.胸腔检查

（1）胸腔检查　有无积液或淡黄色浑浊液。

（2）肺和胸壁检查　肺和胸壁表面有无覆盖淡黄色伪膜，有无相互粘连。

**【相关疫病宰后症状】**

1.猪瘟　腹腔浆膜有出血点，包括胃肠浆膜、腹壁浆膜和肠系膜浆膜等；必要时检查胃肠黏膜。

2.非洲猪瘟　胃肠浆膜、黏膜有出血点，"三腔积液"：胸腔积液，腹腔有大量深红色积液，心包腔淡黄色积液。

3.猪肺疫　胸腔积液浑浊，肺和胸膜有黄白色薄膜，肺与胸膜粘连。

4.猪副伤寒　小肠壁菲薄，内含大量气体，肠壁点状出血。

5.猪Ⅱ型链球菌病　胸腔、腹腔内有淡黄色浑浊液，内脏器官覆盖纤维渗出物。

6.副猪嗜血杆菌病　肺、肝、脾、肠、胸膜、腹膜等表面覆盖淡黄色伪膜，内脏器官相互粘连，肠气泡症等病变。

### （三）检查操作技术

1.腹腔及腹腔器官检查操作技术　屠体挑胸剖腹以后，首先要进行腹腔和腹腔器官的检查：检验员左手将左侧腹壁拉开，检查腹腔内有无积液；腹壁、肠壁有无出血点；小肠壁有无菲薄或内含大量气体；腹腔器官有无纤维渗出物覆盖和粘连（图5-60A）。必要时用手触检。

2.胸腔检查操作技术 胸腔检查时要注意以下两点：

（1）按照《生猪屠宰检疫规程》的规定：取出内脏前，要视检胸腔有无积液等。但按照传统技术，挑胸是自放血刀口由下向上挑开胸骨的，如果胸腔内有积液，挑胸后积液会流失，检验人员检查时很难看到胸腔内的"积液"（图5-60B），因此，挑胸工人要协助观察。

（2）挑胸剖腹后，大小肠已经从剖腹刀口移到体外，并下垂到胸骨中部（图5-60B），如果挑胸刀口狭窄，不易观察到胸腔内的情况，此时检验员可以"拉肠检查"，即左手向左侧拉起大小肠，视检胸腔有无粘连、纤维渗出物等异常。

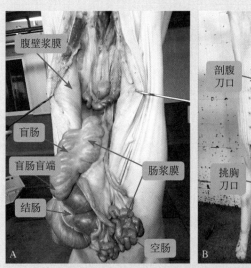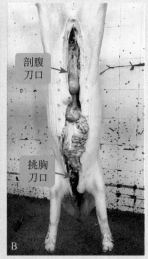

图5-60 倒挂猪挑胸剖腹后的胸腹腔结构
A.倒挂猪挑胸剖腹后的腹腔结构；B.挑胸剖腹后的大小肠遮挡胸部

## 二、肠系膜淋巴结检查

生猪宰后要检查肠系膜淋巴结，对肠系膜淋巴结做长度不少于20cm的弧形切口。肠系膜淋巴结（又叫空肠淋巴结）是猪宰后必检淋巴结，位于空回肠系膜中，有两列，很长，淋巴结越向末端越粗大，检查时剖检末端20cm以上（图5-61至图5-64）。

（一）检查岗位设置

设在剖腹后，胸腹腔整体检查之后。

（二）检查内容

1.视检肠系膜淋巴结 有无肿大、出血、暗红色、砖红色或灰白色；或大量出血，形似血块。

2.剖检肠系膜淋巴结

（1）剖检时有无脆而硬，刀割有沙砾感。

（2）剖检后切面有无呈大理石状；或严重出血；或砖红色，有黑色坏死灶，淋巴结周围胶样浸润；或切面外翻；或呈灰白色脑髓样。

**【相关疫病宰后症状】**

1.肠炎疽　肠系膜淋巴结肿大、出血，切面砖红色，有黑色坏死灶，脆而硬，刀割有沙砾感，淋巴结周围胶样浸润。

2.猪瘟　肠系膜淋巴结肿大，暗红色，有出血点，切面呈大理石状。

3.非洲猪瘟　肠系膜淋巴结肿大，大量出血似血块，切面严重出血。

4.高致病性猪蓝耳病　肠系膜淋巴结呈灰白色，切面外翻。

5.猪副伤寒　急性副伤寒时肠系膜淋巴结明显肿大，有出血点；慢性副伤寒时肠系膜淋巴结切面呈灰白色脑髓样。

**（三）检查操作技术**

初学者检查肠系膜淋巴结时，要首先找到盲肠，通过盲肠可以找到肠系膜淋巴结。

1.先找盲肠、提起盲端　检验员左手抓住盲肠的盲端，向左上方轻轻提起，通过回盲韧带和回肠将肠系膜外展呈扇形，可见到肠系膜基部的肠系膜淋巴结（图5-61）。

生猪屠宰剖腹后，由于腹腔压力较大，将盲肠推出腹腔暴露在腹腔刀口表面，亦即暴露在检验员面前（图5-60A）。如果剖腹后盲肠未移到腹腔外，可能盲肠被其他肠管压在腹腔内，检验员可用左手沿左侧腹壁伸进腹腔内，再沿左侧或右侧腹壁向上滑动，可翻出盲肠；如果盲肠与其他组织发生粘连，要谨慎处理，避免撕破盲肠壁，肠内容物污染胴体。

2.找到并提起空肠末端　肠系膜淋巴结很长，呈长条状，越向末端越粗大，并指向空肠末端。检验员左手松开盲端，抓住空肠末端向外轻拉，可将肠系膜淋巴结平行拉直（图5-62）。

3.纵剖肠系膜淋巴结　检验员右手握刀，自上而下纵剖肠系膜淋巴结20cm以上，剖开淋巴结的上2/3～3/4（图5-63、图5-64），检查有无异常。

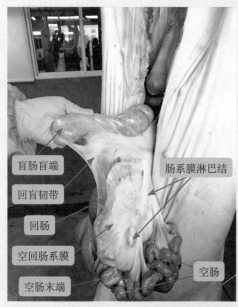

图5-61 提起盲端外展，使肠系膜呈扇形，可见到肠系膜上的肠系膜淋巴结

图中标注：盲肠盲端、回盲韧带、回肠、空回肠系膜、空肠末端、肠系膜淋巴结、空肠

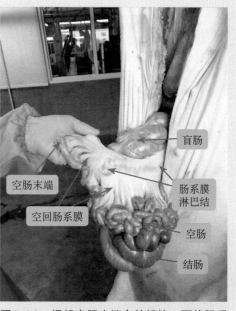

图5-62 提起空肠末端向外轻拉，可将肠系膜淋巴结拉直

图中标注：空肠末端、空回肠系膜、盲肠、肠系膜淋巴结、空肠、结肠

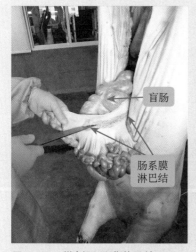

图5-63 纵剖肠系膜淋巴结20cm以上，检查有无异常

图中标注：盲肠、肠系膜淋巴结

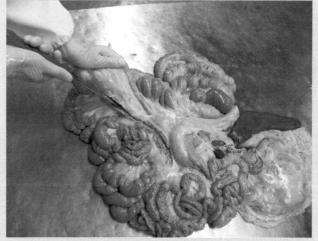

图5-64 检验台上纵剖肠系膜淋巴结20cm以上，检查有无异常

 【注意事项】

检查肠系膜淋巴结，要在吊挂猪上进行！

在同步轨道盘子里或检验台上检验肠系膜淋巴结是欠妥的，原因如下：

1.检查肠系膜淋巴结主要是控制肠炭疽、猪瘟和非洲猪瘟等烈性传染病，因此要将检查岗位放在剖腹后的最前面，如果胃肠摘出后再检验，会增加操作人员被感染的机会。

2.对吊挂猪检查肠系膜淋巴结时，易寻找，易检验。检查时拉起肠系膜进行检验，使刀刃远离胃肠壁，一般不会伤及胃肠。

3.胃肠摘出后，随手扔到盘子里或检验台上，肠系膜淋巴结的位置不确定，经常会被压在胃肠之下，还要翻找，检查时刀刃容易伤及胃肠。因此，有条件的，最好在吊挂猪上检查肠系膜淋巴结。

## 三、脾脏检查

### （一）检查岗位设置

设在肠系膜淋巴结检查之后。

### （二）检查内容

1.外观检查

（1）形状检查　有无肿大、边缘出血性梗死灶，有无米粒大小出血丘疹。

（2）颜色检查　有无深红色或黑色，或樱桃红色，或紫红色异常。

2.触检脾脏　用刀背触检脾脏，检查质地有无硬似橡皮，或软如泥状。

3.剖检脾脏　切面有无黑红色，脾髓如软泥状；或切面外翻，有"红晕"现象；或刀刮切面有血粥样物；或切面隆突、黑红色，表面覆盖纤维素。

【相关疫病宰后症状】

1.猪瘟　脾脏一般不肿大，边缘有小米粒至蚕豆大小的出血性梗死灶，紫红色至黑红色，隆起于脾表面。

2.非洲猪瘟　脾脏异常肿大4～5倍，深红或黑色，质脆，有出血点，边缘增厚，有梗死灶。

3.高致病性猪蓝耳病　脾脏肿大，表面有米粒大小出血丘疹。

4.败血型炭疽　脾脏极度肿大，切面黑红色，脾髓呈软泥状。

5.急性猪丹毒　脾脏明显肿大，樱桃红色，切面外翻，有"红晕"现象，刀刮有血粥样物。

6.猪副伤寒　脾脏肿大，硬似橡皮、切面有"红晕"现象。

7.猪Ⅱ型链球菌病　脾脏肿大1～3倍，柔软，紫红色，切面隆突、黑红色，表面覆盖纤维素。

**【注意事项】**

检查脾脏时，如发现脾脏肿大、边缘梗死时要特别注意，一般多为烈性传染病，必须谨慎检查和处理！

### （三）检查操作技术

1.寻找脾脏并拉出腹腔 由于猪脾脏位于腹腔最左侧（图3-23），检验员左手要紧贴左侧腹壁伸进腹腔内（图5-65），向屠体背部方向摸进，沿左侧腹壁和胃大弯之间找到脾脏，然后，用食指和拇指轻抚脾的两侧边缘，沿脾体向脾尾方向滑动（即由屠体背侧向腹壁刀口方向滑动），摸到脾尾后抓牢，将脾脏全部轻拉出腹腔（图5-66）。

2.视检脾脏 检验员左手轻拉脾脏，壁面朝上并展平，首先检查脾脏的壁面（图5-66），然后将脾脏逆时针向左侧翻转180°检查脾脏的脏面（图5-67）。主要检查有无肿大、出血、梗死、丘疹；或深红色、黑色、樱桃红色或紫红色。

3.触检脾脏 检验员右手握刀，用刀背轻刮并按压脾脏的壁面，刮掉表面血污，并触检脾脏的弹性、质地等变化。主要检查有无硬如橡皮或柔软如泥或表面覆盖纤维素等异常（图5-68）。

**图5-65 寻找脾脏**

左手沿左侧腹壁伸进腹腔内，向屠体背侧方向找到脾脏并拉出腹腔

**图5-66 检查脾脏壁面**

检查脾脏的壁面形状、大小、色泽有无异常

**图5-67 检查脾脏脏面**

检查脾脏的脏面形状、大小、色泽有无异常

**图5-68 触检脾脏**

用刀背轻刮并触检脾脏，检查质地、弹性等有无异常

4.剖检脾脏（必要时） 纵剖或横断脾脏（图5-69、图5-70），检查有无切面黑红色，脾髓如软泥状；或切面外翻有"红晕"现象，刀刮脾脏断面有血粥样物；或切面隆突黑红色，表面覆盖纤维素。

图5-69 纵剖脾脏

图5-70 横断脾脏

5.检验台检查脾脏 脾脏检查，也可以在检验台上进行（例如无同步检验检疫轨道的），先视检脾脏的壁面，再翻转视检脏面，并触检脾脏，检查有无异常（图5-71、图5-72）。

图5-71 检验台视检脾脏的壁面

图5-72 检验台视检脾脏的脏面

## 四、膀胱检查

按照《生猪屠宰产品品质检验规程》（GB/T 17996—1999）的规定，生猪宰后要进行膀胱检查。

（一）检查岗位设置

设在脾脏检查之后。

（二）检查内容

1.膀胱外观检查 视检膀胱浆膜有无出血点；膀胱内有无血尿。

2.输尿管检查 必要时，检查输尿管有无出血点。

3.膀胱黏膜检查　必要时摘出膀胱，打开膀胱壁，检查膀胱黏膜有无出血点。

**【相关疫病宰后症状】**

1.猪瘟　膀胱、输尿管、肾盂黏膜有出血点。

2.非洲猪瘟　膀胱、肾盂黏膜有出血点。

3.猪副伤寒　膀胱、肾盂黏膜有出血点。

4.猪Ⅱ型链球菌病　膀胱黏膜充血或有小出血点，有时可见血尿。

5.钩端螺旋体病　膀胱积尿，尿如浓茶或血尿。

### （三）检查操作技术

倒挂猪剖腹以后，可看到膀胱位于倒挂猪的腹腔上部（图5-73）。

检验员视检膀胱浆膜有无出血点、粘连，有无血尿等异常。必要时，可摘出膀胱，用剪刀于膀胱顶剪开膀胱壁，倒掉内容物，检查膀胱黏膜有无出血点等异常。

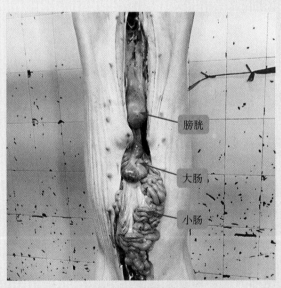

图5-73　膀胱检查
膀胱位于倒挂猪的腹腔上部

## 五、胃肠检查

### （一）检查岗位设置

设在膀胱检查之后。

1.有同步轨道设备的，胃肠摘出后放在同步轨道的盘子里进行检查（图5-74、图5-75、图2-13、图2-14）。

2.无同步轨道设备的，胃肠取出后将编号纸贴在胃表面，放到检验台上进行检查（图5-16、图5-76、图5-77）。

**图5-74 同步轨道与同步检验检疫**

挑胸剖腹后，取出胃肠放到同步轨道的盘子里、心肝肺挂到钩子上进行同步检验检疫

### （二）检查内容

1.胃肠外观检查 检查胃壁和肠壁有无出血点；小肠壁有无菲薄，紫红色，内含大量气体。

2.腹腔器官检查 肝、脾、肠表面有无覆盖淡黄色蛋皮样薄膜。

3.胃黏膜检查 必要时检查胃黏膜有无出血点；或出血溃疡灶。

4.小肠黏膜检查 必要时检查小肠黏膜有无覆盖黑色痂膜，形成火山口状溃疡，邻近肠黏膜有无胶样浸润。

5.大肠黏膜检查 必要时检查盲肠、结肠黏膜有无"扣状肿"；结肠黏膜有无灰黄或淡绿色麦麸样伪膜。

**【相关疫病宰后症状】**

1.猪瘟 胃肠浆膜、黏膜和腹膜浆膜有出血点，胃底黏膜有出血溃疡灶；盲肠、结肠黏膜有"扣状肿"。

2.非洲猪瘟 胃肠浆膜、黏膜出血。

3.肠炭疽 小肠黏膜覆盖黑色痂膜，形成火山口状溃疡，邻近肠黏膜胶样浸润。

4.猪副伤寒 胃底和肠壁出血；小肠壁菲薄，紫红色，内含大量气体，盲肠、结肠黏膜有灰黄或淡绿色麦麸样伪膜。

5.副猪嗜血杆菌病 肝、脾、肠及腹膜表面覆盖淡黄色蛋皮样薄膜。

（三）检查操作技术

1.视检胃肠浆膜和肠系膜浆膜　无论在同步轨道的盘子里或检验台上检查胃肠，首先视检胃肠浆膜和肠系膜浆膜有无病变；然后用手触检胃肠浆膜，并翻动胃肠，检查有无异常（图5-75至图5-77）。

图5-75　在同步轨道的盘子里检查胃肠浆膜

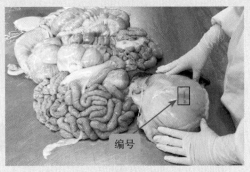

编号

图5-76　在检验台上检查胃浆膜

图5-77　在检验台上检查肠浆膜

2.检查胃黏膜和肠黏膜（必要时）　当胃肠浆膜出现异常，或经检查发现其他病变时，应当检查胃黏膜和肠黏膜，进行综合诊断。

（1）检查胃黏膜　用剪刀于胃大弯处剪开胃壁，倒掉胃内容物并洗净干净，视检胃黏膜有无出血、溃疡等病变（图5-78）。

（2）检查肠黏膜　检查肠黏膜时，一般取回肠末端、盲肠和结肠前段"三肠结合部"（图5-79），剪取各肠管的长度视检查需要而定。

首先用剪刀纵剖此处肠管，倒掉肠内容物并洗净干净。然后，视检小肠黏膜有无肠炭疽的黑色痂膜覆盖；大肠与小肠有无猪瘟、非洲猪瘟的出血；盲肠、结肠黏膜有无猪瘟的"扣状肿"；大肠黏膜有无副伤寒的麦麸样伪膜；大小肠的浆膜有无副猪嗜血杆菌病的蛋皮样薄膜覆盖等异常。

图5-78　胃黏膜检查（必要时）

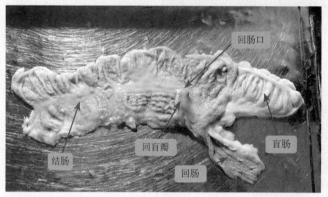

图5-79　肠黏膜检查（必要时）
一般取"三肠结合部"检查

　【检验实践】

　　猪宰后检查肠黏膜时，一般检查"三肠结合部"！

　　猪的回肠末端在盲肠和结肠交界处凸入大肠的肠腔内，形成"回盲瓣"（或称"回肠乳头"），长2～3cm，此处即形成了三段肠管的结合部。由小肠排入大肠的食糜，在盲肠内往复推进推出，然后排入结肠，食糜在盲肠内停留的时间较长，病原微生物在此处大量繁殖增生。因此，猪的"三肠结合部"是肠黏膜病变常发部位。例如：猪瘟时，盲肠、结肠黏膜有"扣状肿"；猪患副伤寒时，大肠黏膜有麦麸样伪膜等。

## 六、摘除肾上腺

　　猪肾上腺属于不可食用的腺体（图3-29、图5-80、图5-83），人食用后会引起代谢紊乱，或危及生命。宰后要摘除肾上腺并进行无害化处理。

猪肾上腺位于肾脏的前内侧，左右各一，大小如人的小手指，断面如胡萝卜，四周红褐色，中央土黄色（图5-83）。

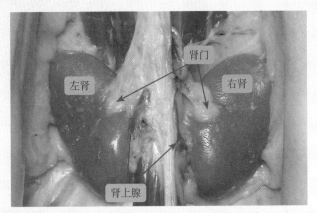

图5-80　倒挂猪肾脏和肾上腺（腹视图）

**（一）岗位设置**

设在胃肠摘出之后，膈脚与心肝肺摘出之前。

屠宰与摘除肾上腺流程：摘出胃肠→摘除肾上腺→取膈脚→摘出心肝肺。

**（二）操作技术**

一般先摘除右侧肾上腺，再摘除左侧肾上腺。摘除肾上腺的工作可由检验人员操作，也可由屠宰人员操作。

1.右侧肾上腺摘除操作技术　肾上腺体积较小，摘除时操作人员左手持长柄带钩的镊子，夹住倒挂猪右肾上腺外侧缘的浆膜，并轻轻提起；右手握刀从右侧至左侧将右肾上腺完整切除（图5-81）；也可使用剪刀将肾上腺剪掉。

2.左侧肾上腺摘除操作技术　操作人员左手持长柄带钩的镊子，夹住倒挂猪左肾上腺内侧缘的浆膜，并轻轻提起，右手握刀从右侧至左侧将左肾上腺完整切除（图5-82）；也可用剪刀将肾上腺剪掉。

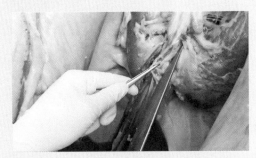

图5-81　倒挂猪右侧肾上腺摘除技术

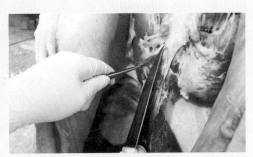

图5-82　倒挂猪左侧肾上腺摘除技术

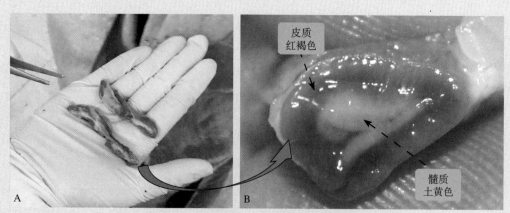

**图5-83 摘除的肾上腺及肾上腺断面结构**
A.摘除的肾上腺应进行无害化处理；B.肾上腺断面结构

【注意事项】

1.肾上腺必须要完整摘除，放入专门容器中，集中进行无害化处理。

2.取胃肠时，不得将肾上腺连在胃肠上一起取出，或割破损伤肾上腺，要将肾上腺完整的保留在胴体内。

3.摘除肾上腺要在取心肝肺和取膈脚之前进行，否则肾上腺易被割破损伤，遗留在胴体上，危害食品安全。

4.摘除肾上腺时还没有劈半，操作空间较小，建议使用较短的检验刀（刀刃16cm以下），或较长的医用剪刀，也可使用普通不锈钢剪刀。

## 七、膈脚检查

生猪宰后要进行旋毛虫检查，"取左右膈脚各30g左右，与胴体编号一致，撕去肌膜，感官检查后镜检"。

（一）检查岗位设置

设在取胃肠与摘除肾上腺之后，摘除心肝肺之前。

（二）检查内容

检查膈的左右脚有无旋毛虫感染，如果发现住肉孢子虫和囊尾蚴，也要进行处理。

**【相关疫病宰后症状】**

1.旋毛虫病 为人兽共患寄生虫病。旋毛虫幼虫主要寄生于膈肌、咬肌、舌肌等。肉眼观察被感染的肌肉，可见虫体包囊为针尖大小的露滴状，半透明，乳白色或灰白色。新鲜标本光镜下包囊呈梭行，内有一条或多条卷曲的虫体。

2.猪囊尾蚴病 为人兽共患寄生虫病。肉眼观察被感染的肌肉，可见虫体为半透明椭圆形的囊泡，平均有黄豆粒大小，囊泡内充满液体。囊尾蚴常寄生于咬肌、翼肌、腰肌、膈、舌肌、心肌等处。

3.住肉孢子虫病 为人兽共患寄生虫病。住肉孢子虫主要寄生于膈肌、腰肌和后腿肌肉。肉眼观察被感染的肌肉，可见虫体呈黄白色线头状或毛根状，呈柳叶形，光镜下虫体呈灰白色、灰黄色纺锤形或雪茄烟状。

## （三）检查流程

膈脚检查包括：取膈脚（旋毛虫检查采样）和膈脚检验室检查。流程如下：取膈脚→贴编号→放入盘中→送寄生虫检验室→视检和镜检。

## （四）取膈脚操作技术

猪的左右膈脚起于腰椎腹侧，左膈脚较小，右膈脚较大，左右膈脚向前以肌腹止于膈的中央腱质部（图3-4、图3-5、图5-84）。摘取膈脚时，一般在靠近腰椎膈脚的起点部进行（图5-84、图5-85）。取膈脚工作一般由屠宰人员来完成，必要时检验人员要进行监督和指导。

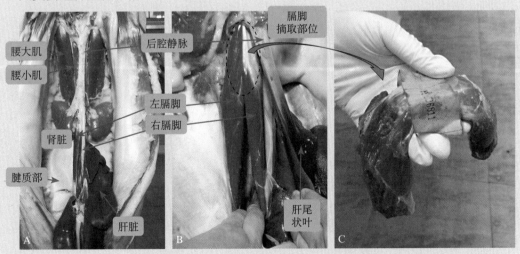

**图5-84 倒挂猪膈的结构及取膈脚示意图**
A.腹腔器官及膈脚（已摘除胃肠脾）；B.取膈脚部位图；C.取出的膈脚

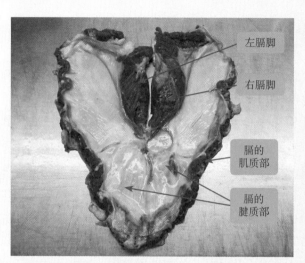

图5-85 猪离体膈结构，示左右膈脚

取下的左右膈脚由上方的肌腱连接在一起（图5-92），不能将左右膈脚分别单独取出。膈脚取出后要将编号纸包绕在肌腱处，送寄生虫检验室检查（图2-10、图2-11）。在膈脚检查的全过程中，编号不能脱落或弄混。经实验室检查如为阳性，要根据膈脚的编号，找到相同编号的胴体、内脏、头蹄等一起进行无害化处理。

取膈脚时可用手指进行固定，也可以用检验钩进行固定。

1.手指固定法　操作人员左手掌心朝上，食指由下向上插入左右膈脚之间的肌缝中，向上钩住左右膈脚连接处的肌腱，并向上提起肌腱（图5-86）；右手握刀，将食指上方3～5cm处的膈脚肌腱横断，将割断的膈脚向外拉紧，再沿腰椎向下纵切肌腹8～10cm（30g左右）（图5-87），然后横断膈脚肌腹，取出左右膈脚。此种方法容易操作。

2.检验钩固定法　操作人员左手持钩，钩住左右膈脚的肌腹部分（图5-88）；右手握刀，将膈脚肌腹上方的肌腱横断，将割断的膈脚向外拉紧，再沿腰椎向下

图5-86　手指固定法——横断膈脚肌腱

左手食指钩住并挑起左右膈脚相连处的肌腱，用刀横断上方的肌腱

图5-87　手指固定法——纵切并横断膈脚肌腹

将割断的肌腱向外拉紧，向下纵切膈脚肌腹10cm，再横断膈脚肌腹取出

纵切肌腹8～10cm（30g左右）（图5-89），然后横断膈脚肌腹，取出左右膈脚。

3.贴编号 膈脚取出后，要在左右膈脚之间的肌腱处，贴绕上与胴体一致的编号（图5-90），放到不锈钢托盘中，按编号顺序排好（图5-91），然后送寄生虫检验室备检（图2-10、图2-11）。

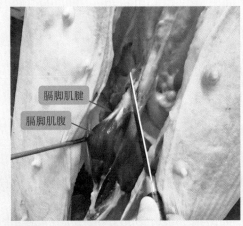

**图5-88 钩子固定法——横断膈脚肌腱**
钩子钩住左右膈脚的肌腹部分，用刀横断上方的肌腱

**图5-89 钩子固定法——纵切并横断膈脚肌腹**
将割断的膈脚向外拉紧，向下纵切膈脚肌腹10cm，再横断膈脚肌腹取出

**图5-90 取下的膈脚贴编号**
将编号贴绕在左右膈脚的相连处

**图5-91 取出的膈脚，按编号顺序放到不锈钢托盘中**

### （五）膈脚检验室检查操作技术

宰后旋毛虫检验，是在屠宰车间寄生虫检验室进行的。为了便于采样，寄生虫检验室（图2-10、图2-11）一般位于屠宰车间"取胃肠"岗位附近。

检验员首先对膈脚（图5-92）进行感官检查，然后进行镜检。

1.感官检查 感官检查膈脚时，要视检膈肌表面和膈脚深部肌纤维间有无寄生虫寄生。

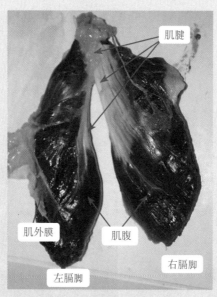

图5-92　猪左右膈脚结构

（1）检查膈脚表面肌纤维　用剪刀纵行剪开膈脚表面的肌外膜（图5-92），用手拉住肌外膜的断端将其撕下（图5-93）。然后两手纵向拉紧肌纤维，肉眼视检膈肌表面有无针尖大小的露滴状、半透明、乳白色或灰白色的旋毛虫包囊（图5-94）。

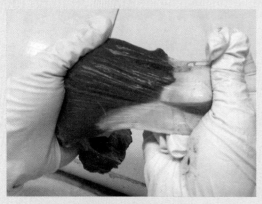

图5-93　撕掉肌外膜

图5-94　纵向拉紧肌纤维，视检膈肌表面有无针尖大小的旋毛虫包囊

（2）检查膈脚深面肌纤维　将左、右膈脚分别放在左手掌心处，肌腱面朝下贴于掌心，肌腹朝上，用剪刀从每个膈脚的肌腹中央分别纵向剪为左右两片，两个膈脚共剖成4片（图5-95）。

双手握住剪开的两片肌肉的断端，将其完全撕开至肌腱部，然后纵向拉紧肌纤维，肉眼视检膈肌深部肌纤维间有无乳白色或灰白色针尖大小的旋毛虫包囊（图5-96）。

图5-95 每个膈脚纵剖为左右两片，两个膈脚共剖成4片

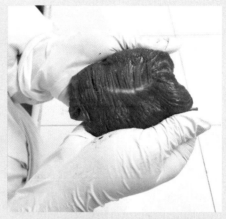

图5-96 拉紧肌肉断端，视检膈脚深部肌纤维间有无针尖大小的旋毛虫包囊

**2.剪样压片镜检**

（1）剪样压片

①玻片分区编号 每个玻片可以涂抹4头猪的肉样。为了便于识别，要在玻片上做"编号"（即1、2、3、4号位置，图5-101），载玻片与盖玻片的编号要一致；膈脚编号顺序要与玻片编号顺序相对应，镜检确诊后，确认对应的胴体。

②剪取肉样 检验员左手轻握一片剪开的膈脚，剖面朝上；右手持剪刀，掌心朝下，用剪刀的刀刃中部，在每片膈脚上的不同部位，顺肌纤维方向连续剪大米粒大小的6粒肉样，每粒肉样越薄越好（图5-97）。一头猪4片膈脚，共剪24粒。

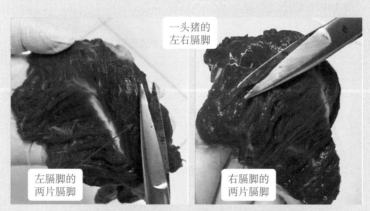

一头猪的
左右膈脚

左膈脚的
两片膈脚

右膈脚的
两片膈脚

图5-97 在每片膈脚上剪6粒肉样（越薄越好）

③涂抹肉样 一片膈脚连续剪6粒肉样后，在载玻片上涂抹一次。涂抹时右手向右外侧翻转，掌心朝上，剪刀口充分打开，将6粒肉样从右向左分散涂抹在载玻片上，形成一"小堆"肉样，相互不要重叠（图5-98）。按相同方法继续操作下一片

膈脚，一头猪4片膈脚，共涂抹4"小堆"肉样（图5-98）。

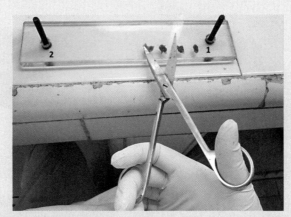

图5-98 右手掌心朝上，将肉样从右向左分散涂抹在载玻片上

一片膈脚剪6粒肉样，在载玻片上涂抹成一"小堆"肉样，一头猪4片膈脚，
共涂抹4"小堆"肉样，见载玻片"1"

根据玻片分区编号，将第1和第2头猪的膈脚肉样，涂抹在载玻片的1和2号的位置上（图5-99）；将第3和第4头猪的膈脚肉样，涂抹在盖玻片的3和4号的位置上（图5-100）。

图5-99 第1和第2头猪的膈脚肉样，涂抹在载玻片的1和2号的位
置上

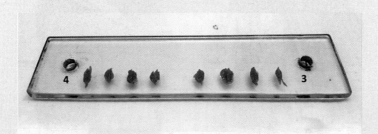

图5-100 第3和第4头猪的膈脚肉样，涂抹在盖玻片的3和4号的位
置上

取完肉样的膈脚，要放回小搪瓷盘原位置中。注意在整个操作过程中膈脚编号不得脱落。

④压片备检　将盖玻片翻转（肉样朝下），盖在载玻片上，压紧拧好螺丝备检（图5-101）。这样玻片上就有4头猪的肉样。

⑤检验人员的组织　在实际检验中工作量很大，许多企业采用"分组合作"的方法提高效率。

例如：每两个人为一组，共用一套玻片。两位检验员各取两头猪的膈脚（编号顺序相连）放到自己的小搪瓷盘中，按膈脚编号顺序，由右向左递增摆放。

每位检验员首先感官检验自己两头猪的膈脚，然后分别剪样压片：一号检验员将两头猪的膈脚肉样，涂抹在载玻片的1和2号的位置上（图5-99）；二号检验员将另两头猪的肉样，涂抹在盖玻片的3和4号的位置上（图5-100）。然后将盖玻片翻转（肉样朝下），盖在载玻片上，压紧拧好螺丝备检（图5-101）。

图5-101　将盖玻片肉样朝下，盖在载玻片上，一个玻片涂抹4头猪肉样

每片膈脚剪6粒肉样涂抹成一"小堆"肉样，每头猪4片膈脚共涂抹成4"小堆"肉样，玻片上共涂抹了4头猪的肉样，图中的"1、2、3、4"代表涂抹在玻片上生猪的临时编号，要与膈脚编号相对应

（2）显微镜检查　将制备好的玻片置于40～60倍显微镜下，按区域顺序镜检（图5-102）。镜检阳性的，按玻片编号找到相对应的膈脚，再按膈脚上的编号找到同号码的胴体、胃肠脾、心肝肺、头、蹄等一起进行无害化处理。

图5-102　显微镜下（40～60倍）镜检有无旋毛虫包囊

新鲜标本在光镜下，旋毛虫包囊呈椭圆形或梭形，内有卷曲的虫体1条或数条（图5-103、图5-104、图3-76），或可见钙化的包囊。不新鲜标本在光镜下镜像模糊，可用美蓝溶液（0.5mL饱和美蓝乙醇溶液）染色，肌纤维呈淡蓝色，包囊呈蓝色或淡蓝色，虫体不着色。对钙化包囊镜检前加数滴5%～10%盐酸溶液或5%冰醋酸溶解，2h后镜检，肌纤维呈淡灰色，包囊膨胀清晰。

**图5-103　旋毛虫新鲜标本压片（×60）**

宰后新鲜标本压片，可见到肌肉内的梭形包囊，内有卷曲的幼虫

（潘耀谦，《猪病诊治彩色图谱》第3版）

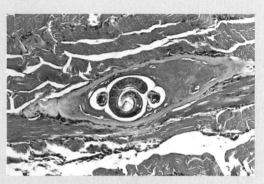

**图5-104　旋毛虫虫体在肌纤维内卷曲成梭形包囊（HE，×100）**

（潘耀谦，《猪病诊治彩色图谱》第3版）

相关知识

## 八、心肝肺检查

心肝肺检查是内脏检查的重要部分，检查岗位设在心肝肺取出之后。

有同步轨道的，取出心肝肺后，将喉口挂在同步轨道钩子上进行检查（图5-74、图5-105）；没有同步轨道的，心肝肺取出后将编号纸贴在肝表面，放到检验台上进行检查（图5-17）。

心肝肺检查流程：肺脏检查→心脏检查→肝脏检查（即肺-心-肝）。

### （一）肺脏检查

1.检查岗位设置　设在心肝肺摘出之后。

2.检查内容

（1）肺外观检查

①有无膨大、水肿、淤血、出血，或暗红色肿块脆而硬。

②有无大量红色肝变区和出血斑块。

③表面有无密集的化脓性结节或脓肿。

④有无对称性发生"肉样变"或"胰样变"。

⑤表面有无纤维素附着，肺与胸膜粘连。

⑥表面有无灰白色凸起的肺气肿区。

（2）支气管淋巴结检查

①视检　有无肿大、暗红色，或砖红色。

②剖检　有无脆而硬、刀割有沙砾感；切面有无呈大理石状；或砖红色，有黑色坏死灶，淋巴结周围胶样浸润。

（3）气管、支气管检查　有无充满泡沫和淡黄色液体。

 **【相关疫病宰后症状】**

1.猪瘟　支气管淋巴结肿大、暗红色，切面呈大理石状；继发感染后可引起纤维素性肺炎，肺表面有纤维素附着，肺与胸膜粘连。

2.非洲猪瘟　肺水肿，淤血，出血；气管、支气管充满泡沫和淡黄色液体。"三腔积液"即胸腔、腹腔、心包腔积液。

3.高致病性猪蓝耳病　肺膨大、淤血、暗红色，间质增宽小叶明显，胸腔有积液。

4.肺炭疽　肺有肿块，脆而硬，暗红色；支气管淋巴结肿大，砖红色，刀割脆而硬、有沙砾感，淋巴结周围胶样浸润。

5.猪肺疫　肺有大量红色肝变区和出血斑块，覆盖纤维素薄膜，与胸壁粘连。

6.猪Ⅱ型链球菌病　肺膨大、出血，可见密集的化脓性结节或脓肿。

7.猪支原体肺炎　两肺高度膨胀，对称性发生"肉样变"或"胰样变"。

8.副猪嗜血杆菌病　胸腹腔器官、心包、胸壁和腹壁表面覆盖淡黄色蛋皮样薄膜。肺与胸壁粘连，胸腔积液。

9.猪肺线虫病　肺表面有灰白色凸起的肺气肿区。

3.检查流程　视检肺脏→触检肺脏→剖检支气管淋巴结→剖检气管、支气管和肺（必要时）。

4.检查操作技术

（1）顺时针旋转心肝肺　从屠体内取出心肝肺后，将喉口挂到同步轨道的钩子上。大多数情况下，肺脏腹面与心脏前缘正对检验人员（图5-105），心脏遮挡了肺的大部分。检验时需要用钩子将心肝肺顺时针向左旋转180°；检验人员左手持钩，钩住左肺向左轻拉，右手用检验刀辅助，让肺顺时针旋转，使肺的背面正对检验人员（图5-105、图5-106）。

吊挂心肝肺后，肺脏背面（背侧缘见图5-106）正对检验人员的不需要旋转，可直接检查肺。

（2）固定心肝肺　检验人员左手持钩，钩住左肺尖叶根部，使肺的背侧缘（朝向胸椎一侧）正对检验人员（图5-106）。

（3）视检肺脏　视检两肺形状、大小、色泽有无异常。检查有无肺水肿、肺膨大、淤血、出血；有无间质增宽、肿块脆而硬、红色肝变区、化脓性结节、"肉样变"或"胰样变"；有无纤维素薄膜覆盖；有无灰白色隆起的肺气肿区；有无坏死、

图5-105　吊挂心肝肺，检查肺脏
心肝肺吊挂检查肺脏时，要将心肝肺向左旋转，使肺脏背侧缘朝向检验员

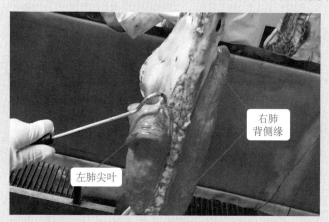

图5-106　固定肺脏
钩住左肺尖叶根部固定肺脏，使肺的背侧缘正对检验人员

萎陷、气肿、脓肿等异常（图5-106）。

（4）触检肺脏 用刀背由上向下轻刮并按压肺的肋面（肺与胸腔侧壁接触的面），刮掉表面血污，触检肺的弹性、质地、光滑度等有无异常（图5-107）。必要时，可以用手（佩戴医用手套）进行触检。

（5）剖检支气管淋巴结 猪肺的淋巴结围绕在肺门附近，叫支气管淋巴结，共有4个，是猪宰后必检淋巴结。在检验实践中，一般剖检体积最大、最易检查的左支气管淋巴结，如果发现有可疑病变再剖检其他支气管淋巴结，以便综合判断疾病。

左支气管淋巴结剖检技术：检验员左手持钩，钩住左肺尖叶根部，向左下方拉紧；右手握刀，紧贴气管向下运刀，纵剖左支气管上方的左支气管淋巴结（图5-108）；然后用刀面打开切口，视检有无肿大、出血、大理石状、砖红色、切面外翻等异常（图5-109）。

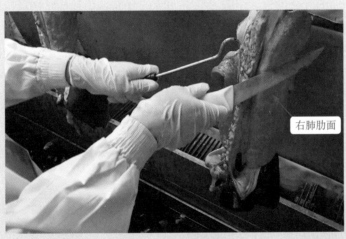

图5-107 触检肺脏

右手持刀，用刀背轻刮触检肺脏的肋面

图5-108 纵剖左支气管淋巴结

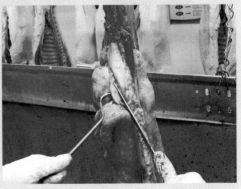

图5-109 用刀面打开切口，观察有无异常

剖检左支气管淋巴结时，不可将检验刀右侧的气管和下方的左支气管割破，以免流出的血水和泡沫污染切口，影响疾病诊断。

相关知识

必要时再剖检中支气管淋巴结、右支气管淋巴结和尖叶支气管淋巴结。

（6）剖检气管、支气管和肺操作技术（必要时） 发现肺有可疑病变需进一步诊断时，可将肺摘出后放到检验台进行检查。肺背侧缘朝上，喉位于检验员左侧，肺的底缘位于检验员的右侧（图5-110）。

①气管检查 检验员左手持钩，向左侧钩住喉后方的环状软骨，用检验刀纵剖气管（图5-110），然后用钩子和刀子向左右打开切口，检查气管黏膜有无异常。必要时可以横断气管。

②肺脏检查 剖检肺脏时，主要剖检病变部位，肺表面未见明显病变时，可沿着支气管在肺内的分布剖检。一般先纵剖两肺的背侧缘，必要时再剖检其他肺叶。

A.剖检右肺背侧缘 检验员左手持钩，钩住左右支气管分叉处；右手握刀，沿着右肺背侧缘最高点，由尖叶纵切至膈叶末端，将肺脏上部切开，深度以2/3为宜（图5-111），打开切面观察有无异常（图5-112）。

B.剖检左肺背侧缘 检验员左手持钩，钩住左右支气管分叉处；右手握刀，沿着左肺背侧缘最高点，由尖叶纵切至膈叶末端（图5-113），打开切面观察有无异常。

C.剖检其他肺叶 按下列图示将肺脏剖检呈"双K形"，基本可以满足全面检查肺脏的目的（图5-114、图5-115）。

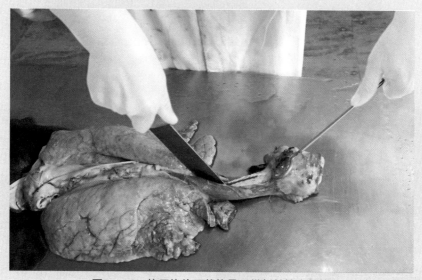

图5-110 钩子钩住环状软骨，纵剖并检查气管

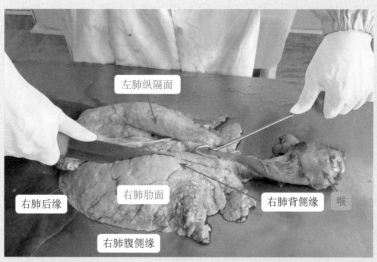

左肺纵隔面

右肺后缘　　右肺肋面　　右肺背侧缘　喉

右肺腹侧缘

图5-111　钩住左右支气管分叉处，纵剖右肺背侧缘最高点

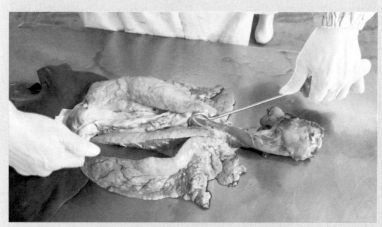

图5-112　打开切面视检有无异常

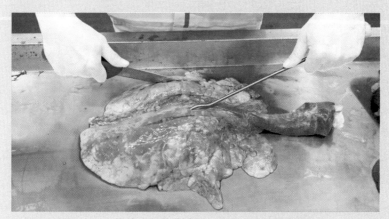

图5-113　钩住支气管分叉处，纵剖左肺背侧缘最高点

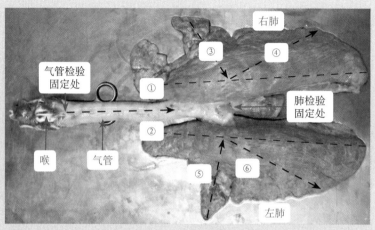

**图5-114　肺脏检查剖检"刀式图"**
图中数字表示剖检顺序

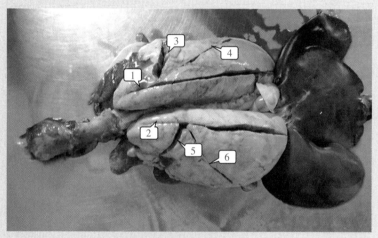

**图5-115　肺脏剖检"双K形"刀法**
图中数字表示剖检顺序

**（二）心脏检查**

1.**检查岗位设置**　设在肺脏检查之后。

2.**检查内容**

（1）**心包腔检查**　心包腔内有无积液，如有积液，应同时视检胸腔、腹腔、关节腔有无积液。

（2）**心外膜检查**　心外膜、冠状沟、前纵沟、后纵沟、心耳有无出血点；或鲜红色出血斑点；有无灰白色隆起，或砂粒状钙化结节；有无"绒毛心"。

（3）**心内膜检查**　有无出血点等异常。

（4）**心瓣膜检查**　检查二尖瓣上有无灰白色菜花样血栓性增生物。必要时检查主动脉瓣、三尖瓣和肺动脉瓣。

(5) 心肌检查　心肌纤维间有无椭圆形半透明的囊泡。

 【相关疫病宰后症状】

1.恶性口蹄疫　主要发生在乳猪，心内外膜有出血点和灰白色或黄白色的斑纹，即"虎斑心"。

2.猪瘟　心内外膜、冠状沟、前纵沟、后纵沟有出血点；心包积液。

3.非洲猪瘟　心内膜、心外膜、心耳有出血点；心包腔内有淡黄色积液，同时胸腔、腹腔也积液，故称为"三腔积液"。

4.慢性猪丹毒　心内膜上有灰白色菜花样血栓性增生物，主要发生在二尖瓣上，其次发生在主动脉瓣、三尖瓣和肺动脉瓣上。

5.猪Ⅱ型链球菌病　心外膜有鲜红色出血斑点。

6.猪肺疫　纤维蛋白包裹心外膜形成"绒毛心"；心包腔内有积液。

7.副猪嗜血杆菌病　纤维渗出物包裹心外膜形成"绒毛心"；心包腔、胸腔、关节腔有积液，亦称为"三腔积液"。

8.猪囊尾蚴病　囊尾蚴寄生于心肌纤维之间。

9.猪浆膜丝虫病　心脏的前纵沟、后纵沟和冠状沟内有灰白色隆起，或砂粒状钙化结节。

3.检查流程　视检心包→纵切心包→视检心外膜→纵剖左心房和左心室→检查心瓣膜和心内膜。

4.检查操作技术　在同步轨道挂钩上或检验台上检查心肝肺时，心前缘都朝外（朝向检验员），心后缘与肺脏相贴（图5-105、图5-116C、图5-119）。检查心脏时，剖检的是心前缘，检验刀沿心前缘的前纵沟平行纵剖。

(1) 逆时针旋转心肝肺　肺脏检查结束后，肺脏背侧缘仍然正对检验人员（图5-109），心脏则位于肺脏的后面，被肺脏遮挡（图5-116A）。检验员要用刀背由左向右拨动肺脏，同时用钩子辅助，逆时针向右旋转180°（图5-116B），使肺脏的腹面及心脏的前缘正对检验人员（图5-116C）。

(2) 检查心包和心外膜

①视检心包　检验员左手持钩，钩住并固定心脏，视检心包外表面，有无异常（图5-117）。

②纵切心包　检验员右手握刀，由上向下纵行切开心包，检查心包腔内有无积

图5-116　心脏检查前调整肺脏位置

A.检查肺脏时刀的位置；B.钩子未动，刀移到肺左侧，逆时针方向拨转；C.旋转后心脏正对检验员，钩子钩住左纵沟，进行心脏检查

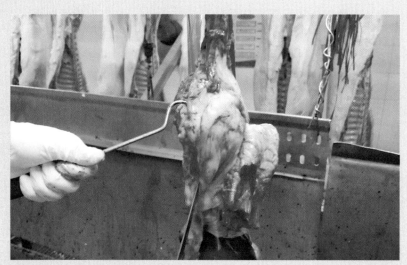

图5-117　固定心包，视检心包外表面

液和粘连等异常（图5-118）。

③视检心外膜　用检验刀向左右拨开心包切口（图5-118A），检查心外膜、冠状沟、前后纵沟有无出血点；心外膜有无"虎斑心"或"绒毛心"；有无灰白色隆起或钙化结节等异常。

（3）纵剖左心房和左心室，检查二尖瓣和心内膜　剖检心脏主要是检查左心室的二尖瓣及左房室口（图3-21）有无异常，慢性猪丹毒时菜花样增生物附着在二尖瓣上，分布于左房室口。因此剖检心脏时，不能仅剖开左心室，要将左心房和左心

检查心外膜有无异常

检查心包腔有无积液

图5-118 纵切心包，检查心包腔和心外膜

室同时剖开，才能完整的看清左房室口和二尖瓣的情况。

检验员左手持钩，向下钩住心前缘前纵沟的上端（图5-119）；右手握刀，于心脏前纵沟的左侧（即检验人员的右侧）1.5cm处进刀，由心房至心尖纵剖心脏（图5-119）。然后，用检验刀的刀面按住切口右侧边缘，左右手分别同时向左侧和右侧外展，打开切口，暴露心腔（图5-120)），观察二尖瓣有无菜花样增生物、心肌有无"虎斑心"、心内膜有无出血点等异常。

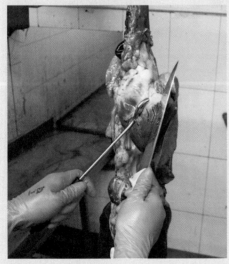

图5-119 固定前纵沟上端，纵剖左心房和左心室

图5-120 打开左心房和左心室，观察心腔有无异常

**【注意事项】**

　　检查心脏时，检验钩不能钩住心房壁或右心室壁，因为壁较薄容易钩破。检验钩要钩住前纵沟及深面肥厚的室间隔。

　　纵剖左心房和左心室时，要避免进刀过深，否则会切开室间隔，破坏室间隔的完整性，如果此处有病变，会破坏病变的完整性。

　　（4）剖检心脏其他部位（必要时）　检查时，如果发现可疑病变，可以继续检查心脏的其他部位，以便综合判断和确诊疾病。为了便于操作，可将心脏取出放到检验台进行检查，可以用钩子固定心脏检查，也可以用左手固定心脏检查（佩戴医用乳胶手套）。

　　患慢性猪丹毒时，血栓性增生物常发生在心瓣膜上，主要发生于二尖瓣，其次是主动脉瓣、三尖瓣和肺动脉瓣上。当发现心瓣膜有可疑增生物时，可依次按下列顺序进行检查：二尖瓣→主动脉瓣→三尖瓣→肺动脉瓣。

　　①二尖瓣检查　左手环握心脏，心尖朝向检验员，心前缘朝上（图5-121A）。右手握刀，于心脏前纵沟的左侧（即检验员的右侧）1.5cm处进刀，由左心房至心尖全部剖开（图5-121A），打开心腔，暴露左心房、左心室、左房室口和二尖瓣，观察有无增生物等异常（图5-121B）。

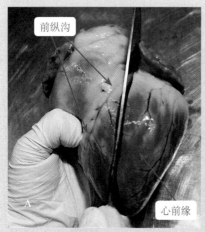
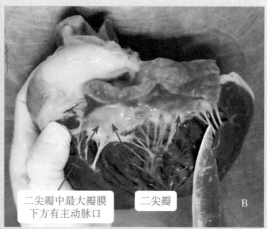

**图5-121　二尖瓣检查**

A.心前缘朝上，纵剖左心房和左心室；B.打开心腔观察二尖瓣和心室壁有无异常

　　②主动脉瓣检查　在左心室内，靠近室间隔处，找到主动脉口上方的瓣膜（二尖瓣中最大的即检验员左侧的那个）（图5-121B、图5-122A）。右手握刀，刀刃朝上，插入瓣膜下方的主动脉口内，向前向上缓缓推进（图5-122A），将刀刃上方的瓣

膜以及左心房、主动脉弓等软组织全部剖开（图5-122A、B），暴露主动脉口和其边缘的三片半月形的主动脉瓣，观察有无增生物等异常（图5-123B）。也可用剪刀剪开主动脉口，观察主动脉壁和主动脉瓣有无异常（图5-123A、B）。

二尖瓣中最大瓣膜下方是主动脉口

**图5-122 主动脉瓣检查1**

A.刀刃朝上，插入主动脉口内，向前向上缓缓推进；B.将主动脉口上方的软组织全部剖开

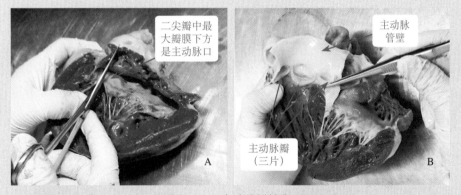

二尖瓣中最大瓣膜下方是主动脉口

主动脉管壁

主动脉瓣（三片）

**图5-123 主动脉瓣检查2**

A.将剪刀插入主动脉口内，将主动脉口上方的软组织全部剪开；B.打开和观察主动脉壁及主动脉瓣有无异常

【注意事项】

检查心脏主动脉瓣时（图5-122），刀刃朝上插入主动脉口内不要向上挑切，防止伤人；而是向前推进，切开主动脉管壁，暴露主动脉瓣。

③三尖瓣检查 左手握住心脏，心尖朝向检验员，心后缘朝上（图5-124A），于心脏后纵沟的右侧（亦即检验员的右侧）3～4cm处进刀，由右心房至右心室底部全部剖开（图5-124A），运刀深度要小于1cm，暴露右心房、右心室、右房室口和三

尖瓣，观察右房室口和三尖瓣有无增生物等异常（图5-124B）。

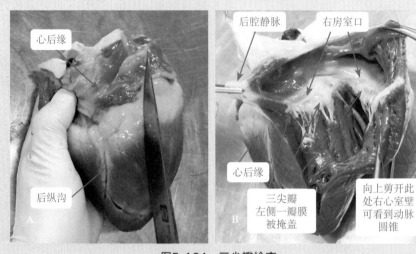

图5-124　三尖瓣检查

A.心后缘朝上，纵剖右心房和右心室；B.打开心腔，观察右房室口和三尖瓣有无异常

④肺动脉瓣检查　左手握住心脏，心后缘朝上（图5-124B），在打开的右心室内，沿左上方的动脉圆锥（即检验员的右侧），向上切开或剪开肺动脉口（图5-124B）；或心前缘朝上（图5-125A），沿前纵沟左侧1cm处平行向上，剪开或剖开右心室壁和肺动脉管壁（图5-125A），暴露肺动脉口和肺动脉瓣（图5-125B），观察有无增生物等异常。

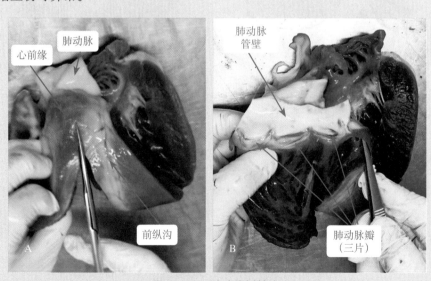

图5-125　肺动脉瓣检查

A.心前缘朝上，沿前纵沟左侧1cm处，向上纵剖右心室壁和肺动脉管壁；B.打开肺动脉口，观察肺动脉管壁和肺动脉瓣有无异常

（三）肝脏检查

1.检查岗位设置　设在心脏检查之后。

2.检查内容

（1）肝脏外观检查

①有无肿大、淤血、出血、边缘钝圆、质脆或质硬。

②有无暗红色或土黄色。

③表面和切面有无副伤寒结节；表面有无纤维蛋白附着。

（2）肝门淋巴结检查

①视检　有无肿大、出血，或严重出血，呈血肿样。

②剖检　切面有无红白相间呈"大理石状"；或灰白色；或切面有小脓灶。

（3）胆囊和胆囊管检查　胆囊有无膨大、出血；胆囊管有无粗大扩张，胆汁是否黏稠。

　【相关疫病宰后症状】

1.猪瘟　肝淤血、出血，胆囊膨大，浆膜黏膜有出血点；肝门淋巴结肿大，有出血点，切面呈红白相间的"大理石状"。

2.非洲猪瘟　肝肿大，有大量出血点，胆囊出血；肝门淋巴结肿大、严重出血，呈血肿样。

3.高致病性猪蓝耳病　肝肿大，暗红或土黄色，质脆，胆囊扩张，胆汁黏稠。

4.猪副伤寒　肝肿大、淤血、点状出血，表面和切面有副伤寒结节。慢性副伤寒时，肝门淋巴结明显肿大，切面呈灰白色脑髓样结构。

5.猪Ⅱ型链球菌病　肝肿大，暗红色，边缘钝圆，质硬，表面有纤维素附着；肝门淋巴结肿大出血，切面可见小脓灶。

6.副猪嗜血杆菌病　肝脏表面有纤维蛋白薄膜附着；肝门淋巴结肿大，切面呈灰白色。

7.肝片吸虫病　肝片吸虫寄生于肝脏和胆管内。成虫呈桑树叶状，长20～30mm，宽10～13mm。肝肿大，变硬，表面有灰白色条索；胆管扩张，胆管壁增厚粗糙，内含大量虫体和红色黏液。

3.检查流程　视检肝脏→触检肝脏→剖检肝门淋巴结→剖检胆囊、胆囊管和肝脏（必要时）。

4.检查操作技术

（1）视检肝脏　检验员左手持钩，右手握刀，用检验钩旋转肝脏（图5-126），检查肝膈面和脏面（图3-12、图3-13、图5-126）有无淤血、肿胀、变性、坏死、黄染、纤维素性渗出物附着等，注意肝脏的形状、大小和色泽有无异常。

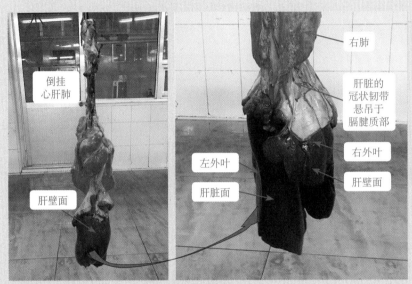

图5-126　倒挂肝脏的形状

此时看不见肝门

（2）触检肝脏　检验员用钩子向前（向右侧）顶住倒挂猪肝脏的脏面（凹面）；右手握刀，用刀背由上向下轻刮并按压肝脏的壁面（凸面）（图5-127），刮掉表面血污，并触检肝脏的弹性和质地变化，检查有无硬化、肿物、结节、纤维素性渗出物附着等病变。

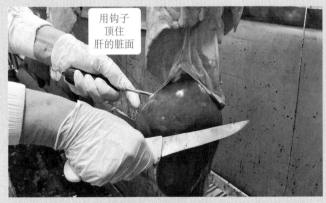

图5-127　触检肝脏

用钩子向前顶住肝门处，用刀背轻刮并按压触检肝的壁面，检查有无异常

（3）肝门淋巴结剖检操作技术

①暴露肝门　肝门淋巴结（又叫肝淋巴结）是猪宰后必检淋巴结。在同步轨道悬挂的心肝肺上检查肝门淋巴结时，由于肝脏上方被较窄的冠状韧带悬吊在膈之下（图5-126），导致肝的左外叶与右外叶向内环抱垂吊，将肝门包裹在左外叶与右外叶之内，此时检验员看不到肝门和肝门淋巴结（图5-126）。检验员触检肝脏之后，右手要用刀背向后（向左侧）顶住肝的壁面，使左外叶与右外叶向外翻开，暴露肝门（图5-128）。

②固定肝脏　肝门暴露后，检验员左手持钩，钩住肝门处的白色结缔组织，固定肝脏（图5-128）。如果钩住肝门后仍不能完全暴露肝门和肝门淋巴结时，要用钩子向上轻提肝门，使左外叶和右外叶外翻下垂，使肝门完全暴露。

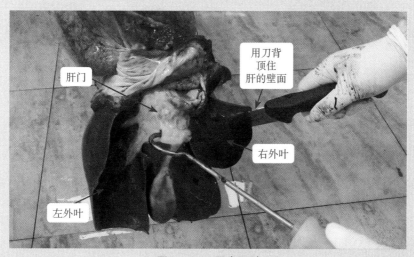

图5-128　固定肝脏

用刀背向后顶住肝脏壁面，使左外叶与右外叶向外翻开，暴露出肝门，检验钩固定肝门

③剖检肝门淋巴结　检验员右手握刀，纵剖肝门淋巴结（图5-129、图3-13），观察有无出血、淤血、肿胀、坏死、切面呈大理石状或灰白色脑髓样异常等。

没有同步检验设备的企业，可以将肝脏放到检验台进行检查（图5-130）。

（4）检查肝脏其他部位（必要时）　发现肝脏有可疑病变需进一步诊断时，可将肝脏摘出后放到检验台上进行病理学检查，以免污染生产线。肝脏的脏面朝上，暴露出肝门、肝门淋巴结、胆囊和胆囊管，便于检验员检查和操作（图5-130）。

①检验台剖检肝门淋巴结　检验员左手持钩钩住肝门处的白色结缔组织，右手握刀纵剖肝门淋巴结，打开切面，检查有无异常。

图5-129　倒挂猪纵剖肝门淋巴结

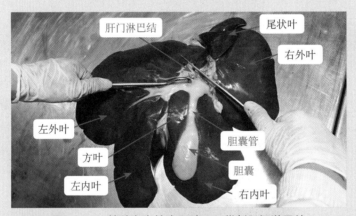

图5-130　检验台上检查肝脏——纵剖肝门淋巴结

②检验台剖检胆囊和胆囊管　观察胆囊和胆囊管（图5-130），如见胆囊管粗大隆起，怀疑有寄生虫感染时，应在胆囊上方以"横刀、浅刀、斜刀"横断胆囊管（图5-131），然后用刀背由胆囊向胆囊管切口方向移动挤压胆囊（图5-132），检查有无肝片吸虫等逸出。胆囊管未见异常的，可以不剖检。必要时还应剖检胆囊。

图5-131　发现胆囊管粗大时，以"横刀、浅刀、斜刀"横断胆囊管

图5-132　刀背向上移动挤压胆囊和胆囊管，观察有无寄生虫逸出

【检验实践】

检查胆囊管时常用的刀法：横刀、浅刀、斜刀。

横刀是横切胆囊管；浅刀是指下刀要浅，不能将肝脏割透，割断胆囊管即可；斜刀是要将刀身倾斜，刀背朝后，刀刃向前下方倾斜，将胆囊管横切呈现一个朝上的斜口，便于观察（图5-131、图5-132）。

③横切肝脏　检验员左手持钩，钩住肝门处的白色结缔组织；右手握刀，沿肝门水平方向，由肝的左外叶中部下刀，向右侧运刀，将肝左外叶、肝门和右外叶中部依次剖开，即沿肝脏脏面的中部横切肝脏，检查有无异常（图5-133）。

④纵切肝左内叶　由横切肝脏刀口的切面进刀，向下纵剖左内叶，检查有无异常（图5-134）。

图5-133　横切肝脏检查（必要时）

图5-134　纵切肝左内叶检查（必要时）

⑤纵切肝右内叶　在胆囊的左侧或右侧，由横切肝脏刀口的切面进刀，向下纵剖右内叶，检查有无异常（图5-135）。

图5-135　纵切肝右内叶检查（必要时）

# 第五节 寄生虫检查

生猪宰后要进行丝虫病、猪囊尾蚴病、旋毛虫病的检查。

## 一、旋毛虫病检查

参见本章膈脚检查。

## 二、猪囊尾蚴病检查

猪囊尾蚴主要寄生于咬肌、翼肌、舌肌、腰肌、膈脚、心肌、肩胛外侧肌、股内侧肌、臀部肌肉等（图3-76、图5-52）。

在检验实践中，如在必检部位咬肌和腰肌发现可疑囊尾蚴，可随即检查翼肌、舌肌、心肌，必要时检查肩胛部和股部肌肉，以便综合判断。

### （一）检查岗位设置

1.咬肌检查岗位　设在下颌淋巴结检查之后，割头之后或割头之前。

2.腰肌检查岗位　设在胴体肌肉检查岗位。

3.心肌检查岗位　设在心脏检查岗位。

4.膈脚检查岗位　与旋毛虫检查同时进行。

### （二）检查方法

参见本章头蹄检查和胴体检查。

### （三）检查操作技术

参见本章头蹄检查和胴体检查。

## 三、猪浆膜丝虫病检查

1.检查岗位设置　设在心脏检查岗位，与心脏检查同时进行。

2.检查部位　必检部位是心外膜。必要时检查肝脏、膈肌、子宫等器官的浆膜。

相关知识

3.检查操作技术　检查心脏的左心部、前后纵沟和冠状沟部位有无芝麻粒大小灰白色隆起的条索状乳斑，或砂粒状的钙化结节（图3-73）。

## 附 猪肺线虫病检查（必要时）

　　猪肺线虫病是由后圆科、后圆属的猪肺线虫（猪后圆线虫）寄生于猪肺的支气管、细支气管内所引起的疾病。猪肺线虫呈丝线状，故在屠宰行业内有人把猪肺线虫病错误地称为"肺丝虫病"。

　　1.检查岗位设置　设在肺脏检查岗位与肺脏检查同时进行。

　　2.检查部位　肺脏。

　　3.检查操作技术　检查肺表面（图5-106、图5-107）有无灰白色隆起的肺气肿区（图5-136），切开肺气肿区，可见小支气管和细支气管内塞满肺线虫（图5-137）；也可用刀平切肺气肿区的表面，用镊子试夹切口表面，可以拉出许多活体肺线虫。

图5-136　猪肺线虫阻塞支气管，在肺边缘形成灰白色气肿灶

（潘耀谦，《猪病诊治彩色图谱》第3版）

图5-137　纵切支气管，可见管腔内有大量的肺线虫寄生

（宣长和，《猪病学》）

# 第六节　胴体检查

　　胴体检查发现疫病或疑似病时要结合头蹄和内脏检查结果综合判断和确诊疾病，确诊后要根据有关规定进行处理。

## 一、胴体检查概述

### （一）屠体、胴体和二分胴体概述

　　1.屠体　生猪屠宰放血后脱毛或未脱毛的躯体（图5-138）。

图5-138 猪屠体

2.胴体 生猪屠宰放血后,脱毛、去皮或未去皮,去头蹄尾,去内脏后(包括未摘除或已摘除肾脏)的躯体。主要包括:躯干骨、四肢骨(腕关节、跗关节以上部分)及其肌肉,以及体腔壁(胸腔壁、腹腔壁、骨盆腔壁)等结构(图5-139)。

3.二分胴体(又叫片猪肉或白条) 是将胴体沿脊柱正中线劈成的1/2胴体(图5-140),包括带皮二分胴体和剥皮二分胴体。

图5-139 猪胴体

图5-140 猪二分胴体

相关知识

（二）检查岗位设置

胴体检查是对胴体或二分胴体所进行的检查。检查岗位设在内脏摘除和检验以后，劈半之前或劈半之后（一般设在劈半之后）。

（三）检查流程

胴体整体检查→胴体淋巴结检查→腰肌检查→肾脏检查→白肌病、白肌肉和黑干肉检查。

（四）检查顺序

胴体检查一般剖检顺序为：先左后右，先上后下；先重点后一般；先疫病后品质。即在每个胴体检查时，首先剖检左侧二分胴体，再剖检右侧二分胴体；每片二分胴体按照先上后下的顺序检查。

在检查实践中，腹股沟浅淋巴结、腹股沟深淋巴结、髂内淋巴结与腰肌和肾脏的检查是左右交替进行的（图5-141）。一般是先检查左侧二分胴体的腹股沟浅淋巴结、腹股沟深淋巴结、髂内淋巴结、腰肌和肾脏；然后再检查右侧二分胴体的腹股沟浅淋巴结、腹股沟深淋巴结、髂内淋巴结、腰肌和肾脏。（必要时检查髂下淋巴结。）即：左浅→左深→左内→左腰→左肾；右浅→右深→右内→右腰→右肾。

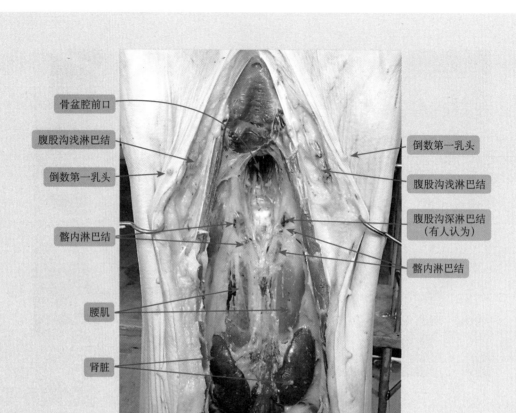

骨盆腔前口

腹股沟浅淋巴结

倒数第一乳头

髂内淋巴结

腰肌

肾脏

倒数第一乳头

腹股沟浅淋巴结

腹股沟深淋巴结（有人认为）

髂内淋巴结

图5-141 倒挂猪胴体检查部位

在检查过程中如果发现疑似疫病，要立即进行确诊和处理，然后再处理品质不合格的部分。

（五）检查方式

在实际检验中，每位检验员独立完成每头猪的左右两片白条的检验，并按顺序剖检腹股沟浅淋巴结、腰肌和肾脏，其效率高于不同检验员剖检同一头猪的不同部位。

二、胴体整体检查

生猪屠宰后，首先要进行胴体整体检查，然后再进行其他分项目的检查。

（一）检查岗位设置

设在内脏摘除和检查以后、劈半之前或劈半之后（一般设在劈半之后），胴体淋巴结检查之前。

（二）检查内容

1.皮肤检查

（1）有无出血点、紫斑、蓝紫色斑块、坏死灶、"大红袍"或"打火印"。

（2）有无全身弥漫性红色；或全身皮肤及组织呈黄色；或仅脂肪呈黄色。

（3）有无皮炎或坏死等。

2.淋巴结检查 髂内淋巴结有无肿大、出血（整体检查时可见此淋巴结）。

3.肌肉检查

（1）有无乳白色椭圆形半透明囊泡。

（2）有无白色条纹，切面干燥，左右肌肉常对称性发生。

（3）有无苍白，质地松软，如"烂肉"，手指容易插入肌肉内。

4.关节检查 有无肿大、变形、关节软骨糜烂、关节面上有纤维蛋白、关节处皮肤坏死等。

 【相关疫病宰后症状】

1.猪瘟 全身皮肤出血点，髂内淋巴结出血肿大。

2.非洲猪瘟 全身皮肤出血斑点、蓝紫色斑块、坏死灶；关节肿大。

3.高致病性猪蓝耳病 肢体末端蓝紫色，如耳、胸腹下部和四肢末端等。

4.猪丹毒 皮肤紫红色如"大红袍"，或紫红疹块如"打火印"；或关节肿大变形、皮肤坏死等。

5.猪肺疫 全身皮肤淤血，有紫斑或出血点。

6.猪Ⅱ型链球菌病 关节肿大化脓，关节软骨糜烂。

7.副猪嗜血杆菌病 关节肿大，关节面上有纤维蛋白。

8.猪囊尾蚴病 肌纤维间有乳白色椭圆形半透明囊泡。

9.白肌病 肌肉肿胀，有白色条纹，切面干燥呈鱼肉样。左右肌肉常对称性发生。

10.白肌肉 肌肉苍白，质地松软如"烂肉"，手指容易插入肌肉内。

11.黄疸 全身组织呈黄色，放置时间越长颜色越黄（越放越深）。

12.黄脂 仅脂肪呈黄色，其他组织不黄染，放置12h后黄色变浅（越放越浅）。

13.皮肤病 皮炎或坏死等。

14.放血不全 皮肤充血，全身弥漫性红色。

**（三）检查操作技术**

检验员左手持钩、右手握刀，顺时针旋转胴体（图5-142），按顺序检查如下部位：①检查胴体皮肤有无出血点、疹块、蓝紫色、黄染等；②检查胴体淋巴结，尤其注意骨盆腔前口髂内淋巴结和腹股沟深淋巴结有无肿大、出血等；③检查关节有无肿大、变形、关节面上有无关节软骨糜烂、纤维蛋白附着等异常。

**图5-142 胴体整体检查**

旋转胴体，检查胴体整体有无异常

### 三、胴体淋巴结检查

生猪宰后要检查腹股沟浅淋巴结，必要时检查髂内淋巴结、腹股沟深淋巴结和髂下淋巴结（图5-22、图5-23、图5-141）。

#### （一）检查岗位设置

设在胴体整体检查之后，腰肌检查之前。

#### （二）检查内容

1.视检淋巴结　有无肿大，出血，暗红色或灰白色。

2.剖检淋巴结　切面有无呈大理石状、隆突外翻、斑点状出血、灰白色等。

---

　**【相关疫病宰后症状】**

1.猪瘟　全身淋巴结肿大，出血，切面呈大理石状，髂内淋巴结、腹股沟浅淋巴结等病变明显。

2.高致病性猪蓝耳病　全身淋巴结肿大，灰白色，切面隆突外翻、出血，髂下淋巴结明显。

3.急性猪丹毒　全身淋巴结肿大暗红，切面外翻，斑点状出血；关节肿大变形、皮肤坏死等。

4.副猪嗜血杆菌病　全身淋巴结肿大，切面灰白色，髂下淋巴结明显。关节肿大，关节面上有纤维蛋白附着。

### (三）猪脊柱结构特点与胴体淋巴结检查定位

胴体淋巴结检查，包括对未劈半和已劈半胴体淋巴结的检查，还包括对带皮猪或剥皮猪胴体淋巴结的检查等，由于不同类型胴体的结构与外形发生了不同变化，因此检查同一淋巴结时其解剖学定位也各不相同。

以肌肉定位的浅层淋巴结

1.“骨盆腔前口”定位标志  胴体和劈半后二分胴体的骨盆腔前口是胴体淋巴结检查时的重要定位标志。骨盆腔前口有腹侧缘（即倒挂猪的上缘）和背侧缘（即倒挂猪的下缘），沿着这两个“边缘”分别划一条平行线，多个胴体淋巴结位于这两条平行线上。如骨盆腔前口上缘平行线上有腹股沟浅淋巴结；骨盆腔前口下缘平行线上有髂内淋巴结、髂下淋巴结等。劈半猪胴体淋巴结检查定位主要依靠这两个定位标志（图5-143、图5-147、图5-148）。

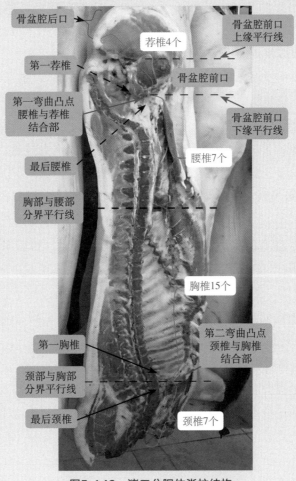

图5-143  猪二分胴体脊柱结构

2.脊柱"S"状弯曲定位标志　胴体劈半后可以清楚地看到脊柱的形状呈"S"状弯曲（即前凸后翘），共有两个"弯曲凸点"（图5-143）。

倒挂猪脊柱第一个"弯曲凸点"是最后腰椎和第一荐椎的结构部，位于骨盆腔前口下缘处，也是骨盆腔的起始部，荐椎由此向臀部弯曲构成骨盆腔的上壁。初学者确定骨盆腔前口下缘时，首先找到此弯曲或腰椎荐椎结合部，即可定位。

倒挂猪的第二个"弯曲凸点"是颈椎与胸椎结合部，位于第一肋骨的背侧，沿此定位点划一条平行线即是猪的颈部与胸部的分界线，分界线的上方是倒挂猪的胸部，下方是颈部（图5-143）。

**（四）倒挂猪胴体淋巴结检查定位及操作技术**

1.腹股沟浅淋巴结检查定位及操作技术　腹股沟浅淋巴结是猪宰后必检淋巴结。母畜的腹股沟浅淋巴结又叫乳房淋巴结；公畜的腹股沟浅淋巴结又叫阴囊淋巴结。无论公猪或母猪，该淋巴结在其体内的位置基本相同。

（1）带皮猪腹股沟浅淋巴结检查定位及操作技术

①带皮猪腹股沟浅淋巴结检查定位　无论公猪或母猪，此淋巴结都位于倒数第1个乳头深面的皮下脂肪层中（图5-144至图5-146）；

②带皮未劈半猪左侧腹股沟浅淋巴结检查操作技术　检验员左手持钩，钩住胴体左侧最后乳头下方3～5cm处的皮下组织，向左外侧下方拉紧；右手握刀，在最后乳头上方5～6cm处皮下脂肪断端面的中央部进刀，由上向下纵剖皮下脂肪断端面12cm以上，即可见到左侧腹股沟浅淋巴结（图5-145），将其纵剖，打开切面观察有无异常。

③带皮未劈半猪右侧腹股沟浅淋巴结检查操作技术　检验员左手持钩，反架（掌心朝上）钩住胴体右侧最后乳头下方3～5cm处的皮下组织，向右外侧拉紧；右手握刀位于左手下方，在胴体右侧最后乳头上方5～6cm处皮下脂肪断端面的中央部进刀，由上向下纵切皮下脂肪断端面12cm以上，即可见到右侧腹股沟浅淋巴结（图5-146），将其纵剖，打开切面观察有无异常。

（2）剥皮劈半猪腹股沟浅淋巴结检查定位及操作技术

①剥皮劈半猪腹股沟浅淋巴结检查定位　检查剥皮猪腹股沟浅淋巴结时，因没有了皮肤和乳头的定位点，检验员要通过肉眼在骨盆腔前口上缘平位处划一条平行线，左、右腹股沟浅淋巴结就位于与此线相交的腹壁脂肪层中（图5-143、图5-147、图5-148）。

②剥皮劈半猪左侧腹股沟浅淋巴结检查操作技术　检验员左手持钩，钩住骨盆

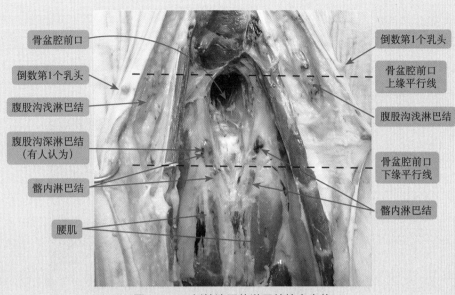

图5-144　倒挂猪胴体淋巴结检查定位

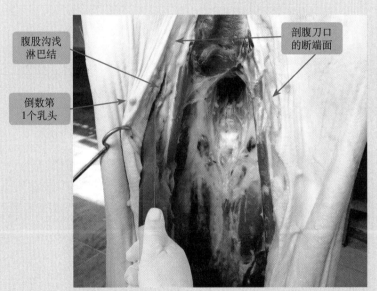

图5-145　带皮未劈半猪左侧腹股沟浅淋巴结检查操作技术

腔前口上缘平行线下方5 ~ 6cm处左侧腹壁的皮下组织，向左外侧下方拉紧；右手握刀，在此平行线上方5 ~ 6cm处腹壁断端面的中间部进刀，由上向下纵剖腹壁断端面12cm以上，即可见到左侧腹股沟浅淋巴结（图5-147），将其纵剖，打开切面观察有无异常。

③剥皮劈半猪右侧腹股沟浅淋巴结检查操作技术　检验员左手持钩，反架钩住

骨盆腔前口上缘平行线下方5～6cm处右侧腹壁的皮下组织，向右外侧拉紧；右手握刀位于左手下方，在此平行线上方5～6cm处腹壁断端面的中间部进刀，由上向下纵剖腹壁断端面12cm以上，即可见到右侧腹股沟浅淋巴结（图5-148），将其纵剖，打开切面观察有无异常。

图5-146　带皮未劈半猪右侧腹股沟浅淋巴结检查操作技术

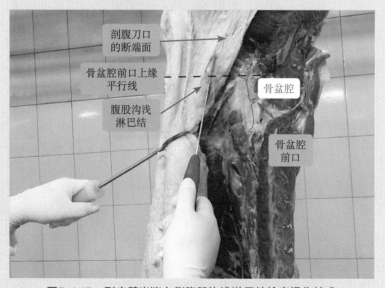

图5-147　剥皮劈半猪左侧腹股沟浅淋巴结检查操作技术

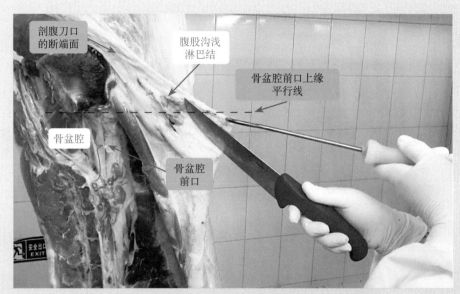

图5-148 剥皮劈半猪右侧腹股沟浅淋巴结检查操作技术

 【检验实践】

由于剥皮猪剥掉了皮肤，没有了皮肤的牵拉，腹股沟浅淋巴结的位置可能会下移，移到骨盆腔前口上缘平行线以下，下移幅度要视剥皮时对皮肤和周围组织的损伤情况而定。

髂内淋巴结和腹股沟深淋巴结检查定位及操作技术

2.髂下淋巴结检查定位及操作技术（必要时）

（1）髂下淋巴结检查概述 髂下淋巴结又叫股前淋巴结、膝上淋巴结、膝褶淋巴结或膝襞淋巴结。活体猪髂下淋巴结位于髋结节和膝关节之间，股阔筋膜张肌前缘中点，腹侧壁皮下（图5-22、图5-23、图5-149）。髂下淋巴结不是必检淋巴结，检查其他淋巴结发现有疑似疫病时，检查髂下淋巴结，以便综合判断疫病。

检查髂下淋巴结时有三个剖检部位：

A.在膝关节下方剖检，容易操作，但对胴体损伤较大，适用于分割肉的胴体检查。

B.在腹壁外侧剖检，适用于剥皮猪和分割肉的胴体检查。

C.在腹壁内侧的腹腔内剖检，对胴体损伤较小，适用于所有的胴体检查。

（2）倒挂剥皮猪髂下淋巴结膝关节下方检查定位及操作技术

①倒挂剥皮猪髂下淋巴结膝关节下方检查定位　倒挂猪的髂下淋巴结，位于膝关节向胴体内侧的斜下方，从膝关节下方沿着股部肌肉的前缘走向划一条斜线，髂下淋巴结就位于此斜线与骨盆腔前口下缘平行线相交处的皮下（图5-149A）。

②倒挂剥皮猪左侧髂下淋巴结膝关节下方检查操作技术　检验员左手持钩，钩住左侧膝关节下方10cm处的腹壁组织（图5-149B、图5-150），向下拉紧；右手握

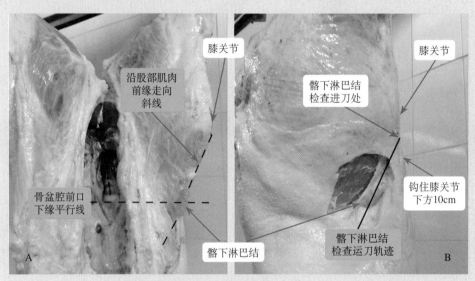

**图5-149　倒挂猪髂下淋巴结检查定位**

A.髂下淋巴结位于股部肌肉前缘斜线与骨盆腔前口下缘平行线相交处的皮下；B.剖检髂下淋巴结，沿着股部肌肉前缘走向，向腰椎方向运刀

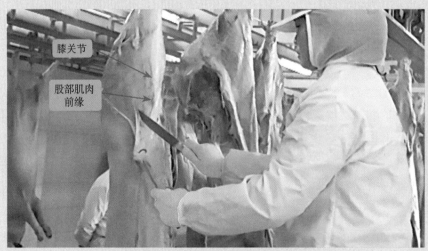

**图5-150　倒挂猪左侧髂下淋巴结检查操作技术**

检验刀在膝关节下方5cm处进刀，沿着股部肌肉前缘走向，向腰椎方向运刀

刀，在膝关节下方5cm处进刀，沿着股部肌肉前缘走向，向后下方的腰椎方向运刀，将腹侧壁肌肉切开一个长约12cm的斜行切口，可见到左侧髂下淋巴结，将其纵剖，打开切面检查有无异常（图5-150、图5-151）。

图5-151　纵剖左侧髂下淋巴结，打开切面检查有无异常

③倒挂剥皮猪右侧髂下淋巴结膝关节下方检查操作技术　检验员左手持钩，钩住右侧膝关节下方10cm处的腹壁组织（图5-152），向下拉紧；右手握刀（正架），在膝关节下方5cm处进刀，沿着股部肌肉前缘走向，向后下方的腰椎方向运刀，将腹侧壁肌肉切开一个长约12cm的斜行切口，可见到右侧髂下淋巴结，将其纵剖，打开切面检查有无异常（图5-152、图5-153）。

（3）倒挂剥皮猪髂下淋巴结腹壁外侧检查定位及操作技术

①倒挂剥皮猪髂下淋巴结腹壁外侧检查定位　位于腹壁外侧，检验员首先用肉眼在腰椎与左半（或右半）躯体外缘之间的中部划一条纵向垂直线，此垂直线与骨盆腔前口下缘平行线相交处的深部即是髂下淋巴结（图5-154）。

②倒挂剥皮猪左侧髂下淋巴结腹壁外侧检查操作技术　检验员左手持钩，钩住左侧躯体的外缘，向左下方拉紧；右手握刀，于骨盆腔前口下缘平行线与左半躯体中部垂直线相交处的上方3～5cm处进刀，以深刀向下垂直切开12cm以上，将股部肌肉前方的左侧髂下淋巴结纵剖（图5-155），打开切面检查有无异。

③倒挂剥皮猪右侧髂下淋巴结腹壁外侧检查操作技术　检验员左手持钩，反架钩住右侧躯体的外缘，向右外侧拉紧；右手握刀，位于左手下方，于骨盆腔前口下缘平行线与右半躯体中部垂直线相交处的上方3～5cm处进刀，以深刀向下垂直切

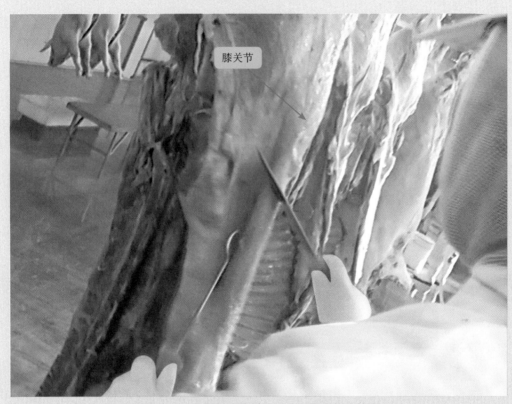

膝关节

**图5-152　倒挂猪右侧髂下淋巴结检查操作技术**
检验刀在膝关节下方5cm处进刀，沿着股部肌肉前缘走向，向腰椎方向运刀

髂下淋巴结

**图5-153　纵剖右侧髂下淋巴结，打开切面检查有无异常**

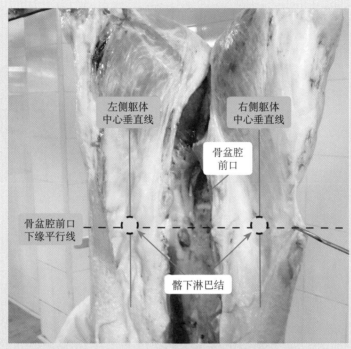

**图5-154　倒挂猪髂下淋巴结腹壁外侧检查定位**

在左半（或右半）躯体中部划一条垂直线与骨盆腔前口下缘平行线相交处深部是髂下淋巴结

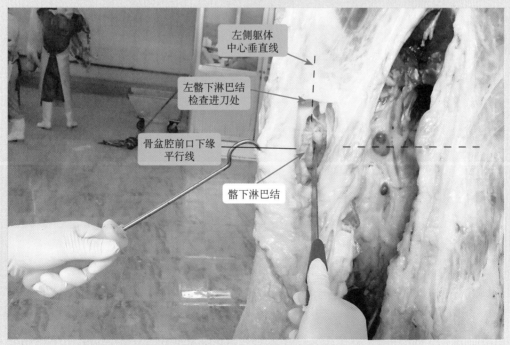

**图5-155　倒挂剥皮猪左侧髂下淋巴结腹壁外侧检查定位与操作技术**

在垂直线与水平线相交处上方进刀，纵剖12cm以上，并纵剖左侧髂下淋巴结开12cm以上,将股部肌肉前方的右侧髂下淋巴结纵剖(图5-156),打开切面检查有无异常。

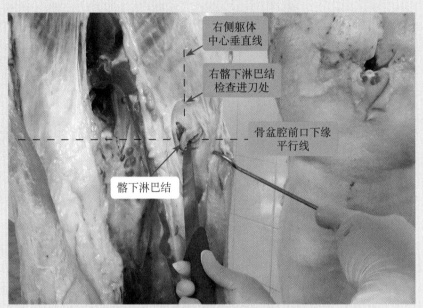

右侧躯体中心垂直线

右髂下淋巴结检查进刀处

骨盆腔前口下缘平行线

髂下淋巴结

**图5-156 倒挂剥皮猪右侧髂下淋巴结腹壁外侧检查定位与操作技术**

在垂直线与水平线相交处上方进刀,纵剖12cm以上,并纵剖右侧髂下淋巴结

(4)倒挂猪髂下淋巴结腹壁内侧检查定位及操作技术

①倒挂猪髂下淋巴结腹壁内侧检查定位 位于腹腔内,检验员用肉眼在腹直肌与腹横肌顶端相交处,沿着两肌肉之间的肌缝走向,向下划一斜线,此斜线与骨盆腔前口下缘平行线相交处的深面即是髂下淋巴结,距离骨盆腔前口外侧边缘6~8cm处的深面(图5-157、图5-158)。

②倒挂猪左侧髂下淋巴结腹壁内侧检查操作技术 检验员左手持钩,钩住左侧腹壁,向左外侧的下方拉紧;右手握刀,在腹直肌与腹横肌顶端相交处进刀(图5-159、图5-160),然后沿着腹直肌与腹横肌之间的肌缝走向,向左外侧运刀,纵切12cm左右,将位于骨盆腔前口左侧6~8cm处深部的左侧髂下淋巴结纵剖(图5-161),打开切面检查有无异常。

③倒挂猪右侧髂下淋巴结腹壁内侧检查操作技术 检验员左手持钩,反架钩住右侧腹壁,向右外侧拉紧;右手握刀,位于左手下方,在腹直肌与腹横肌顶端相交处进刀(图5-162、图5-163),然后沿着腹直肌与腹横肌之间的肌缝走向,向右外侧运刀,纵切12cm左右,将位于骨盆腔前口右侧6~8cm处深部的右侧髂下淋巴结纵剖(图5-164),打开切面检查有无异常。

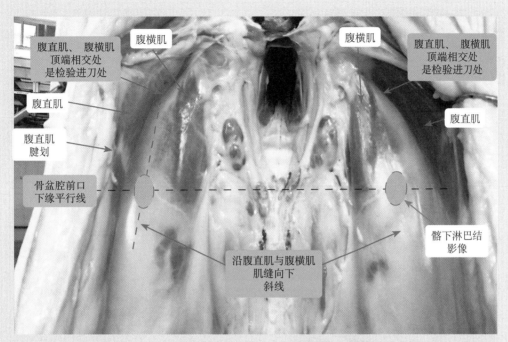

**图5-157 倒挂未劈半猪髂下淋巴结腹腔内侧检查定位**

检查定位：腹直肌与腹横肌肌缝向下斜线与骨盆腔前口下缘平行线相交处

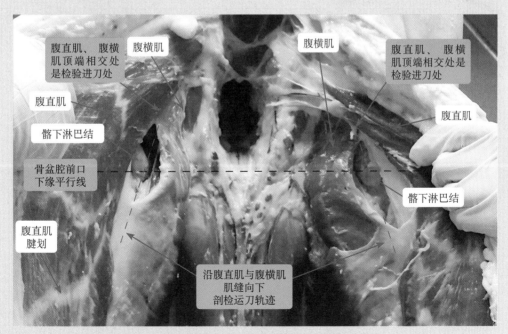

**图5-158 倒挂未劈半猪髂下淋巴结腹腔内侧位置**

髂下淋巴结位于骨盆腔前口下缘平行线上，距骨盆腔前口两侧6~8cm处的腹直肌与腹横肌的肌缝中

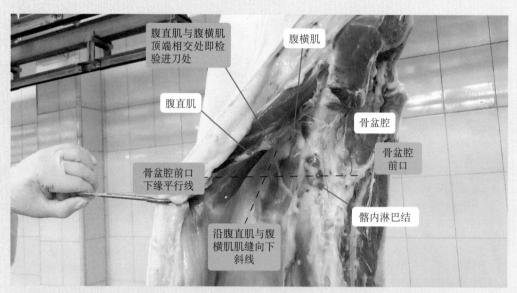

图5-159　左侧髂下淋巴结腹壁内侧检查定位

左侧髂下淋巴结位于左侧腹直肌与腹横肌肌缝斜线与骨盆腔前口下缘平行线相交处深部

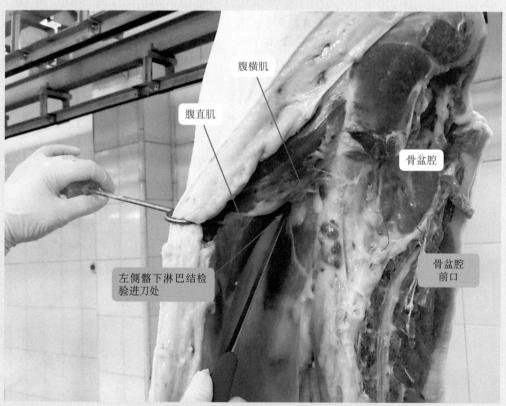

图5-160　左侧髂下淋巴结腹壁内侧检查进刀处

在左侧腹壁内侧，于腹直肌与腹横肌顶端相交处进刀

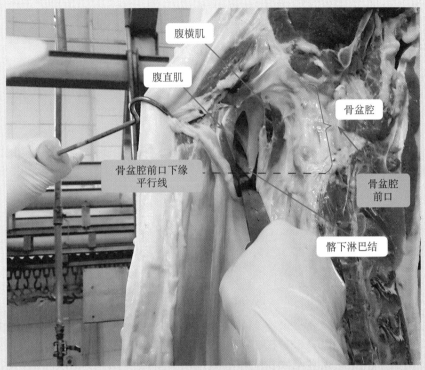

**图5-161 左侧髂下淋巴结腹壁内侧检查操作技术**

沿左侧腹直肌与腹横肌之间的肌缝向左外侧纵切12cm，并纵剖左侧髂下淋巴结

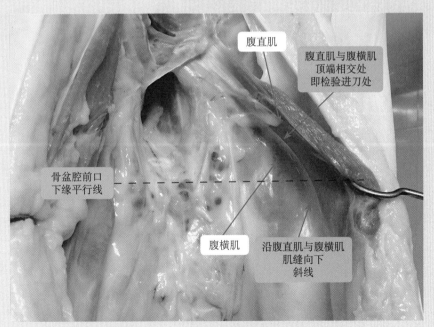

**图5-162 右侧髂下淋巴结腹壁内侧检查定位**

右髂下淋巴结位于右侧腹直肌与腹横肌肌缝斜线与骨盆腔前口下缘平行线相交处深部

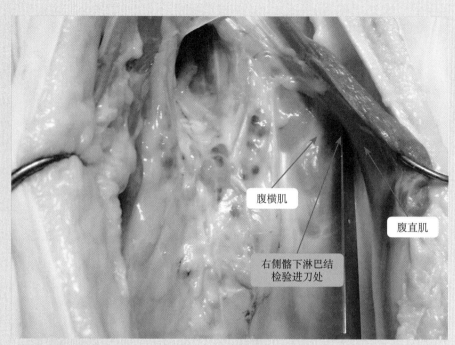

**图5-163　右侧髂下淋巴结腹壁内侧检查进刀处**
在右侧腹壁内侧，于腹直肌与腹横肌顶端相交处进刀

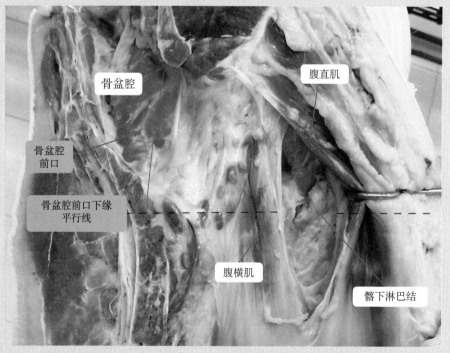

**图5-164　右侧髂下淋巴结腹壁内侧检查操作技术**
沿右侧腹直肌与腹横肌之间的肌缝向右外侧纵切12cm，并纵剖右侧髂下淋巴结

## 四、腰肌检查

### （一）检查岗位设置

设在胴体淋巴结检查之后，肾脏检查之前。

### （二）检查内容

1.外观检查

（1）有无肿胀、白色条纹，切面干燥，左右肌肉常对称性发生。

（2）有无苍白，切面多汁，如"烂肉"，手指容易插入肌肉内。

2.切面检查　检查有无椭圆形半透明囊泡。

　**【相关疫病宰后症状】**

1.猪囊尾蚴病　肌纤维间有黄豆粒大小乳白色椭圆形半透明的囊泡。

2.白肌病　肌肉肿胀，有白色条纹，切面干燥呈鱼肉样。病变呈左右两侧肌肉对称性发生。

3.白肌肉　肌肉苍白，质地松软，切面多汁，如"烂肉"，手指易插入。

### （三）腰肌检查概述

按照《生猪屠宰检疫规程》（2019）的规定：腰肌检查要沿荐椎与腰椎结合部两侧肌纤维方向切开10cm左右切口，检查有无猪囊尾蚴。

在检查实践中常采用如下方法检查腰肌：

1.生产白条的胴体腰肌检查方法　将腰肌纵剖10cm以上，由于刀口较短，不易观察切面情况，要用检验钩和检验刀向两侧尽量打开切口，并仔细观察切面有无异常。

2.生产分割肉的胴体腰肌检查方法　分割肉加工时，要将腰肌（里脊肉）完整的从腰椎上取下。检查腰肌时，即使只剖开了10cm，分割加工时也要将腰肌完整分割下来。因此，做分割肉的胴体腰肌检查时，要将腰肌完全剖离腰椎（20～30cm），这样不但可以"两刀合一刀"，减少了不必要的二次过度切割，还由于剖开的切面较大便于检验人员视检。

3.发现疑似寄生虫感染时腰肌检查方法　如果发现疑似寄生虫感染，无论是做白条或做分割肉的胴体都应将腰肌从上到下完全剖离腰椎进行检查，必要时还应在腰肌切面上再纵切2～3刀，扩大创面和视检范围，观察切面上有无囊尾蚴寄生或钙化灶。

（四）检查操作技术

1.左侧腰肌检查操作技术　检验员左手持钩，钩住腰肌平位处的左侧腹壁，向左外侧下方拉紧；右手握刀，于最后腰椎与第一荐椎结合部进刀（图5-165），紧贴腰椎椎体向下运刀，将腰肌纵切10cm以上（图5-166）或完全切离腰椎（图5-167）。然后用钩子钩住腰肌切口中部，向左外侧轻拉，充分暴露切面，观察有无囊尾蚴寄生（图5-166、图5-167）。如发现疑似囊尾蚴寄生，要在切面上由上向下，再纵剖2～3刀（图5-168），以扩大切面，进一步检查确诊。

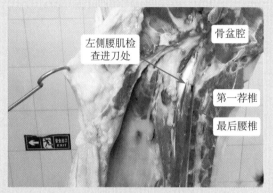

图5-165　左侧腰肌检查进刀定位

在最后腰椎和第一荐椎结合部进刀，紧贴腰椎椎体向下运刀，纵剖腰肌

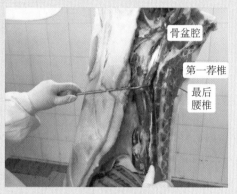

图5-166　左侧腰肌检查，纵切10cm以上，打开切面，观察有无囊尾蚴寄生

图5-167　左侧腰肌检查，全部纵剖腰肌，打开切面，观察有无囊尾蚴寄生

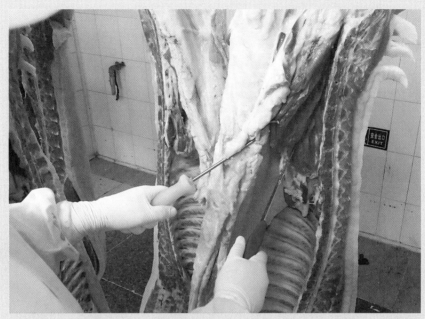

图5-168　发现疑似囊尾蚴感染时，在切面上纵切2～3刀，扩大切面，观察确诊

2.右侧腰肌检查操作技术　检验员左手持钩，反架钩住腰肌平位处的右侧腹壁，向右外侧拉紧；右手握刀（位于左手下方），于最后腰椎与第一荐椎结合部进刀（图5-169），紧贴腰椎椎体向下运刀，将腰肌纵切10cm以上（图5-170）或完全切离

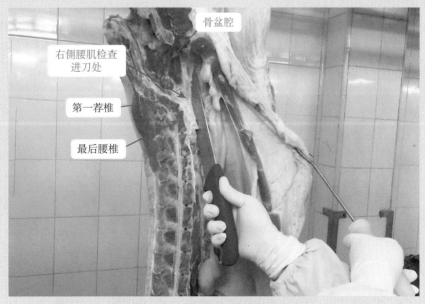

图5-169　右侧腰肌检查进刀定位
在最后腰椎和第一荐椎结合部进刀，紧贴腰椎椎体向下运刀，纵剖腰肌

腰椎（图5-171）。然后用钩子钩住腰肌切口中部，向右外侧轻拉，充分暴露切面，观察有无囊尾蚴寄生（图5-171）。如发现疑似囊尾蚴寄生，要在切面上由上向下，再纵剖2～3刀（图5-172），以扩大切面，进一步观察确诊。

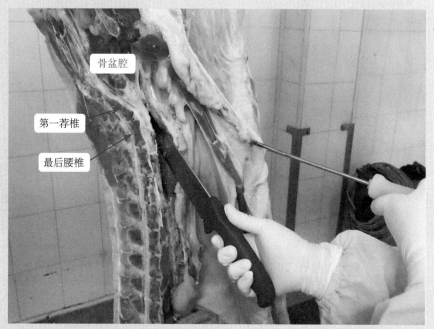

图5-170　右侧腰肌检查，纵切10cm以上，打开切面，观察有无囊尾蚴寄生

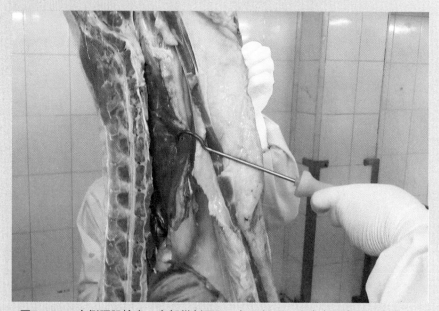

图5-171　右侧腰肌检查，全部纵剖腰肌，打开切面，观察有无囊尾蚴寄生

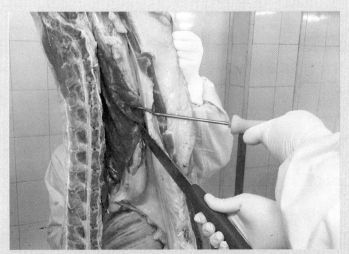

图5-172 发现疑似囊尾蚴感染时，在切面上纵切2～3刀，扩大切面，观察确诊

## 五、肾脏检查

### （一）检查岗位设置
设在腰肌检查之后，白肌病检查之前。

### （二）检查内容
1.肾脏外观检查

（1）有无肿大、表面有出血点，形成"雀斑肾"。

（2）有无暗红色、"大红肾"，此时皮肤有无"大红袍"。

2.肾脏切面检查　肾皮质、髓质有无出血点；肾乳头有无肿大；肾盂黏膜有无出血点。

**【相关疫病宰后症状】**

1.猪瘟　肾脏稍肿大，表面有大量出血点，形成"雀斑肾"；肾皮质髓质有出血点；肾盂黏膜有出血点。

2.非洲猪瘟　肾脏肿大，表面有出血点，形成"雀斑肾"；肾乳头肿大，肾盂黏膜有出血点；肾淋巴结肿大，出血。

3.急性猪丹毒　肾脏肿大，暗红色，俗称"大红肾"；此时注意检查皮肤有大片红斑，俗称"大红袍"。

4.急性猪副伤寒　肾脏肿大，有点状出血，肾盂黏膜有出血点。

5.猪Ⅱ型链球菌病　肾脏稍肿大，暗红色，有出血点。膀胱黏膜有出血点。

6.猪肾虫病　肾周围脂肪组织出血，剖检肾脂肪囊、肾盂可见猪肾虫，或黄豆粒至核桃大小的肾虫包囊，内有虫体或残骸。

## （三）检查流程

剥离肾包膜→视检肾脏→触检肾脏→剖检肾脏（必要时）。

## （四）检查操作技术

### 1.肾脏检查操作技术概述

（1）检查肾脏时的固定方法　肾脏的实质部分比较脆嫩，检验钩如果钩在肾实质部分，很容易钩破肾脏，也固定不住肾脏；在实际操作中，一般要用检验钩钩住肾窦部的结缔组织，才不容易钩破肾脏（图5-12、图5-173）。

（2）检查肾脏时剥离肾包膜的意义　猪宰后检查肾脏时要剥离肾包膜。肾包膜是一层白色、坚韧的薄膜，包裹在肾脏的表面，健康猪屠宰后容易剥离，肾包膜剥离后暴露出肾实质，可以更清楚地检查肾表面是否有出血点、"雀斑肾"等病变。肾脏发生病变时，肾包膜容易与肾实质发生粘连，不易剥离。肾包膜的外面还有一层脂肪囊包裹叫肾脂囊（图5-174）。

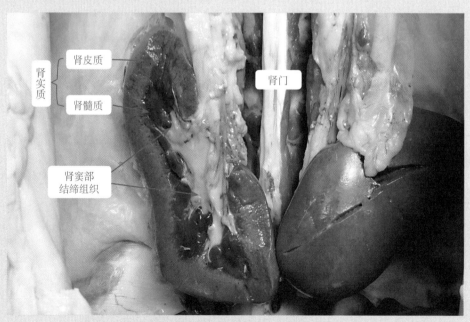

**图5-173　倒挂猪肾实质与肾窦部**
检查肾脏时，钩子要钩住肾窦部的结缔组织，以免钩破肾脏

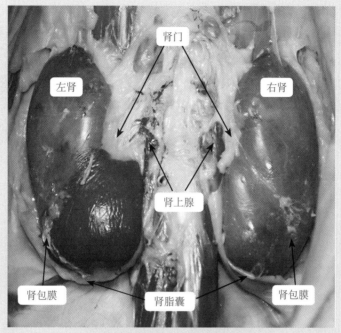

图5-174 倒挂猪肾包膜与肾脂囊

左侧肾脏下半部肾包膜已剥离，露出肾实质；右侧肾脏的肾包膜完整

（3）检查左侧肾脏与右侧肾脏时，操作动作的异同点 猪肾脏位于前四个腰椎横突腹面，左右对称，两个肾脏的肾门相对，肾的外缘（凸面）都朝外。

检查右侧肾脏时，由于肾门位于肾的左侧，其操作动作很流畅；但检查左侧肾脏时，由于肾门位于肾的右侧，用相同动作检查左肾时则很困难。

在检验实践中，一般先将左肾逆时针向左翻转180°，使左肾的肾门也朝向左侧，其形状与右肾相同，然后按照检查右肾的方法检查左肾（详见后述）。

 【检验实践】

在实际检验中，检查右侧肾脏时，按常规方法进行操作，即左手持钩、右手握刀。为了便于检查左侧肾脏，曾有人尝试：将钩子和刀子交换到另一手中，即左手握刀、右手持钩；但在实际的生产检验中，这种方法不适应规模生产作业，也违反人类条件反射"动力定型"的建立规律。一是在规模生产快速检验中没有时间交换钩子和刀子；二是即使有时间，这种频繁快速地换钩子和刀子，容易引起反应的混乱，导致事故的频发，甚至会误伤工友或自伤。为了确保生产安全，应杜绝此种方法在实际生产中使用！

2.左肾检查操作技术

（1）将左肾与腰肌剖开　猪肾脏以疏松结缔组织与腰肌相连，检查左侧肾脏时首先要将左肾与腰肌剖开：检验员左手持钩，钩住肾脏平位处的左侧腹壁，右手握刀，将左肾的背面与腰肌剖开（图5-175）。

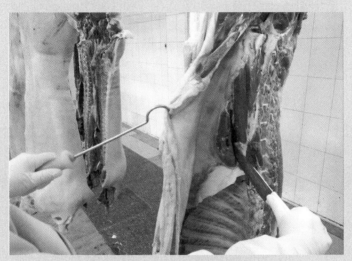

**图5-175　剖开左肾背面与腰肌**
左肾检查前要将左肾背面与腰肌完全剖开

（2）左肾翻转180°　检验员左手持检验钩，钩住肾脏平位处的左侧腹壁；右手握刀，将刀面伸到左肾背侧面，将其逆时针向左翻转180°，使左肾背面朝向检验员（图5-176）。

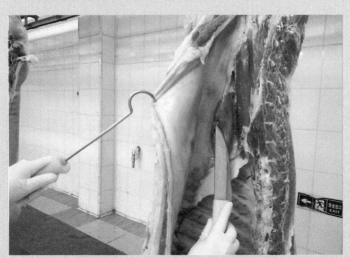

**图5-176　左肾向左翻转180°**
将刀面伸到左肾背侧面，向左逆时针翻转180°

（3）剥离左肾肾包膜 检验员左手持钩，钩住左肾背侧面中部的肾窦部（图5-177至图5-179）；右手握刀，于肾脏外侧1/3处，由上向下将肾包膜和肾脏表面纵向剖开,深度小于5mm（图5-177）。然后把刀尖伸进刀口内（图5-178），用刀尖背侧向右外侧方向挑开肾包膜（图5-179）；同时左手的检验钩拉紧肾窦部，并沿逆时针方向向左上方转动，两手同时向外展开，将肾脏从肾包膜中完整剥离出来（图5-180）。

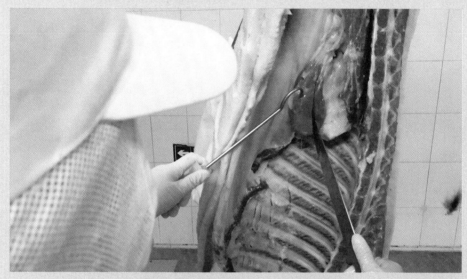

**图5-177 固定左侧肾脏，纵剖肾包膜**
钩住左肾背侧面的肾窦部，以浅刀纵剖肾表面和肾包膜

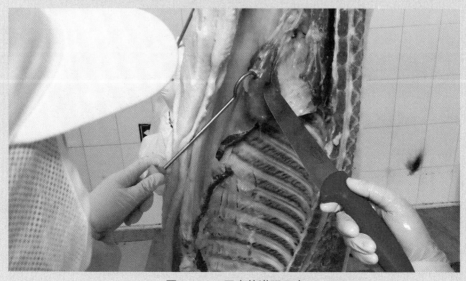

**图5-178 刀尖伸进刀口内**

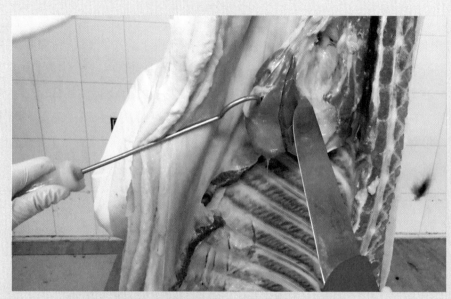

**图5-179 挑开肾包膜**
用刀尖的背侧向右外侧挑开肾包膜

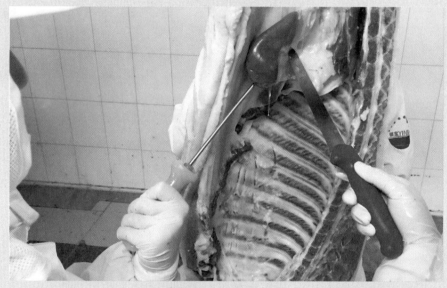

**图5-180 剥离肾包膜**
钩子逆时针向左上方转动，刀尖外挑肾包膜，两手同时外展，将左肾从肾包膜中剥离出来

（4）视检左侧肾脏 检查有无贫血、出血、淤血、肿胀、脓肿、坏死、"雀斑肾""大红肾"等病变；与肾包膜有无粘连等。

（5）触检左侧肾脏 用刀背由上向下轻刮并按压左肾表面（图5-181），刮掉表面血污，并触检左肾的弹性和质地有无异常。

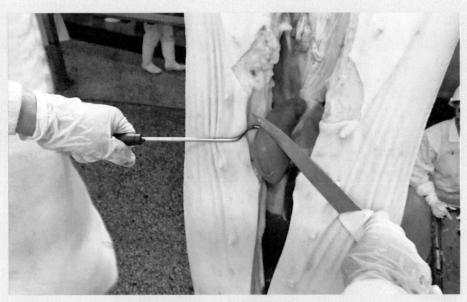

**图5-181 触检肾脏**

用刀背轻刮并按压肾表面，触检肾脏的弹性和质地有无异常

3.右肾检查操作技术

（1）剥离右肾肾包膜 检验员左手持钩，钩住右肾腹侧面（朝向检验员的一面）中部的肾窦部（图5-182）；右手握刀，于肾脏外侧1/3处，由上向下将肾包膜和肾脏

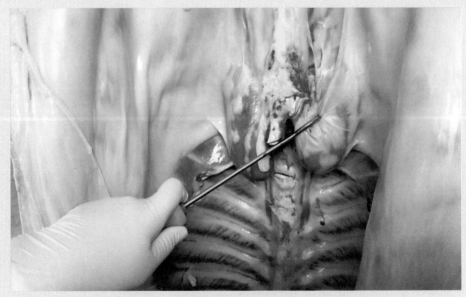

**图5-182 固定右侧肾脏**

钩子钩住右肾腹侧面（朝向检验员的一面）中部的肾窦部

表面纵向剖开，深度小于5mm（图5-183）。然后把刀尖伸进刀口内，用刀尖背侧向右外侧方向挑开肾包膜（图5-184）；同时左手的检验钩拉紧肾窦部，并沿逆时针方向向左上方转动，两手同时外展，将肾脏从肾包膜中完整剥离出来（图5-185）。

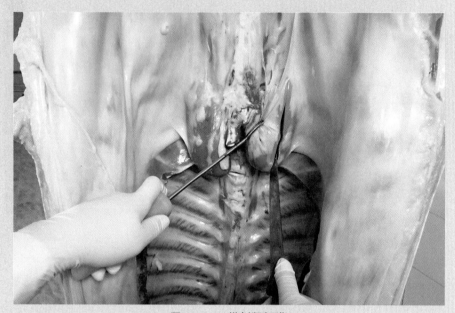

**图5-183　纵剖肾包膜**
以浅刀纵剖肾包膜和肾表面，深度小于5mm

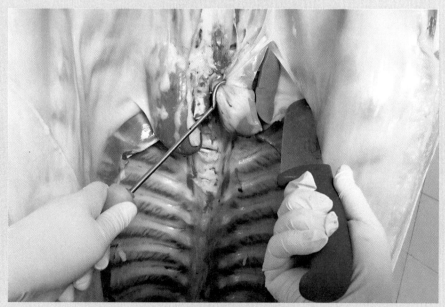

**图5-184　挑开肾包膜**
刀尖背侧伸进刀口内，向右外侧挑开肾包膜

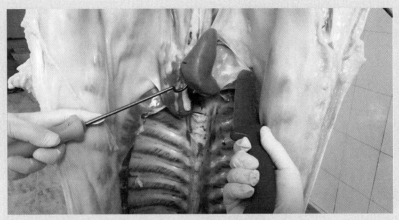

**图5-185　剥离肾包膜**

钩子逆时针向左上方转动，刀尖外挑肾包膜，两手同时外展，将右肾从肾包膜中剥离出来

（2）视检右侧肾脏　检查有无贫血、出血、淤血、肿胀、脓肿、坏死、"雀斑肾""大红肾"等病变；与肾包膜有无粘连等。

（3）触检右侧肾脏　用刀背由上向下轻刮并按压右肾表面，刮掉表面血污，并触检右肾的弹性和质地有无异常。

4.肾脏纵剖检查操作技术（必要时）　发现肾脏有异常，需进一步诊断时，可将肾脏进行纵剖检查。

检验员左手持钩，钩住肾脏中部的肾窦部，将肾脏外侧缘（凸面）朝向检验员；右手握刀，于肾脏外侧缘进刀，沿水平面将肾脏纵剖至肾盂部（图5-186），打开剖面,观察肾皮质、肾髓质有无点状出血和线状出血；肾盂部有无出血点、囊肿、包囊、肾虫等病变（图5-187）。

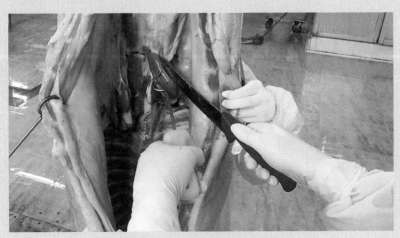

**图5-186　肾脏纵剖技术**

钩子固定肾脏的肾窦部，沿水平面纵剖肾脏

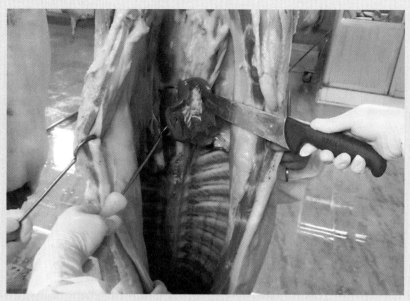

**图5-187　视检肾脏切面**
打开切口，检查肾皮质、肾髓质、肾盂部有无异常

## 六、白肌病检查

### （一）检查岗位设置

1.生产分割肉时白肌病检查岗位　设在分割肉岗位进行检查。

2.生产白条肉时白肌病检查岗位（必要时）　设在肾脏检查之后。

### （二）检查部位

主要检查腰肌（图3-6、图5-84）、半腱肌和半膜肌，必要时检查股二头肌（图5-189）、背最长肌（图5-193至图5-195）等。

### （三）检查内容

肌肉有无呈白色条纹或斑块状，切面干燥似鱼肉样，病变呈左右两侧肌肉对称性发生（图3-89）。

　**【相关疫病宰后症状】**

白肌病　肌肉呈白色条纹或斑块状，或弥漫性黄白色，切面干燥似鱼肉样，病变呈左右两侧肌肉对称性发生。

常发生于半腱肌、半膜肌、股二头肌、背最长肌、腰肌、臂三头肌、三角肌、心肌等。

（四）检查操作技术

1.生产分割肉时，白肌病检查操作技术　生产分割肉检查白肌病时，主要检查白肌病的常发部位半腱肌和半膜肌，即主要检查四号肉（图5-188）。

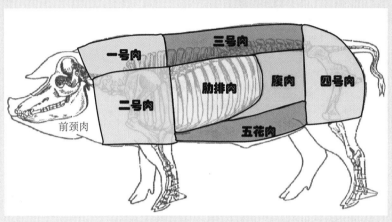

图5-188　猪胴体分割示意图

（1）四号肉去脂肪后白肌病检查方法（常用方法）　直接视检半腱肌、半膜肌和股二头肌（图5-189B）。

（2）四号肉去脂肪前白肌病检查方法（必要时）　主要是剖检半腱肌，在大腿后方正中处进刀，向下纵剖15cm，打开创面，观察有无异常（图5-190）。

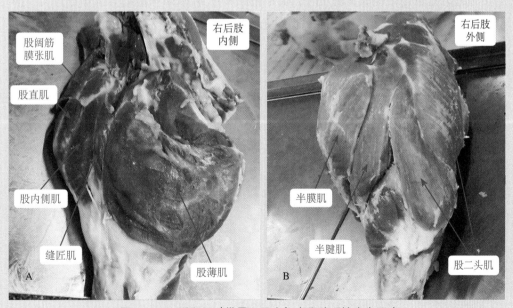

图5-189　后腿肌（带骨四号肉）去脂肪后检查白肌病
A.后腿肌（带骨四号肉）前内侧观；B.后腿肌（带骨四号肉）后外侧观

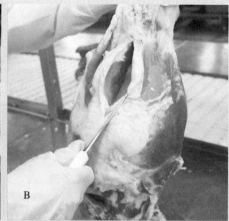

**图5-190 后腿肌（带骨四号肉）未去脂肪时，剖检半腱肌**
A.在大腿后方正中处进刀；B.向下纵剖15cm，打开创面，观察有无异常

2.生产白条肉时，白肌病检查操作技术 宰后生产白条肉检查白肌病时，要首先检查腰肌，如果腰肌有白肌病症状时，应继续检查半腱肌，以便综合判断；如果腰肌正常，半腱肌可以不检查。

（1）生产白条肉时腰肌检查白肌病操作技术 与腰肌囊尾蚴检查同时进行，观察或剖检腰肌有无异常（图5-84、图5-166至图5-168、图5-170至图5-172）。

（2）生产白条肉时半腱肌检查白肌病操作技术（必要时） 半腱肌位于后肢股骨的正后方，对倒挂猪检查半腱肌时，要在跟结节下方20cm大腿后方正中处进刀，向背部方向纵剖15cm，打开创面，观察有无异常（图5-191、图5-192）。

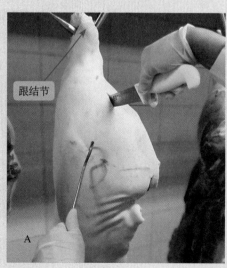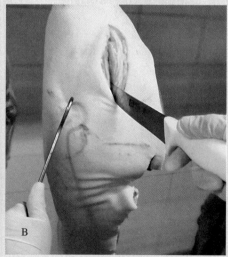

**图5-191 右侧倒挂猪半腱肌白肌病检查操作技术**
A.在跟结节下方20cm大腿后方正中处进刀；B.向下纵剖15cm，打开创面，观察有无异常

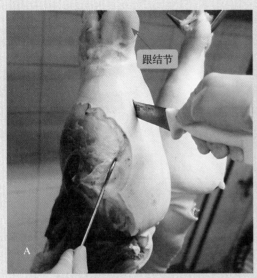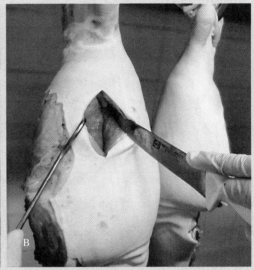

**图5-192 左侧倒挂猪半腱肌白肌病检查操作技术**
A.在跟结节下方20cm大腿后方正中处进刀；B.向下纵剖15cm，打开创面，观察有无异常

相关知识

## 七、白肌肉检查

### （一）检查岗位设置

1.生产分割肉时白肌肉检查岗位　设在分割肉岗位进行检查。

2.生产白条肉时白肌肉检查岗位（必要时）　设在肾脏检查之后。

### （二）检查部位

主要检查腰肌和背最长肌，必要时检查半腱肌、半膜肌和股二头肌等。

### （三）检查内容

肌肉有无颜色苍白、呈水煮状，切面多汁，柔软易碎，手指容易插入，肌纤维容易撕下（图3-90）。

 **【相关疫病宰后症状】**

白肌肉　肌肉颜色苍白，呈水煮状，或"烂肉"样，柔软易碎，切面多汁，手指容易插入，肌纤维容易拉下来。

常发生于背最长肌、半腱肌、半膜肌、股二头肌、腰肌等处。

### （四）检查操作技术

白肌肉检查，主要在生产分割肉时进行，可与检查白肌病同时进行。

1.生产分割肉时，白肌肉检查操作技术　生产分割肉时白肌肉检查，主要检查三号肉（图5-188）的背最长肌（图5-193至图5-195）和四号肉（图5-188）的半腱肌、半膜肌、股二头肌。

（1）三号肉白肌肉检查操作技术　三号肉主要由背最长肌的后半部分及周围的肌肉构成。背最长肌位于胸椎和腰椎的棘突与横突之间的三角形夹角内（图5-193至图5-195），起于髂骨前缘，向前止于最后颈椎，是体内最长最大的肌肉。三号肉前至五、六肋骨间，后达髂骨前缘。

分割肉岗位检查背最长肌时，一般在纵切背最长肌肋骨面后检查（图5-194），或将三号肉完整地从胸腰椎中分割下来后再进行视检（图5-195）。

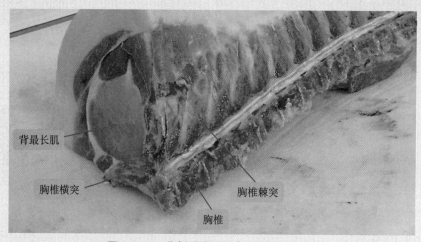

图5-193　分割"背腰肉"中的背最长肌

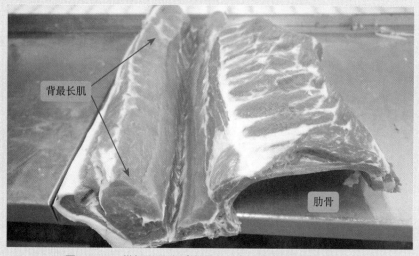

图5-194　纵切三号肉（背最长肌）肋骨面后检查白肌肉

图5-195 三号肉完全从胸腰椎中分割下来后进行白肌肉检查

（2）四号肉去脂肪后白肌肉检查操作技术 与四号肉去脂肪后检查白肌病同时进行，即直接视检半腱肌、半膜肌和股二头肌有无异常。

2.生产白条肉时，白肌肉检查操作技术（必要时） 生产白条肉时检查白肌肉与检查白肌病同时进行，即在倒挂猪大腿后方剖检半腱肌（必要时），观察有无异常。

【检验实践】

在生产实践中，检查白肌病和白肌肉一般同时进行，检查部位也大体相同，主要放在分割肉岗位进行检查，必要时在劈半之前或之后的倒挂猪上进行。

## 八、黑干肉检查

### （一）检查岗位设置
设在分割肉岗位进行。

### （二）检查部位
检查股直肌，必要时检查股部其他肌肉，或臀部肌肉。

### （三）检查内容
肌肉有无肌肉干燥、质地粗硬、色泽深暗（图3-91）。

【相关疫病宰后症状】

黑干肉 肌肉干燥、质地粗硬、色泽深暗。
常发生于股直肌和其他股部肌肉以及臀部肌肉。

### （四）检查操作技术

生产分割肉时进行黑干肉检查，主要检查四号肉的股部肌肉，首先剖检股骨前方的股直肌和股中间肌（图5-196、图5-197）。

左手持钩钩住股部肌肉，使膝关节朝向检验员；右手握刀，在吊挂猪膝关节下方的股骨正面进刀，向下以深刀切开股直肌及深面的股中间肌（图5-196、图5-197），检查有无异常。必要时，还可在股骨的内、外侧各剖一刀，纵剖股内侧肌和股外侧肌。

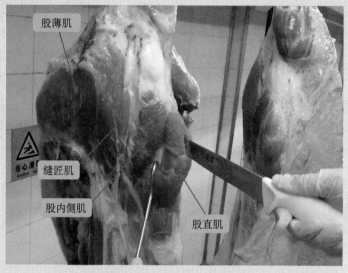

**图5-196 黑干肉检查定位**
在股骨前方进刀，纵剖股直肌和股中间肌

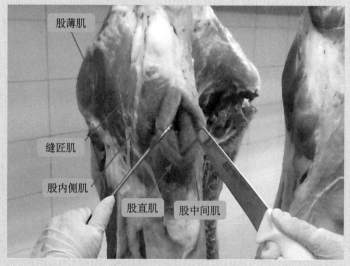

**图5-197 打开股直肌和其深部的股中间肌切口，视检有无异常**

【检验实践】

猪的股四头肌与检验黑干肉定位：

猪股四头肌很强大，位于股骨前方及两侧，是膝关节的主要伸肌。该肌肉有四个起点（即四个头），包括股直肌、股外侧肌、股内侧肌和股中间肌（图5-189A、图5-196、图5-197），这四个头分别起于髂骨体两侧及股骨外侧、内侧、前方，然后向下合成一个肌腱止于膝盖骨。

股直肌位于股骨的最前面，深面是股中间肌紧贴股骨，股外侧肌和股内侧肌分别位于内外两侧。即股中间肌被三肌肉包裹在中央（图5-197）。

黑干肉检查定位：在膝关节上方（吊挂猪则是膝关节下方）的股骨正面进刀，以深刀剖检股直肌和股中间肌有无异常。

# 第七节 复检

宰后复检是对胴体进行的全面检查和复验，以综合判定检验检疫结果。复检一般由官方兽医和经验丰富的技术人员担任。

## 一、宰后复检岗位设置

设在胴体检查之后。

## 二、宰后复检内容

1.体表复检

（1）有无出血点、出血斑点、蓝紫色、坏死灶、"大红袍"或"打火印"。

（2）有无全身皮肤和组织呈黄色；有无皮肤充血，全身弥漫性红色。

2.皮下脂肪复检　有无浅红色，或呈黄色。

3.肌肉复检

（1）有无出血、淤血、水肿、变性、坏死。

（2）有无白色条纹，切面干燥；或苍白，质地松软；或干燥、质地粗硬。

（3）血管内有无滞留大量血液。

4.胸腔、腹腔复检　胸腔和腹腔浆膜及肋间有无出血等病变。

5.骨骼复检　椎骨间有无化脓灶或钙化灶。

6.关节复检　有无肿大、变形、关节软骨糜烂、关节面上有纤维蛋白附着。

7.漏摘检查

8.漏检与错判检查

9.胴体整体质量及卫生状况检查

**【相关疫病宰后症状】**

1.猪瘟　全身皮肤出血点。

2.非洲猪瘟　皮肤出血点、蓝紫色斑块，或坏死灶；关节肿大积液。

3.猪丹毒　全身皮肤紫红色"大红袍"；或皮肤疹块"打火印"。

4.猪肺疫　全身皮肤淤血，有紫斑或出血点。

5.猪Ⅱ型链球菌病　关节肿大化脓，关节软骨糜烂。

6.副猪嗜血杆菌病　关节肿大，关节面上有纤维蛋白。

7.白肌病　肌肉肿胀、白色条纹，切面干燥，左右肌肉常对称性发生。

8.白肌肉　肌肉苍白，质地松软，如"烂肉"，手指容易插入肌肉内。

9.黑干肉　肌肉干燥、质地粗硬、色泽深暗。

10.黄疸　全身组织呈黄色，放置时间越长颜色越黄（越放越深）。

11.黄脂　仅脂肪组织呈黄色，放置12h后黄色变浅（越放越浅）。

12.放血不全　皮肤弥漫性红色，皮下脂肪浅红，肌肉组织灰暗，血管内滞留大量血液。

### 三、宰后复检流程

胴体体表复检→皮下脂肪、肌肉复检→胸腔、腹腔复检→骨骼复检→关节复检→漏摘复检→漏检与错判复检→胴体整体质量及卫生状况复检。

### 四、宰后复检操作技术

1.体表复检　检验员用检验钩钩住胴体体表或前肢顺时针旋转胴体（图5-198），复检胴体体表。带皮猪皮肤有无出血、疹块、黄染、脓肿、全身弥漫性红色等病变；剥皮猪要注意皮下脂肪有无黄色，或浅红色。

2.皮下脂肪、肌肉复检　复检皮下脂肪和肌肉组织是否正常，有无出血、淤血、水肿、变性、黄染、脓肿、蜂窝织炎，血管有无滞留大量血液等（图5-199）。

3.胸腔、腹腔复检　复检胸腔浆膜、腹腔浆膜和肋间有无出血等病变（图5-199）。

4.骨骼复检　检查劈半后的椎骨间有无化脓灶和钙化灶，骨髓有无褐变和溶血现象（图5-200）。

5.关节复检　复检割蹄后的腕关节与跗关节有无肿大、变形、关节软骨糜烂关节面上有纤维蛋白等（图5-201）。注意副猪嗜血杆菌病和链球菌病等。

**图5-198　复检体表**
用钩子旋转胴体，观察体表有无异常

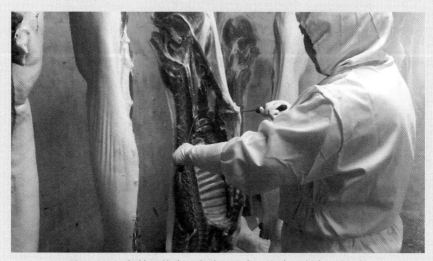

**图5-199　复检胴体皮下脂肪、肌肉、胸腔、腹腔、肋间等**

图5-200　复检胴体胸椎、腰椎、骨髓等

图5-201　复检关节（腕关节）

6.漏摘检查　检查有无病变淋巴结、病变组织漏摘。

7.漏检与错判检查　检查有无疫病或不合格肉被漏检、漏判或错判。

8.胴体整体质量及卫生状况检查

（1）肉品品质检查

①检查乳头、放血刀口、伤斑是否已修割。

②检查下颌肉（槽头肉）是否已割除。

③检查体腔壁上的残留膈肌是否已修整。

④检查颈部是否有注射包囊或包块未处理等。

（2）卫生状况检查　检查体表、体腔是否有血污、脓污、粪污、胆汁、毛及其他污物未处理。

# 第八节　宰后检查后的处理方法

## 一、生猪宰后合格肉品的处理方法

经检验检疫合格的产品，屠宰企业在胴体上加盖"检验合格"印章，出具《肉品品质检验合格证》；官方兽医出具《动物检疫合格证明》，在胴体上加盖"肉检验讫"印章，在产品包装上加贴动物产品检疫合格标签（详见第七章）。

生猪产品必须"证章齐全""货票相符"，方可以进入市场流通。

## 二、生猪宰后不合格肉品的处理流程与方法

经宰后检疫确诊为疫病猪的，官方兽医出具《检疫处理通知单》（图7-1），按照《动物防疫法》《重大动物疫情应急条例》《动物疫情报告管理办法》和《病死及病害动物无害化处理技术规范》（2017）、《生猪屠宰检疫规程》（2019）的规定处理。

经宰后检查确诊为品质不合格的，按照《生猪屠宰产品品质检验规程》（GB/T 17996—1999）的规定处理。

（一）宰后发现疫病猪时的处理流程与方法

1.宰后发现口蹄疫、猪瘟、非洲猪瘟、高致病性猪蓝耳病和炭疽时的处理流程与方法

（1）立即停止生产 停止屠宰、停止检验检疫、停止生产轨道的运行。

（2）封锁现场 病猪、疑似病猪、同群猪的屠体、胴体、内脏及其他副产品，以及未宰杀的同群猪，由专人看护，封锁现场，禁止移动，禁止冲淋，严禁人员接触。

（3）限制人员活动 所有人员坚守岗位，停止走动、停止一切无关活动。

（4）报告疫情 立即向有关部门报告疫情，听从官方兽医统一处置。

（5）确诊处理 经检疫确诊后，官方兽医出具《检疫处理通知单》（图7-1），未宰杀的病猪、疑似病猪和同群猪采用不放血方式扑杀，尸体与已宰杀的病猪、疑似病猪和同群猪及其产品，用密闭的运输工具运到动物卫生监督机构指定的地点，按照《病死及病害动物无害化处理技术规范》（2017）的规定销毁处理；其中炭疽病猪、疑似炭疽病猪或同群猪及其产品严禁剖检，必须全部焚烧处理（附表三）。

（6）全面消毒、隔离体检 实施全面严格的消毒，密切接触人员隔离体检。

2.宰后发现其他疫病时的处理流程与方法

宰后发现猪丹毒、猪肺疫、猪副伤寒、猪Ⅱ型链球菌病、猪支原体肺炎、副猪嗜血杆菌病、猪囊尾蚴病、旋毛虫病、丝虫病，以及其他疫病时的处理流程和方法：

（1）将病猪和可疑病猪进行"标识" 宰后检查发现上述病猪和疑似病猪时，要在病猪和疑似病猪的屠体或胴体上盖"可疑病猪"章，或在屠体或胴体体表作醒目的"标识"。

（2）通过"疑病猪轨道"送入病猪间 将病猪和疑似病猪的屠体或胴体，从生产线轨道转入疑病猪轨道（图2-15），送入疑病猪间（图2-15），同时通过统一编号，找到该病猪的头、蹄、内脏一并送到病猪间待检。

（3）报告官方兽医，确诊处理 立即报告官方兽医，对病猪和疑似病猪进行全面检查，并确诊处理（附表三）。

①确诊为健康猪的处理方法 屠体或胴体经"回路轨道"返回生产线轨道，继续加工屠宰。

②确诊为病猪的处理方法 官方兽医在胴体上加盖检疫不合格印章，包括"高温"和"销毁"印章（图7-11、图7-12），并出具《检疫处理通知单》（图7-1），将其屠体或胴体从轨道上卸下，与头、蹄、内脏一起放入不漏水的病猪运送车内，运到无害化处理间（图2-7、图2-8），或动物卫生监督机构指定的地点进行无害化处理。

③确诊为病猪后同群猪的处理方法

A.未屠宰的同群猪，隔离观察，经观察确认无异常的，准予屠宰；出现异常的，按病猪处理。

B.已屠宰的同群猪，经疑病猪轨道送入病猪间，逐头检查，经检查确认无异常的，继续加工屠宰；出现异常的，按病猪处理。

（4）无害化处理：病猪以及出现异常的同群猪及其产品按规定进行无害化处理。

（5）全面消毒　实施全面的消毒。

**（二）宰后发现品质不合格肉时的处理流程与方法**

1.将可疑病猪进行"标识"　宰后发现品质不合格肉时，要在病猪屠体或胴体上盖"不合格肉"章，或作醒目的"标记"。

2.通过"疑病猪轨道"送入病猪间　将不合格或疑似不合格的屠体或胴体，从生产线轨道转入疑病猪轨道（图2-15），送入疑病猪间（图2-15），同时通过统一编号，找到该病猪的头、蹄、内脏一并送到病猪间待检。

3.确诊处理（附表三）

（1）确诊为健康猪的处理方法　屠体或胴体经"回路轨道"返回生产线轨道，继续加工屠宰。

（2）确诊为品质不合格肉的处理方法　企业检验员在胴体上加盖肉品品质检验不合格印章，包括"非食用""化制""销毁"和"复制"印章（图7-15）。

（3）确诊为病猪的处理方法　报告官方兽医，在胴体上加盖检疫不合格印章，包括"高温"和"销毁"印章（图7-11、图7-12），并出具《检疫处理通知单》（图7-1）。将其胴体从轨道上卸下，与头、蹄、内脏一起放入不漏水的病猪运送车内，运到无害化处理间（图2-7、图2-8）进行无害化处理。

（4）确诊为病猪后同群猪的处理方法

①未屠宰的同群猪，隔离观察，经观察确认无异常的，准予屠宰；出现异常的，按病猪处理。

②已屠宰的同群猪，经疑病猪轨道送入病猪间，逐头检查，经检查确认无异常的，继续加工屠宰；出现异常的，按病猪处理。

4.无害化处理　病猪及品质不合格肉品需要销毁的按规定进行无害化处理。

5.全面消毒　实施全面的消毒。

检验实践

### 第六章

# 生猪屠宰实验室检验

# 第一节　实验室检验基本要求

## 一、实验室的功能要求

屠宰企业的实验室应与其屠宰规模相适应。有条件的生猪屠宰企业实验室建议设有样品保管室、样品前处理室、理化检验室、微生物检验室、寄生虫检验室、核酸检验室、免疫学检验室、药品保存室。各类实验室及辅助室的功能、需配备的设备设施及有关要求如下。

1.样品保管室　贮存检验样品的场所，样品保管室宜设立在实验区的入口处，并配备有冰箱、冰柜等（图6-1）。

**图6-1　样品保管室**

2.样品前处理室　有些检验项目需要进行前处理，建议配备通风橱、工作台等。条件允许的情况下，屠宰企业有机项目检验、无机项目检验前处理可分开。样品前处理室建议15m² 以上，设有独立的排风管道（外排连接）。如图6-2所示。

图6-2 样品前处理室

3.理化检验室 理化检验室主要是对猪肉进行感官指标、水分含量、挥发性盐基氮、农兽药残留、非法添加物等检测。理化检验室面积宜≥30m²，应设有通风橱、工作台，独立于生活用水的上下水管道，利于废水收集处理，设有独立的排风管道（外排连接），并设有废液收集容器。如图6-3所示。

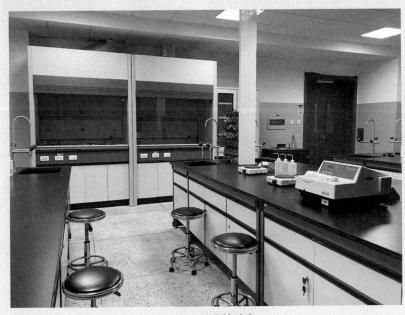

图6-3 理化检验室

4.微生物检验室 用于菌落总数、大肠菌群及致病菌等微生物指标的检测。面

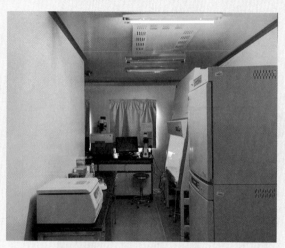

积宜≥20m²，应配备进行无菌操作的超净工作台及生物安全柜等，中央台、边台；独立于生活用水的上下水管道。此外，微生物检验室根据要求配备微生物培养间、缓冲间与无菌操作间，还应配备紫外线消毒灯等消毒灭菌装置。房间应具备良好的换气和通风条件，高级别实验室宜配备独立的通排风系统，确保气流由低风险区向高风险区流动。如图6-4所示。

图6-4　微生物学检验室

5.寄生虫检验室 一般建设在屠宰车间"取胃肠"岗位附近，主要用于旋毛虫、囊尾蚴等寄生虫病的检验。实验室面积应能满足生产与寄生虫检验需要。检验室应配备相应的检验设备和清洗、消毒设施。如图6-5所示。

图6-5　寄生虫检验室

6.核酸检验室 开展PCR（聚合酶链式反应）快速检测的场所，如非洲猪瘟病毒检测。建议参考《生物安全实验室建筑技术规范》（GB 50346—2011）要求建设。根据所采用的检测方法，确定实验室布局，如需提取核酸，应包括样品处理室（含核酸提取）、试剂准备室（含PCR反应体系配制）和扩增室三间，如不需提取核酸，

应包括试剂准备室（含PCR反应体系配制）和扩增室两间，实验室入口处应有明显的生物安全标识。进入各工作区域必须严格按照单一方向进行，即样品处理室→试剂准备室→扩增室，如图6-6所示。

图6-6　核酸检验室

A.样品处理室；B.试剂准备室；C.扩增室

7.免疫学检验室　主要用于利用免疫学试验快速检测兽药及非法添加物等，如瘦肉精的ELISA快速检测。建议实验室面积不低于15m²，应有工作台等基本设施。如图6-7所示。

图6-7　免疫学检验室

8.药品保存室　专门用来存放化学试剂、药品等的地方，药品保管室应设置在阴凉、通风、干燥的地方，并有防火、防盗设施。药品柜和边台等能防强酸碱，存放有毒有害试剂、药品的应有双锁，易挥发性药品的保存需要通风良好、具有外排管路。化学危险品的贮存应符合《危险化学品仓库储存通则》（GB 15603—2022）的规定。如图6-8所示。

图6-8　药品保存室

## 二、不同功能实验室的仪器配置

1.样品前处理室仪器配置　样品前处理室仪器设备推荐配置见表6-1。

表6-1　主要前处理仪器

| 序号 | 名称 | 主要用途 | 规格 |
|------|------|----------|------|
| 1 | 电子天平 | 试剂、样品和标准品等的称量 | 感量0.01g、0.000 1g |
| 2 | 电热干燥箱（图6-9） | 样品干燥处理 | |
| 3 | 食品中心温度计 | 适用于测量食品中心的温度 | 测温范围：-50 ~ 100℃ |
| 4 | 酸度计（图6-10） | 适用于检测液体的pH | 测量范围0.00 ~ 14.00 |
| 5 | 离心机 | 适用于样品处理过程中的离心 | 3 000r/min |
| 6 | 恒温箱 | 控制恒定温度 | 箱内温度10 ~ 150℃ |
| 7 | 粉碎机 | 样品前处理 | 不锈钢内胆，体积大于85mm×85mm×200mm |
| 8 | 电加热板/炉 | 样品前处理 | 不锈钢 |
| 9 | 便携式恒温箱 | 运送样品 | 箱内温度范围：+ 5 ~ 45℃ |

图6-9 电热干燥箱

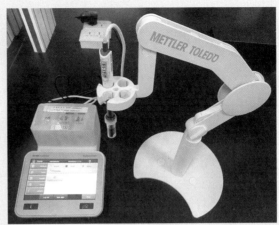

图6-10 酸度计

2.理化检验室仪器配置　理化检验室应配置通风橱（图6-11）、工作台、蒸馏装置、凯氏定氮仪、电炉、干燥箱、电子天平（图6-12）、离心机、移液器等。有能力的企业可配备液相色谱仪等。

图6-11 通风橱

图6-12 电子天平

3.微生物检验室仪器配置　微生物学检验室仪器配置见表6-2。此外，屠宰加工企业根据规模还应配备生物安全柜、超净工作台等设备。

表6-2 微生物室主要仪器配置

| 序号 | 名称 | 主要用途 | 规格 |
|---|---|---|---|
| 1 | 显微镜（图6-13） | 微生物样本观察 | |
| 2 | 高压灭菌器 | 灭菌试剂的制备 | 温度范围：50～135℃ |
| 3 | 恒温培养箱（图6-14） | 微生物培养 | 控温范围：+5～65℃ |
| 4 | 电热鼓风干燥箱 | 干燥 | 内容积不少于22.5 L |
| 5 | 拍打式均质器 | 均质 | 拍击速度：3～12次/min |
| 6 | 纯水仪 | 制备超纯水 | 四级或五级过滤 |

图6-13 显微镜

图6-14 恒温培养箱

4.寄生虫检验室仪器配置 寄生虫检验室需配置显微镜和刀、剪、镊子、玻片、托盘等常规器械（图6-15）。

图6-15 寄生虫检验室仪器配置

5.核酸检验室仪器配置 核酸检验室建议配置冰箱、高速冷冻离心机、微量加样器（0.2～1 000μL）、生物安全柜、荧光PCR仪（图6-16）、PCR仪、离心机、凝胶成像分析仪、电泳仪、水浴锅、自动研磨器等。

6.免疫学检验室仪器配置 免疫学检验室应配置离心机、恒温水浴锅（100℃，体积≥3L）、酶标仪（宜为连续波长，图6-17），以便于进行免疫学检测。

图6-16 荧光PCR仪

图6-17 酶标仪

## 三、主要仪器设备的管理

实验室检测结果的精准度，不仅取决于仪器设备的配置和人员的业务素质，还取决于仪器设备的管理维护。

1.建立实验室仪器设备操作使用制度，并严格按各项操作规程进行操作。

2.建立设备的日常维护保养制度，并对实验室内的设备定期进行擦拭、清洁等简单的保养维护。

3.贵重仪器设备由专人负责，专人使用，其他人员不得动用。设备异常时，请专业人员来维修，正常后方可运行使用。

4.每次使用仪器设备均按要求及时进行登记，对每次维护、维修、校准等如实记录存档（图6-18）。

5.根据仪器设备对环境的不同要求及用途进行合理存放，不得放于潮湿、易发生腐蚀的地点。

图6-18 仪器使用、维护、维修、校准等记录存档

6.当检测设备偏离校准状态时，应先将此设备停用，校准后方可继续使用。对此期间检测的项目，必须对检测结果进行评定，合格后可正常使用。

7.当设备误差严重到影响实验结果时，或检定部门确定不合格时，需及时报废更换新仪器设备。

## 四、实验室常用试剂的质量控制及管理

在试剂使用前应对其质量进行检查确认，合格后方可使用。

### （一）试剂、染色液的质量控制

所用试剂需购自规范的生产厂家，自配液按国家规定标准方法配制。配制完成经检验合格后可保存使用，注明试剂名称、溶液浓度、配制日期、有效期等。

### （二）化学试剂、药品的使用管理

遵循实验室化学品使用和贮存管理规定。

1.化学试剂、药品应指定专人保管，并有详细账目。药品购进后，及时验收、记账，使用后及时销账，掌握药品的消耗和库存数量。不外借（给）药品，特殊需要外借时，必须经有关领导批准签字。

2.化学试剂、药品必须根据化学性质分类存放于有专用柜的药品保管室。药品保管室内应干燥、阴凉、通风、避光，并配有防火、防盗安全措施。药品保管室（橱）周围及内部严禁火源。

3.化学性质不同或灭火方法相抵触的化学试剂应分柜存放，受光照易变质、易燃、易爆、易产生有毒气体的化学试剂应存放在阴凉、通风处，易燃、易爆物还应远离火源。

4.易挥发试剂应存放在有通风设备的房间内。易制毒、易爆化学品和剧毒化学品应专柜存放，双人双锁保管。

5.配制的试剂应贴标签，注明名称、浓度、配制日期、有效期、配制人。配好后的试剂放在加盖或具有塞子、适宜的洁净试剂瓶中，见光易分解的试剂应装于棕色瓶中；挥发试剂瓶的瓶塞要严密；见空气易变质试剂瓶应用蜡封口；碱性试剂易腐蚀玻璃，应贮存于聚乙烯瓶中。

6.按一定使用周期配制试剂，不要多配。特别是危险品、毒品应随用随配，多余试剂退库，以防长时间放置发生变质或造成事故。配制后的存放时间根据不同试剂性质分别制定。除有特殊规定外，一般配制的试剂使用期限为6个月，稳定性差的临用新配，配置量适宜。

7.化学试剂使用前首先辨明试剂名称、浓度、纯度，是否在使用期内，无瓶签或瓶签字迹不清，超过使用期限的试剂不得使用。使用后应立即旋好盖、密封好，以防受潮或挥发，立即放回原处并妥善保存。试剂使用应有记录（图6-19）。

图6-19 试剂使用记录

**五、实验操作人员应掌握的技能及注意事项**

**（一）实验操作人员应掌握的技能**

实验操作人员应具有职业道德，遵守职业守则。应掌握检验检疫基础知识，如：生猪临床健康检查方法、常见的局部病理变化、微生物和理化检验、寄生虫病及诊断要点、采样操作技术。并且要求实验操作人员了解人员防护的基本常识，在进行实验室检验时，应掌握采样、检测、试剂配制、生物安全相关知识。具体如下：

1.在样品采集方面，要求操作人员能按规定进行血样、肉样采集，能对分泌物、排泄物和环境等样品进行采集，能进行病理组织的采集。

2.在寄生虫检查方面，能对相关部位采样，能按规定制作压片，能熟练染色和使用显微镜，能对样品进行感官检查和镜检，能检出病变虫体和病变组织。

3.在快速检测方面，能熟练使用快速检测试纸条，开展酶联免疫吸附试验（ELISA）、荧光定量PCR检测、常规PCR检测。

4.能开展挥发性盐基氮、水分等理化检测项目。

5.能开展常规微生物检测，包括菌落总数和大肠菌群检测；在病原微生物检测方面，有必要可开展致病性大肠杆菌和沙门菌等的检测。

6.了解液相色谱、液相色谱-质谱联用仪等仪器操作流程。

**（二）实验操作人员注意事项**

实验操作人员应严格遵守实验操作规程和实验室安全规范。

1.所有人员进入实验室都必须穿工作服，严禁穿着工作服离开实验室。工作服不得和日常服装放在同一柜子内。

2.在实验操作时，必须使用合适的手套以保护工作人员，有必要时需佩戴护目镜、面罩、口罩等。

3.工作人员不得穿凉鞋、拖鞋、高跟鞋进入实验室，宜穿平底、防滑的满口鞋。工作时不应戴首饰、手表，不应化妆。

4.禁止在实验室工作区域储存食品和饮料；禁止在实验室工作区域进食、吸烟、化妆和处理隐形眼镜等。

5.所有利器，如使用后的针头、破碎玻璃器皿应妥善保管在防刺、扎的硬质塑料桶（专用容器）内。

6.实验室所有污染物和废弃物均应置于套有黄色塑料袋的桶内，污染物和废弃物桶应贴上生物危险标签，并由专门机构取走。

（三）实验室紧急情况处理

能针对各类意外情况采取有效、及时的处理措施，确保实验室及人身安全。

1.皮肤针刺伤或切割伤，立即用肥皂和大量流水冲洗，尽可能挤出损伤处的血液，用70%乙醇或其他消毒剂消毒伤口。

2.实验室一旦发生火灾，应保持沉着冷静，立即熄灭附近所有火源，关闭电源，并移开附近的易燃物质。小火可用湿布盖熄；火较大时应立即报警，并根据具体情况采用灭火器扑灭。

3.工作人员发生烫伤，症状较轻时可以涂以玉树油或鞣酸油膏，重伤涂以烫伤油膏后送医院。

4.浓硫酸溅到时，应立即用不含水的布擦拭干净后，再用大量水洗，再以3%～5%碳酸氢钠溶液洗，最后用水洗；其他酸溅到时，用大量水洗，再以3%～5%碳酸氢钠溶液洗，最后用水洗；碱溶液溅到时，立即用大量水洗，再以2%醋酸溶液洗，最后用水洗。

5.发生吸入气体中毒时，应立即开窗通风，疏导其他人离开现场，将中毒者移至室外，解开衣领。吸入少量氯气或溴者，可用碳酸氢钠溶液漱口；试剂溅入口中尚未咽下者应立即吐出，用大量水冲洗口腔；如已吞下，应根据毒物性质给以解毒剂，并立即送医院。

6.如果发生一般病原微生物溶液泼溅在实验室工作人员皮肤上，立即用75%酒精或碘伏进行消毒，然后用清水冲洗；如果潜在感染性物质溢出，立即用布或纸巾覆盖，由外围向中心倾倒消毒剂，30min后清除污染物品，再用消毒剂擦拭。所有操作戴手套。

7.实验室发生高致病性病原微生物污染时，工作人员应及时向实验室污染预防及应急处置专业小组报告，并立即采取控制措施，防止病原微生物扩散。

8.实验室应备有急救箱（图6-20），内置以下物品：

（1）绷带、纱布、棉花、橡皮膏、创可贴、医用镊子、剪刀等。

（2）凡士林、玉树油或鞣酸油膏、烫伤油膏及消毒剂等。

（3）醋酸溶液（2%）、硼酸溶液（1%）、医用酒精、甘油、碘酊、龙胆紫等。

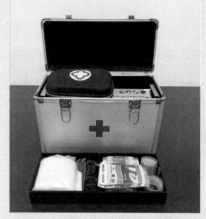

图6-20　实验室急救箱

# 第二节　采样方法

## 一、采样前的准备

1.采样人员要求　采样应由专人负责。采样人员应经过技术培训，熟悉采样方案，具备独立工作的能力。

2.制订采样方案　采样前应确定采样目的，制订采样方案，明确检验项目、采样部位、采样量等。

3.采样物资的准备　准备采样必备的登记单、标签等，根据所抽样品性质的不同，准备适于检验样品要求的器具：剪刀、镊子、采样袋（瓶）、乳胶手套、胶带、记号笔等，如图6-21所示。样品器具应清洁、无异味、无污染、不渗漏。

（1）刀、剪、镊子等用具煮沸消毒30min，使用前用酒精擦拭，用时进行火焰消毒。器皿（玻璃制品、陶制品等）经103 kPa（121℃）高压30min备用。

图6-21　采样器具

（2）使用的针头和注射器一般要求为一次性的。

（3）样品袋要求没有受到污染、密闭性好。

（4）采集一种样品，使用一套器械与容器，不可不同样品混用一套器械与容器。

（5）可重复使用的用具，采过样品后应先消毒再清洗。

4.样品采集的原则　所取样品应具有代表性、典型性、时效性和随机性，样本量满足检测需要为宜，以来源同一养殖场、同一地区、同一时段屠宰的生猪为一检验批次。

（1）样品采集过程中的卫生防护　检验时若发现疑似口蹄疫、猪瘟、非洲猪瘟、高致病性猪蓝耳病和炭疽时，要立即停止生产、限制移动、封锁现场，立即报告官方兽医确诊处置。其中炭疽病猪、疑似炭疽病猪或同群猪及其产品严禁剖检，严禁采血采样。应做好人身防护，严防人兽共患病感染。应防止污染环境和防止疫病传播，做好环境消毒和病害肉尸的处理。同时采样要小心谨慎，以免对生猪产生不必要的刺激或损害，或对采样者构成威胁。

（2）采集过程中应防止样品污染　取样人员在取样过程中操作应规范、科学，严格防止人为污染，尤其用于微生物和理化检验的样品。

（3）样品采集应有时效性　及时对猪肉样品安全卫生提供保障，因此，采样的时间和现场监测结果非常重要。

（4）采集样品的数量要达到要求　应抽取同一批次、同一规格的产品，取样量要满足分析的要求，不得少于分析取样、复验和留样备查的总量。

（5）样品采集应进行详细记录　样品的采样、检验、留样、报告均应按规定的程序进行，各阶段都要有完整的记录。

## 二、理化检验采样方法

理化检验采样按照《肉与肉制品　取样方法》（GB/T 9695.19—2008）的规定进行。

1.鲜肉的取样　根据检验目的的不同确定不同的取样量，农兽药残留、非法添加物检验不得混样。其他检验项目可从3～5片胴体或同规格的分割肉上取若干小块混为一份样品，每份样品为300～500g（图6-22）。

2.冻肉的取样

（1）成堆产品　在堆放空间（图6-23）的四角和中间设采样点，每点从上、中、下三层取若干小块混为一份样品，每份样品为300～500g。

（2）包装冻肉　随机取3～5包混合，每份样品为300～500g（图6-24）。

3.鲜、冻片猪肉（片）和分割鲜、冻猪瘦肉（箱）样本数量见表6-3。

图6-22 分割肉取样

图6-23 成品库

图6-24 包装冻肉取样后混合

表6-3 片猪肉（片）、分割肉（箱）样本数量

| 批量范围（片/箱） | 样本数量（片/箱） |
| --- | --- |
| < 1 200 | 5 |
| 1 201 ~ 35 000 | 8 |
| ≥ 35 001 | 13 |

### 三、微生物学检验采样方法

微生物学检验采样方法，按照《食品安全国家标准 食品微生物学检验 总则》（GB 4789.1—2016）和《食品卫生微生物学检验 肉与肉制品检验》（GB/T 4789.17—2003）的规定进行。

1.屠宰加工过程猪肉样品 生猪屠宰加工过程取样，开膛后用无菌刀和镊子取前肢或臀部两内侧肌肉，各150g；劈半后用无菌刀和镊子取两内侧背最长肌肉，各150g；无菌袋（或瓶）包装。

2.冷却鲜肉、冷冻肉、分割肉样品 冷却肉用无菌刀和镊子取其腿部肌肉或其他部位肌肉不少于250g；冷冻肉待自然解冻后，用无菌刀和镊子取其腿部或其他部位肉不少于250g。分割猪肉分割前取自片猪肉不同部位（图6-25）；分割后1 ~ 4号肉取自肉表面各部位。分割肉沙门菌检验，从每批样本数量中抽取20个检验样品，每个样品不少于150g，样品分别无菌袋包装，立即送检（图6-26）。

以上检验样品，从采样到实验室检验，应控制保存温度，时间不超过3 h；如条件不许可，送检样品应注意冷藏运输至指定实验室检验，不得加入任何防腐剂。检样送至微生物检验室应立即检验，如不能立即检验，放冰箱暂存。

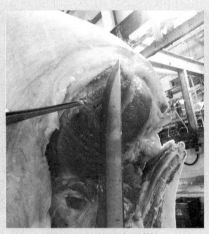

图6-25 片猪肉采样

图6-26 无菌袋内肉样

## 四、"瘦肉精"检测采样方法

生猪屠宰企业一般采集生猪尿液进行瘦肉精检测。

1.抽样方法

（1）选择性抽样法 为了检测瘦肉精猪，在卸猪台将通往待宰圈的通道建成坡度为30°～50°、长度30～50m的斜坡，进场猪全部通过斜坡通道进入待宰圈，可将爬坡困难的猪筛选出来，采集尿样进行瘦肉精检测。

（2）随机抽样法 宰前随机接取生猪尿液进行检测。卸车时猪被轰起下车进圈，容易引起猪排尿，工作人员接取尿液进行检测。

2.采样方法

（1）宰前尿液采样 取尿液：操作人员手持接尿器（手柄长1.2m以上），前端固定接尿瓶，放在猪尿道口下方接尿10mL以上（图6-27），然后倒入样品管中（图6-28）。

图6-27 取尿液

图6-28 尿液倒入样品管中

（2）宰后尿液采样　膀胱中尿液取样：左手握住膀胱颈，右手持刀，在左手上方5 cm处，将膀胱颈割断（图6-29），取下膀胱后并编号，用拇指和食指将膀胱颈捏紧，避免尿液涌出。然后将其递给检验人员（图6-30）。一个人手握膀胱颈，另一人用样品吸管插入膀胱颈内，抽取尿液1mL（图6-31）。抽取尿液后，将与胴体编号一致的膀胱放到盘子里待查（图6-32）。

图6-29　割膀胱

图6-30　将膀胱交给检验人员

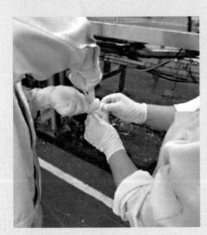

图6-31　检验人员抽取尿液

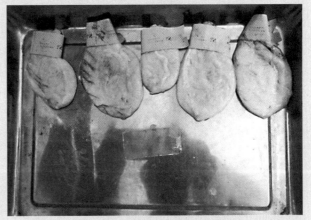

图6-32　膀胱与胴体编同一号码

## 五、非洲猪瘟检测采样方法

生猪定点屠宰企业要对非洲猪瘟病毒进行检测，做好非洲猪瘟排查、检测及疫情报告工作。

1.样品采集的注意事项　样品的采集、保存、运输应符合《兽医诊断样品采集、保存与运输技术规范》（NY/T 541—2016）和《高致病性动物病原微生物菌（毒）种或者样本运输包装规范》的有关要求，生猪屠宰厂（场）应当在驻场官方兽医监督下，按照生猪不同来源实施分批屠宰，每批生猪屠宰后，对暂储血液进行抽样检测；或在屠宰前分批抽血检测非洲猪瘟病毒核酸，确保批批检，全覆盖。每批生猪屠宰后，对同群生猪的血液作混样后，取5mL作为检测样本（图6-33），采样比例不少于2%；严格按照检测试剂盒说明书上的样品处理操作准备样品；采集或处理好的样品在2～8℃条件下保存应不超过24 h。检测样品必须留备份，备份样品−20℃保存6个月以上。

2.样品的分类

（1）抗凝血样品　将同群生猪的血液按照计算好的量，放入加有乙二胺四乙酸（EDTA）抗凝剂的一次性容器内（图6-34），制成混样，用吸管搅匀，取5mL移入离心管，制成检样。

（2）血清学样品　将同群生猪的血液按照计算好的量放入一次性容器内，静置待红细胞自然下沉或离心沉淀后，吸取5mL血清（图6-35），制成检样。

图6-33　取5mL混合血液作为
检测样本

图6-34　将血液放入加有EDTA
的一次性容器内

图6-35　吸取5mL血清

图6-36　用拭子从下水道等处采集样品

（3）环境样品　为监测生猪屠宰企业环境中非洲猪瘟病毒污染情况，可用拭子从遗弃物、通风管、下水道、粪便、屠宰器具等处采集有代表性的样品（图6-36）。为保证准确诊断，建议样品放于4℃以下存放，将样品仔细包装、做好标记和相关记录，尽快送到实验室检测。

## 六、样品的保存

样品采集之后应以最快最直接的途径送入实验室分析（图6-37），否则应该加塞密封，妥善保存。由于猪肉等样品中含有丰富的营养物质，在合适的温度、湿度条件下，微生物迅速生长繁殖，会导致样品的腐败变质；同时，样品中还可能含有易挥发、易氧化及热敏性物质。因此，在样品保存过程中应注意以下几个方面：

1.防止污染　盛装样品的容器和操作人员的手必须清洁，不得带入污染物，样品应密封保存；容器外贴上标签，注明名称、采样日期、编号、分析项目等，如图6-38所示。

图6-37　采样后尽快送往实验室　　　　　图6-38　样品应封口完好

2.防止腐败变质　采取低温冷藏的方法保存，以降低酶的活性及抑制微生物的生长繁殖。对于已经腐败变质的样品，应废弃，重新采样分析。

3.防止样品的水分蒸发　由于水分的蒸发直接影响水分含量检测，同时水分的含量直接影响样品中各物质的浓度和组成比例。可先测其水分，再保存烘干样品，分析结果可通过折算，换算为鲜样品中某物质的含量。采样后应尽快分析，对于不能及时分析的样品要采取适当的方法保存，在保存过程中应避免样品风干、变质，保证样品的外观和化学组成不发生变化。一般检验后的样品还需保留1个月，以备复查；保存时应加封并尽量保持原状。

4.样品的保存

（1）全血样品　一般要求4℃及以下保存，如需长期保存，可将采集好的全血快速转移至冻存管，置－80℃保存，且避免反复冻融。

（2）血清样品　1周以内进行检测的血清样品可置于4℃短期保存（图6-39）。1周后进行检测或检测后需要留样的血清样品转移至冻存管，置－80℃保存，且避免反复冻融。

（3）尿液样品　直接收入灭菌瓶中置于4℃冷藏保存。

（4）组织器官样品　组织器官采集后应尽快冷藏。不能马上进行检验的样品，要－20℃及以下保存。

（5）采样拭子的保存　将拭子放入含磷酸盐缓冲液的灭菌容器中，置于4℃冷藏保存。如需长期保存，则置于－20℃以下。

图6-39　样品应按不同检测目的妥善保存

# 第三节　肉品感官及理化性质检验

肉的变质是一个渐进又复杂的过程，很多因素都影响着对肉新鲜度的正确判断。因此，一般采用感官检验和实验室检验结合的方法。

## 一、感官检验

1.鲜、冻片猪肉的感官检验方法按照《鲜、冻猪肉及猪副产品　第1部分：片猪肉》（GB 9959.1—2019）的有关规定执行。感官检验指标应符合《食品安全国家标准　鲜（冻）畜、禽产品》（GB 2707—2016）有关规定。除气味检查的煮沸试验外，主要是在现场和充足的自然光线下进行。

（1）感官要求及检验方法

1）去皮（带皮）鲜、冻片猪肉外形和色泽

①鲜片猪肉　肌肉色泽鲜红或深红，有光泽；脂肪呈乳白色或粉白色。

②冻片猪肉（解冻后）　肌肉有光泽，色鲜红；脂肪乳白色，无霉点。如图6-40所示。

感官检验过程中，需注意观察肉品是否放血良好，无淤血、无外伤、无粪污及其他污染物污染。片猪肉要求：修整良好、去残毛、冲洗程度达到《鲜、冻猪肉及猪副产品 第1部分：片猪肉》（GB 9959.1—2019）要求。通过感官检查背侧、腹侧、臀部肌肉表面和切面色泽，判定肉品卫生质量是否符合规定要求。

2）弹性（组织状态）

①鲜片猪肉 指压后的凹陷立即恢复。如图6-41所示。

②冻片猪肉 解冻后检查，肉质紧密，有坚实感。

3）黏度

①鲜片猪肉 外表微干或微湿润，触之不黏手。如图6-42所示。

②冻片猪肉 外表湿润，不黏手。

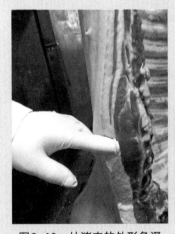  

图6-40 片猪肉的外形色泽　　图6-41 片猪肉的弹性检验　　图6-42 片猪肉的黏度检验

4）气味 鲜片猪肉具有鲜猪肉正常气味；冻片猪肉具有冻猪肉正常气味。

5）煮沸后的肉汤检验 正常：鲜片猪肉煮沸后肉汤透明澄清，脂肪团聚于液面，具有香味；冻片猪肉煮沸后肉汤透明澄清，脂肪团聚于液面，无异味。

试验方法：

①样品处理 在实验室将肉切碎、绞细。如图6-43所示。

②称样、量水 称取绞碎的检样20g，置于200mL烧杯中（图6-44），随即将量取的100mL水加于200mL烧杯中（图6-45、图6-46）。

③加热检查 用表面皿盖上后，加热到50～60℃（图6-47），升温后移开表面皿嗅闻气味。

④继续煮沸检查 升温煮沸20～30min，分辨肉汤的气味、滋味和透明度。同时也要检查脂肪的气味和滋味（图6-48）。

图6-43 将肉切碎

图6-44 称 样

图6-45 量 水

图6-46 加 水

图6-47 肉汤加热

图6-48 煮沸后肉汤

2.分割猪肉感官检验方法按照《分割鲜冻猪瘦肉》（GB/T 9959.2—2008）、《鲜、冻猪肉及猪副产品　第3部分：分部位分割猪肉》（GB/T 9959.3—2019）进行。感官检验指标应符合《食品安全国家标准　鲜（冻）畜、禽产品》（GB 2707—2016）有关规定。

感官检验：

（1）色泽 肌肉色泽鲜红，有光泽；脂肪乳白色（图6-49）。

（2）组织状态 触之肉质紧密，有坚实感（图6-50）。

（3）气味 具有鲜猪肉固有的气味，无异味（图6-51）。

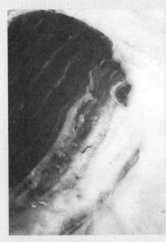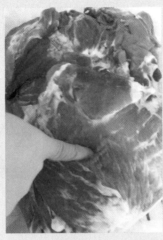

图6-49 视检，眼观肌肉和脂 　图6-50 触检，用手触摸肉的 　图6-51 嗅检，检查肉的气味
肪色泽 　　　　　　　　　　　质地

3.猪副产品感官检验方法按照《鲜、冻猪肉及猪副产品 第4部分：猪副产品》（GB/T 9959.4—2019）进行。感官检验指标应符合《食品安全国家标准 鲜（冻）畜、禽产品》（GB 2707—2016）有关规定。猪可食用副产品是指生猪屠宰加工后，所得内脏、脂、血液、骨、皮、头、蹄、尾等可食用的产品。

（1）色泽 颜色鲜艳而有光泽。如果发现色泽异常，则应重点检验其气味（图6-52）。

（2）气味 具有猪副产品应有的气味，无异味（图6-53）。

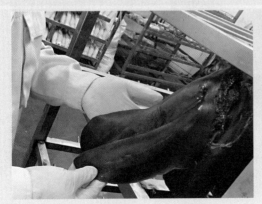

图6-52 视检肝脏，眼观肝脏色泽 　　　　图6-53 嗅检，检查肝脏的气味

（3）组织状态　具有猪副产品应有的状态，无正常视力可见外来异物，无毛、血、粪污及其他杂质污染（图6-54）。

图6-54　视检猪副产品，检查有无杂质污染

## 二、温度测定

1.冷却肉的温度测定　使用电子数显温度计，直接插入4～5cm肌肉深层，在1～2min内读取数据（图6-55）。

2.冷冻肉的温度测定

（1）冷冻分割肉的温度测定　测温前用电钻在肉块较厚的中间部位钻孔（图6-56），用温度显示仪测量温度（图6-57）。

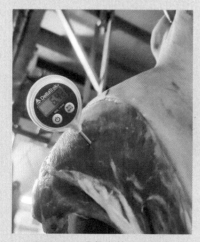

图6-55　冷却肉的温度测定　　　图6-56　冻肉测温前钻孔　　　图6-57　冷冻分割肉测温

（2）冻片猪肉的温度测定　用直径稍大于温度计直径的（不超过0.1cm）钻头，从后腿部位钻到肌肉深层中央部位（4～6 cm），钻孔结束后快速把温度计放入肌肉孔中，利用温度显示仪约3min后读取数据，如图6-58所示。注意：试验用钻头和温度计使用前后要消毒。

图6-58　冻片猪肉测温

## 三、水分含量测定

测定方法按照GB 18394—2020《禽畜肉水分限量》进行，包括直接干燥法和红外线干燥法。猪肉水分含量应≤76.0（g/100g）。

### 1.样品处理

（1）非冷冻样品　样品检测前剔除其中的脂肪、筋腱，取其肌肉部分进行均质。均质后的样品应尽快进行检测。均质后如果未能及时检测，应密封冷藏储存，密封冷藏储存时间不应超过24 h。储存的样品在检测时应重新混匀。

（2）冷冻样品　在15～25℃下解冻，称量并记录解冻前后的样品质量$m_3$和$m_4$（精确至0.01 g），解冻后的样品按非冷冻样品处理。

### 2.分析步骤

（1）直接干燥法　利用猪肉中水分的物理性质，在101.3kPa（一个大气压），温度（103±2）℃下采用挥发方法测定样品干燥减失的重量，包括吸湿水、部分结晶水和该条件下能挥发的物质，再通过干燥前后的称量数值计算出水分的含量。测定程序如图6-59所示。

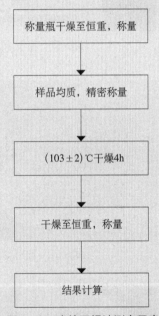

图6-59　直接干燥法测定程序

①取洁净扁形称量器皿，称量器皿中放入细玻璃棒和10g左右砂，将其放入（103±2）℃的恒温干燥箱中，干燥至恒重，并记录恒重后的质量为$m_0$（图6-60）。

②称取约5g处理后的猪肉样品置于称量器皿中，精密称量（精确至0.000 1g），准确记录内容物及称量器皿的总质量为$m_1$，并用细玻璃棒将砂与样品混合均匀（图6-61、图6-62）。

③混合后，将称量器皿及内容物移至（103±2）℃的恒温干燥箱中，干燥4h后将

其取出并在干燥器中冷却0.5h后称重（图6-63、图6-64）。

④将其再次放入恒温干燥箱中，烘干1h后取出，在干燥器中冷却0.5h后再次称重。重复以上步骤直至前后连续两次质量差小于2mg，即为恒重，记录最终称量器皿和内容物的总质量为$m_2$，如图6-65所示。

图6-60　称量器皿

图6-61　加入猪肉后称量

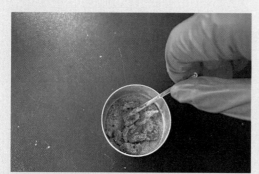

图6-62　混合均匀

图6-63　干燥箱内干燥

图6-64　干燥器内冷却

图6-65　重复干燥至恒重

⑤根据下列公式计算待测肉样水分含量

A.非冷冻样品的水分含量，按如下公式进行计算：

$$X = \frac{m_1 - m_2}{m_1 - m_0} \times 100$$

式中：$X$——非冷冻样品水分含量，g/100g；

$m_0$——干燥后称量器皿、细玻璃棒和砂的总质量，g；

$m_1$——干燥前肉、称量器皿、细玻璃棒和砂的总质量，g；

$m_2$——干燥后肉、称量器皿、细玻璃棒和砂的总质量，g；

100——单位换算系数。

B.冷冻样品或者有水分析出的样品水分含量，按如下公式进行计算：

$$W = \frac{(m_3 - m_4) + m_4 \times X}{m_3} \times 100$$

式中：$W$——冷冻样品水分含量，g/100g；

$X$——解冻后样品水分含量，g/100g；

$m_3$——解冻前样品的质量，g；

$m_4$——解冻后样品的质量，g；

100——单位换算系数。

计算结果用两次平行测定的算术平均值表示，保留三位有效数字。在重复性条件下获得的两次独立测定结果的绝对差值不超过1%。

（2）红外线干燥法　红外线快速水分分析仪的水分测定范围为0～100%，读数精度为0.01%，称量范围为0～30g，称量精度为1mg。红外线快速水分分析仪是利用红外线加热将水分从样品中去除，再用干燥前后的质量差计算出水分含量。测定程序如图6-66所示。

①接通分析仪电源并打开开关，设定干燥加热温度为105℃，加热时间为自动，结果表示方式为0～100%。

②打开样品室罩，取一样品盘置于红外线水分分析仪的天平架上，并归零。将约5 g样品均匀铺于样品盘上，如图6-67所示。

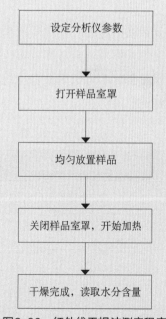

图6-66　红外线干燥法测定程序

③盖上样品室罩，开始加热，待完成干燥后，读取在数字显示屏上的水分含量。在配有打印机的状况下，可自动打印出水分含量，如图6-68所示。

图6-67　均匀放置样品

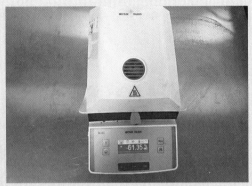

图6-68　干燥完成，读取数据

### 四、挥发性盐基氮的测定

挥发性盐基氮是指在酶和细菌的作用下，动物性食品中的蛋白质被分解产生的氨以及胺类等碱性含氮物质。挥发性盐基氮具有挥发性，可在碱性溶液中蒸出，利用硼酸溶液吸收后，用标准酸溶液滴定后可计算其含量。挥发性盐基氮是衡量肉品新鲜度的重要指标之一。

按照《食品安全国家标准　食品中挥发性盐基氮的测定》（GB 5009.228—2016）方法测定。鲜、冻片猪肉和分割鲜、冻猪瘦肉挥发性盐基氮指标，应符合《食品安全国家标准　鲜（冻）畜、禽产品》（GB 2707—2016）的规定（表6-4）。测定挥发性盐基氮的方法包括自动凯氏定氮仪法、半微量扩散法等，以自动凯氏定氮仪法为例进行说明。

表6-4　鲜、冻片猪肉，分割鲜、冻猪瘦肉挥发性盐基氮指标

| 测定项目 | 鲜、冻片猪肉，分割鲜、冻猪瘦肉 |
| --- | --- |
| 挥发性盐基氮（mg/100g） | ≤ 15 |

1.测定程序　自动凯氏定氮仪法的测定程序如图6-69所示。

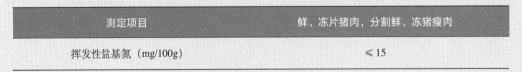

图6-69　自动凯氏定氮仪法测定挥发性盐基氮的程序

2.操作方法　挥发性盐基氮的测定操作方法见图6-70至图6-78。

图6-70　样品除去脂肪、骨及筋腱，绞碎搅匀，称取瘦肉部分10.000g，样品质量记为$m$

图6-71　样品装入蒸馏管中，加水75mL，振摇，浸渍30min

图6-72　清洗、试运行，进行试剂空白测定，记录空白值$V_2$

图6-73　加30mL硼酸吸收液

图6-74　加10滴甲基红-溴甲酚绿指示剂

图6-75　试样蒸馏管中加入1g氧化镁

图6-76　试样蒸馏管立刻连接到蒸馏器上，按照仪器操作说明开始测定

图6-77 取下蒸馏器上的锥形瓶，用0.1000 mol/L （浓度记为$c$）盐酸或硫酸标准溶液滴定

图6-78 滴定至终点，溶液为红色，记录下体积$V_1$

3.分析结果

$$X = \frac{(V_1 - V_2) \times c \times 14}{m} \times 100$$

式中：$X$——样品中挥发性盐基氮的含量，mg/100g；

$V_1$——测定样液消耗盐酸或硫酸标准溶液体积，mL；

$V_2$——试剂空白消耗盐酸或硫酸标准溶液体积，mL；

$c$ ——盐酸或硫酸标准溶液的实际浓度；

14 ——与1.00mL盐酸标准滴定液 [C(HCl)=1.000mol/L] 或硫酸标准滴定液 [$c$ (1/2H$_2$SO$_4$= 1.000mol/L] 相当的氮的质量，mg；

$m$ ——样品质量，g；

100 ——计算结果换算为mg/100g。

试验结果以重复性条件下获得的两次独立测定结果的算数平均值表示，结果保留三位有效数字。

# 第四节　微生物学检验

菌落总数和大肠菌群的测定分别按照《食品安全国家标准　食品微生物学检验　菌落总数测定》（GB 4789.2—2022）和《食品安全国家标准　食品微生物学检验　大肠菌群计数》（GB 4789.3—2016）规定的方法进行。猪肉的微生物指标参考《分割鲜冻猪瘦肉》（GB/T 9959.2—2008）的规定执行（表6-5）。

表6-5 分割鲜、冻猪瘦肉微生物指标

| 项目 | | 指标 |
|------|---|------|
| 菌落总数（CFU/g） | ≤ | $1 \times 10^6$ |
| 大肠菌群（MPN/100g） | ≤ | $1 \times 10^4$ |
| 沙门菌 | | 不得检出 |

## 一、菌落总数的测定

菌落总数（aerobic plate count）是指食品样品经过处理后，在特定的条件下（如培养基、培养温度和培养时间等）培养之后，所得1g（mL）样品中所产生的微生物菌落总数。

### （一）菌落总数的测定方法

菌落总数的测定按照《食品安全国家标准 食品微生物学检验 菌落总数测定》（GB 4789.2—2022）方法进行。

菌落总数的测定程序如图6-79所示。

图6-79 菌落总数的测定程序

1.试验前的准备

（1）无菌室 无菌室内超净工作台、生物安全柜等设备仪器、操作器具，事先经紫外线灯杀菌消毒（图6-80）。

（2）微生物检验稀释液、培养基的制备以及实验耗材的准备 制备的微生物检验稀释液、培养基，除规定不需要高温灭菌的外，均应按规定加热溶解后高压灭菌，

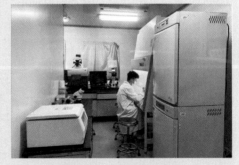

图6-80 无菌室内操作

如121℃ 15min。试验结束后培养物也必须高压灭菌（图6-81）。

2.样品处理 称取25g样品于盛有225mL稀释液（无菌磷酸盐缓冲液或无菌生理盐水）的无菌均质袋中，用拍击式均质器拍打1～2min，制成1∶10的样品匀液（图6-82）。

图6-81　实验用品高压灭菌

图6-82　制备样品匀液

3.样品10倍系列稀释　见图6-83、图6-84。

图6-83　依次吸取1∶10的样品匀液1mL，注入9mL稀释液的无菌试管中

图6-84　样品进行10倍系列稀释

4.接种　见图6-85、图6-86。

图6-85　选择2~3个适宜稀释度的样品匀液，吸取1mL样品匀液于无菌平皿内

图6-86　将15~20mL冷却至46℃的平板计数琼脂培养基（PCA）倾注平皿，转动平皿，混合均匀

5.培养　每个稀释度做两个平皿，同时，分别吸取1mL空白稀释液加入两个无菌平皿，做空白对照。若样品中可能含有在琼脂培养基表面弥漫生长的菌落，可在凝固后的琼脂表面覆盖一薄层琼脂培养基（约4mL），凝固后翻转平板培养（图6-87）。

6.菌落计数　菌落计数可用肉眼观察，必要时用放大镜或菌落计数器（图6-88），记录稀释倍数和相应的菌落数量。菌落计数以菌落形成单位（CFU）表示，计数方法及异常处理见图6-89至图6-92。

图6-87　待琼脂凝固后，将平板翻转，36±1℃培养48±2 h

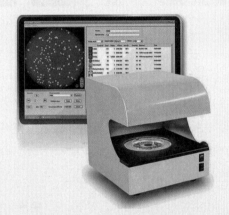

图6-88　菌落计数器

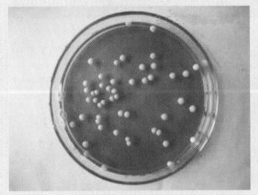

图6-89　菌落数以在30～300 CFU范围内为宜，菌落无蔓延。低于30 CFU记录具体菌落数，大于300 CFU记为多不可计。每个稀释度采用两个平板总和的平均数

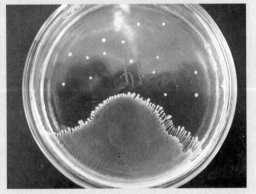

图6-90　片状菌落不到平板的一半，另一半菌落分布很均匀，可计算半个平板后乘以2，代表一个平板菌落数

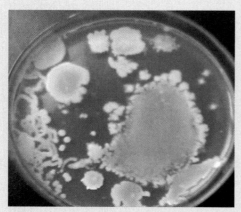

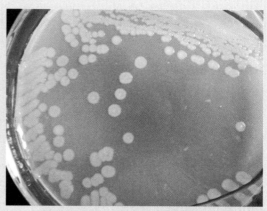

图6-91 一个平板有较大片状菌落生长时，不宜采用

图6-92 菌落间出现无明显界线的链状生长时，每条单链作为一个菌落计数

### 7.计算菌落总数及报告

（1）只有一个稀释度平板上的菌落数在适宜计数范围内时的报告 如果只有一稀释度平板上的菌落数在合适计数范围之内，那么通过计数两个平板菌落数的平均值，再把得到的结果乘上相应稀释倍数，以此来表示1g(mL)样品中的菌落总数。菌落计数与报告方式见表6-6。

表6-6 菌落计数与报告方式

| 例次 | 稀释液及菌落数 | | | 菌落总数<br>（CFU/g或mL） | 报告方式<br>（CFU/g或mL） |
| | $10^{-1}$ | $10^{-2}$ | $10^{-3}$ | | |
| --- | --- | --- | --- | --- | --- |
| 1 | 多不可计 | 164 | 20 | 16 400 | 160 00或$1.6 \times 10^4$ |

（2）有两个连续稀释度的平板菌落数在适宜计数范围内时的报告 如果两个连续稀释度的平板菌落数都在适宜计数范围内，则可以通过下式计算：

$$N = \sum C / (n_1 + 0.1n_2) \ d$$

式中：$\sum C$——平板（含适宜范围菌落数的平板）菌落数之和；

$n_1$——第一稀释度（低稀释倍数）平板菌落数；

$n_2$——第二稀释度（高稀释倍数）平板菌落数；

$d$——稀释因子（第一稀释度）。

（3）所有稀释度的平板上菌落数均大于300 CFU时的报告 若所有稀释度的平板上菌落数均大于300 CFU，则对稀释度最高的平板进行计数，其他平板记录为多不可计，结果按平均菌落数乘以最高稀释倍数计算（表6-7）。

表6-7 菌落计数与报告方式

| 例次 | 稀释液及菌落数 | | | 菌落总数<br>（CFU/g或mL） | 报告方式<br>（CFU/g或mL） |
|---|---|---|---|---|---|
| | $10^{-1}$ | $10^{-2}$ | $10^{-3}$ | | |
| 2 | 多不可计 | 多不可计 | 313 | 313 000 | 310 000或$3.1 \times 10^5$ |

（4）所有稀释度的平板上菌落数均小于30CFU时的报告 若所有稀释度的平板菌落数均小于30CFU，则应按稀释度最低的平均菌落数乘以稀释倍数计算（表6-8）。

表6-8 菌落计数与报告方式

| 例次 | 稀释液及菌落数 | | | 菌落总数<br>（CFU/g或mL） | 报告方式<br>（CFU/g或mL） |
|---|---|---|---|---|---|
| | $10^{-1}$ | $10^{-2}$ | $10^{-3}$ | | |
| 3 | 27 | 11 | 5 | 270 | 270或$2.7 \times 10^2$ |

（5）所有稀释度的平板上均无菌落生长时的报告 若所有稀释度平板均无菌落生长，则以小于1乘以最低稀释倍数计算（表6-9）。

表6-9 菌落计数与报告方式

| 例次 | 稀释液及菌落数 | | | 菌落总数<br>（CFU/g或mL） | 报告方式<br>（CFU/g或mL） |
|---|---|---|---|---|---|
| | $10^{-1}$ | $10^{-2}$ | $10^{-3}$ | | |
| 4 | 0 | 0 | 0 | $1 \times 10$ | < 10 |

（6）所有稀释度的平板上菌落数均不在30～300 CFU时的报告 如果全部稀释度的平板菌落数都不在30～300 CFU范围内，但是其中某部分低于30 CFU或超过300 CFU时，那么以最接近30 CFU或300 CFU的平均菌落数乘以稀释倍数来计算（表6-10）。

表6-10 菌落计数与报告方式

| 例次 | 稀释液及菌落数 | | | 菌落总数<br>（CFU/g或mL） | 报告方式<br>（CFU/g或mL） |
|---|---|---|---|---|---|
| | $10^{-1}$ | $10^{-2}$ | $10^{-3}$ | | |
| 5 | 多不可计 | 305 | 12 | 30 500 | 31 000或$3.1 \times 10^4$ |

## 二、大肠菌群测定

大肠菌群测定根据《食品安全国家标准 食品微生物学检验 大肠菌群计数》（GB 4789.3—2016）方法检测。大肠菌群测定程序如图6-93所示。

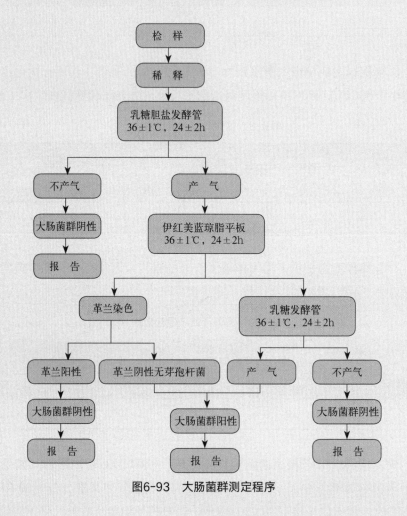

图6-93 大肠菌群测定程序

1.取样与样品处理 大肠菌群测定时取样数量及样品稀释操作均与菌落总数测定时一致。

2.乳糖发酵试验 将样品接种于乳糖胆盐发酵管内，接种量在1mL以上者，用双料乳糖胆盐发酵管，1mL及1mL以下者，用单料乳糖胆盐发酵管（图6-94），每一稀释度接种3管，于36±1℃恒温培养24±2h，如所有乳糖胆盐发酵管都不产气，报告为大肠菌群阴性（图6-95）。如有产气者，按下述程序进行。

图6-94 接种乳糖胆盐发酵管

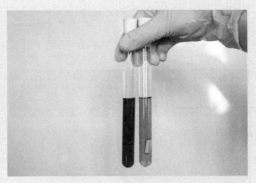

图6-95 乳糖胆盐发酵管结果

3.分离培养 将产气的发酵管分别转种在伊红美蓝琼脂平板上（图6-96），于36±1℃恒温培养18～24h，取出观察菌落形态，并进行革兰染色和证实试验。

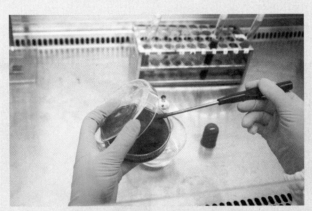

图6-96 接种伊红美蓝琼脂平板

4.革兰染色

（1）将菌液涂片在火焰上方固定（图6-97），滴加结晶紫染液（图6-98），染1min后水洗。

图6-97 涂片通过火焰固定

图6-98 滴加结晶紫染液

（2）滴加碘液（图6-99），染1min后水洗。

（3）滴加95%乙醇脱色，约30 s后水洗（图6-100）。

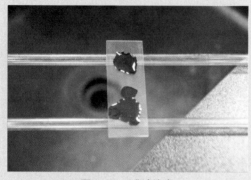

图6-99　碘液染色

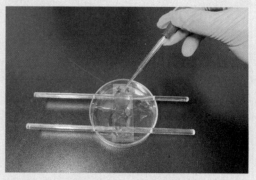

图6-100　乙醇脱色

（4）滴加石炭酸复红复染液作用1min（图6-101），水洗，待干，镜检（图6-102）。

图6-101　复染液染色

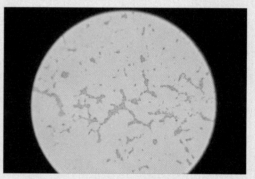

图6-102　革兰阴性菌，染色结果为红色

5.证实试验　在上述平板上，挑取可疑大肠菌群菌落1～2个接种乳糖发酵管，置36±1℃培养箱内培养24±2 h，观察产气情况（图6-103）。

6.结果报告　见乳糖管产气、革兰染色为阴性的无芽孢杆菌，即可报告为大肠菌群阳性。

根据证实为大肠菌群阳性的管数，查大肠菌群最可能数（MPN）检索表（表6-11），报告每100g大肠菌群的MPN值。

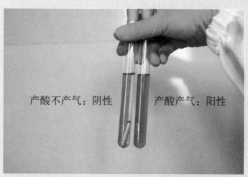

产酸不产气：阴性　　　产酸产气：阳性

图6-103　乳糖发酵结果

表6-11　大肠菌群最可能数（MPN）检索表

| 阳性管数 | | | MPN 100g（mL） | 95%可信限 | |
| 1g（mL）×3 | 0.1g（mL）×3 | 0.01g（mL）×3 | | 下限 | 上限 |
|---|---|---|---|---|---|
| 0 | 0 | 0 | ＜30 | | |
| 0 | 0 | 1 | 30 | ＜5 | 90 |
| 0 | 0 | 2 | 60 | | |
| 0 | 0 | 3 | 90 | | |
| 0 | 1 | 0 | 30 | | |
| 0 | 1 | 1 | 60 | ＜5 | 130 |
| 0 | 1 | 2 | 90 | | |
| 0 | 1 | 3 | 120 | | |
| 0 | 2 | 0 | 60 | | |
| 0 | 2 | 1 | 90 | | |
| 0 | 2 | 2 | 120 | | |
| 0 | 2 | 3 | 160 | | |
| 0 | 3 | 0 | 90 | | |
| 0 | 3 | 1 | 130 | | |
| 0 | 3 | 2 | 160 | | |
| 0 | 3 | 3 | 190 | | |
| 1 | 0 | 0 | 40 | ＜5 | 200 |
| 1 | 0 | 1 | 70 | 10 | 210 |
| 1 | 0 | 2 | 150 | | |
| 1 | 0 | 3 | 150 | | |
| 1 | 1 | 0 | 70 | 10 | 230 |
| 1 | 1 | 1 | 110 | 30 | 360 |
| 1 | 1 | 2 | 150 | | |
| 1 | 1 | 3 | 240 | | |
| 1 | 2 | 0 | 110 | 30 | 360 |
| 1 | 2 | 1 | 150 | | |
| 1 | 2 | 2 | 200 | | |
| 1 | 2 | 3 | 240 | | |

（续）

| 阳性管数 | | | MPN | 95%可信限 | |
| --- | --- | --- | --- | --- | --- |
| 1g（mL）×3 | 0.1g（mL）×3 | 0.01g（mL）×3 | 100g（mL） | 下限 | 上限 |
| 1 | 3 | 0 | 160 | | |
| 1 | 3 | 1 | 200 | | |
| 1 | 3 | 2 | 240 | | |
| 1 | 3 | 3 | 290 | | |
| 2 | 0 | 0 | 90 | 10 | 360 |
| 2 | 0 | 1 | 140 | 30 | 370 |
| 2 | 0 | 2 | 200 | | |
| 2 | 0 | 3 | 260 | | |
| 2 | 1 | 0 | 150 | 30 | 440 |
| 2 | 1 | 1 | 200 | 70 | 890 |
| 2 | 1 | 2 | 270 | | |
| 2 | 1 | 3 | 340 | | |
| 2 | 2 | 0 | 210 | 40 | 470 |
| 2 | 2 | 1 | 280 | 100 | 1 500 |
| 2 | 2 | 2 | 350 | | |
| 2 | 2 | 3 | 420 | | |
| 2 | 3 | 0 | 290 | | |
| 2 | 3 | 1 | 360 | | |
| 2 | 3 | 2 | 440 | | |
| 2 | 3 | 3 | 530 | | |
| 3 | 0 | 0 | 230 | 40 | 1 200 |
| 3 | 0 | 1 | 390 | 70 | 1 300 |
| 3 | 0 | 2 | 640 | 150 | 3 800 |
| 3 | 0 | 3 | 950 | | |
| 3 | 1 | 0 | 430 | 70 | 2 100 |
| 3 | 1 | 1 | 750 | 140 | 2 300 |
| 3 | 1 | 2 | 1 200 | 300 | 3 800 |
| 3 | 1 | 3 | 1 600 | | |
| 3 | 2 | 0 | 930 | 150 | 3 800 |

（续）

| 阳性管数 | | | MPN | 95%可信限 | |
| --- | --- | --- | --- | --- | --- |
| 1g（mL）×3 | 0.1g（mL）×3 | 0.01g（mL）×3 | 100g（mL） | 下限 | 上限 |
| 3 | 2 | 1 | 1 500 | 300 | 4 400 |
| 3 | 2 | 2 | 2 100 | 350 | 4 700 |
| 3 | 2 | 3 | 2 900 | | |
| 3 | 3 | 0 | 2 400 | 360 | 13 000 |
| 3 | 3 | 1 | 4 600 | 710 | 13 000 |
| 3 | 3 | 2 | 11 000 | 1 500 | 48 000 |
| 3 | 3 | 3 | ≥ 24 000 | | |

注：本表采用3个稀释度[1g（mL）、0.1g（mL）和0.01g（mL）]，每个稀释度接种3管。表内所列检样量如改用10g（mL）、1g（mL）和0.1g（mL）时，表内数字应相应降低10倍；如改用0.1g（mL）、0.01g（mL）、0.001g（mL）时，则表内数字应相应增高10倍，其余类推。

## 三、沙门菌检验

沙门菌检验方法，按照《食品安全国家标准 食品微生物学检验 沙门氏菌检验》（GB 4789.4—2016）进行。沙门菌检验程序如图6-104所示。

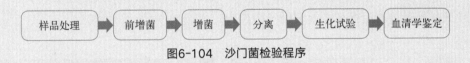

图6-104 沙门菌检验程序

1. **样品处理** 同菌落总数测定。

2. **前增菌** 无菌称取25g样品放置于装有225mL BPW（缓冲蛋白胨水）的无菌均质袋中，用拍击式均质器均质1 ~ 2min。如需调整pH，使用1mol/mL灭菌后的氢氧化钠或盐酸溶液调节pH为6.8±0.2。

将样品移入500mL锥形瓶中（操作过程中应注意在无菌环境下进行），放于36±1℃培养8 ~ 18h。如使用均质袋，可直接进行培养。若是冷冻产品，则需在45℃不超过15min，或者2 ~ 5℃不超过18 h的条件下进行解冻。

3. **增菌** 缓缓晃动经过培养后的混合物，取1mL接种于10mL的TTB（四硫磺酸钠煌绿）增菌液内，放置于42±1℃的恒温培养箱内培养18 ~ 24h（图6-105）。然后，再取1mL接种至10mL SC（亚硒酸盐胱氨酸）增菌液内（图6-106），放置于36±1℃的恒温培养箱内培养18 ~ 24 h。

图6-105　移取1mL样品混合物转种于TTB增菌液内

图6-106　取1mL样品混合物转种于SC增菌液内

4.分离　用接种环蘸取增菌液一环，划线接种于亚硫酸铋（BS）琼脂平板和木糖赖氨酸脱氧胆盐（XLD）琼脂平板，或HE琼脂平板、沙门菌显色（DHL）琼脂平板。木糖赖氨酸脱氧胆盐（XLD）琼脂平板、HE琼脂平板及胆盐硫乳（DHL）琼脂平板（图6-107）、沙门菌显色琼脂平板（图6-108A），放置于36±1℃的恒温培养箱内培养18～24h。BS琼脂平板，培养40～48h。用肉眼或放大镜仔细观察不同平板上生长的菌落的典型特征并做记录（图6-108、图6-109B及图6-110）。

图6-107　接种前（HE、DHL）琼脂平板

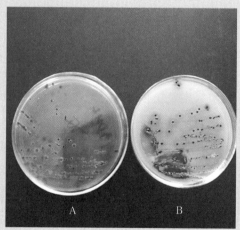

图6-108　沙门菌在DHL和HE琼脂平板上的菌落特征

A.DHL琼脂平板；B.HE琼脂平板

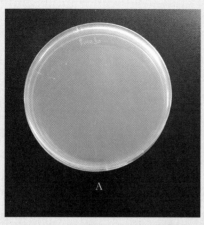
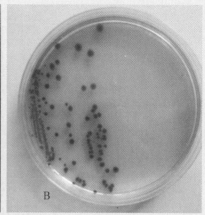

**图6-109　沙门菌在显色培养基上的菌落特征**
A.接种前培养基；B.接种培养后

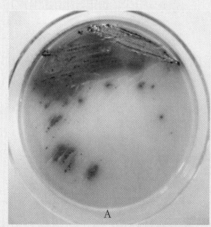
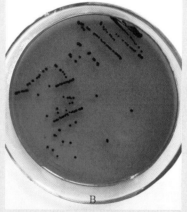

**图6-110　沙门菌在BS和XLD琼脂平板上的菌落特征**
A.BS琼脂平板；B.XLD琼脂平板

沙门菌在不同选择性琼脂平板上的菌落特征见表6-12。

**表6-12　沙门菌在不同选择性琼脂平板上的菌落特征**

| 选择性琼脂平板 | 沙门菌 |
| --- | --- |
| BS琼脂平板 | 菌落为黑色并且带有金属光泽，菌落四周的培养基为黑色或灰色；部分菌株会形成灰绿色的菌落，而周围培养基颜色不改变 |
| HE琼脂平板 | 菌落为蓝绿色或蓝色，大部分的菌落中心出现黑色或整个菌落几乎为黑色；部分菌株呈现黄色，菌落中心为黑色或整个菌落几乎为黑色 |
| XLD琼脂平板 | 菌落为粉红色，带或不带黑色中心，部分菌株则呈现大的带金属光泽的黑色中心，或菌落全为黑色；部分为黄色菌落，带或不带黑色中心 |
| 沙门菌显色琼脂平板 | 沙门菌（除伤寒沙门菌外）呈现亮红色或紫红色 |

5.生化试验

（1）接种三糖铁琼脂培养基和赖氨酸脱羧酶试验培养基　用接种针，从选择性琼脂培养基上分别选取2个及以上典型或可疑的菌落，接种于三糖铁琼脂斜面培养基（图6-111），首先用接种针在斜面上进行划线，然后再进行穿刺；接种针不需要进行灭菌，直接继续接种赖氨酸脱羧酶试验培养基和营养琼脂培养基，放置于36±1℃的恒温培养箱内培养18～24h，若现象不明显或无现象可以继续培养至48h。

图6-111　三糖铁琼脂斜面培养基

①三糖铁琼脂试验结果　沙门菌在三糖铁琼脂上，斜面产碱（深玫瑰红色），底层产酸"A"呈黄色，产气"＋/（－）"，产生硫化氢"＋"为黑色（图6-112）。

②赖氨酸脱羧酶试验结果　沙门菌在赖氨酸脱羧酶试验培养基上，通常呈阳性，不变色（图6-113）。

沙门菌属在三糖铁琼脂和赖氨酸脱羧酶培养基的反应结果，见表6-13。

图6-112　沙门菌在三糖铁琼脂上反应结果

A1、A2.斜面产酸"A"，底层产气，未产生硫化氢"－"；B.斜面产碱（深玫瑰红色），底层产酸"A"呈黄色，产气"＋/（－）"，产生硫化氢"＋"为黑色；C.斜面和底层产碱"K"，产生少量硫化氢"＋"

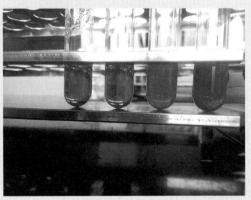

图6-113　沙门菌在赖氨酸脱羧酶试验培养基上反应结果

表6-13　沙门菌在三糖铁琼脂和赖氨酸脱羧酶试验培养基上的反应结果

| 三糖铁琼脂 | | | | 赖氨酸脱羧酶试验培养基 | 初步判断 |
|---|---|---|---|---|---|
| 斜面 | 底层 | 产气 | 硫化氢 | | |
| K | A | +／（−） | +／（−） | + | 可疑沙门菌 |
| K | A | +／（−） | +／（−） | − | 可疑沙门菌 |
| A | A | +／（−） | +／（−） | + | 可疑沙门菌 |
| A | A | +／− | +／− | − | 非沙门菌 |
| K | K | +／− | +／− | +／− | 非沙门菌 |

注：K：产碱（红色）；A：产酸（黄色）；+：阳性；−：阴性；+（−）：多数阳性、少数阴性；+／−：阳性或阴性。

（2）其他生化试验　在接种上述生化试验培养基的同时，接种蛋白胨水（靛基质试验）、尿素琼脂（pH7.2）、氰化钾培养基，放置在$36 \pm 1$℃的恒温培养箱内培养18 ~ 24 h，若现象不明显或无现象可以继续培养至48 h，根据表6-14对结果做出判断。将已挑取菌落的培养基平板放置于2 ~ 5℃的环境下最少保留24 h，以便后续试验进行复查。

（3）沙门菌生化反应初步鉴别　沙门菌生化反应初步鉴别结果见表6-14。出现反应序号A1所示典型反应，判定为沙门菌。其他生化试验按照《食品安全国家标准　食品微生物学检验　沙门氏菌检验》（GB 4789.4—2016）规定方法进行。

表6-14　沙门菌生化反应初步鉴别结果

| 反应序号 | 硫化氢（$H_2S$） | 靛基质（加入欧波试剂）试验培养基 | 尿素琼脂（pH7.2） | 氰化钾（KCN）培养基 | 赖氨酸脱羧酶试验培养基 |
|---|---|---|---|---|---|
| A1 | +（黑色） | −（不变色） | −（不变色） | −（不生长） | +（紫色） |
| A2 | +（黑色） | +（液面接触处呈玫瑰红色） | −（不变色） | −（不生长） | +（紫色） |
| A3 | −（不变色） | −（不变色） | −（不变色） | −（不生长） | +／−（红色或黄色） |

注：+：阳性；−：阴性；+／−：阳性或阴性。

6. 血清学鉴定

（1）沙门菌O抗原的鉴定　用A ~ F多价O抗原血清（图6-114）进行玻片凝集试验，并且利用生理盐水作为对照（图6-115和图6-116）。

（2）试验结果  在玻片上分离出2个大小约为1 cm×2 cm的区域，蘸取一环待测菌，在该玻片的2个区域上方分别放1/2环，同时在其中一个区域向下方加一滴多价菌体（O抗原）抗血清，而另一区域下方滴加一滴生理盐水作为对照。然后利用无菌接种环分别将两个区域内的菌落轻微搅动成乳状液。完成后立即将玻片倾斜晃动混合1min，且在黑暗的背景下进行观察。血清凝集者出现颗粒，生理盐水对照呈现均匀的混浊（图6-117）。

图6-114  沙门菌A～F多价O抗原血清

图6-115  玻片凝集试验，加入血清

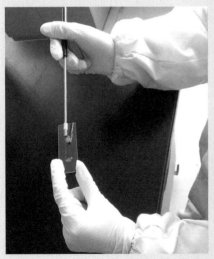

图6-116  玻片凝集试验，加入生理盐水

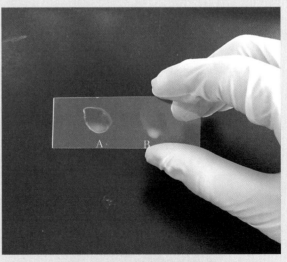

图6-117  血清凝集试验结果

A.凝集者出现颗粒；B.不凝集者呈均匀浑浊

# 第五节 兽药残留及非法添加物检测

生猪屠宰企业对兽药残留及非法添加物的检测一般采取快速检测方法，如先采用快速检测卡法或酶联免疫吸附试验（ELISA）进行初筛，然后采用液相色谱串联质谱定性定量分析，确定兽药及非法添加物的种类及含量。兽医卫生检验人员需熟练掌握兽药残留及非法添加物的快速检测方法。

## 一、"瘦肉精"检测（快速检测卡法）

"瘦肉精"的快速检测通常采用检测试纸卡（条），对宰前和宰后猪尿液进行快速检测，一般采用克仑特罗、莱克多巴胺、沙丁胺醇三联卡。"瘦肉精"快速检测卡检测程序如图6-118所示。

图6-118 "瘦肉精"快速检测卡检测程序

1.采样 详见本章第二节"瘦肉精"检测采样方法。

2.检测方法

（1）检测 从检测样品中吸取尿液1mL（图6-119），垂直滴加2～3滴于快速检测试纸卡加样孔内（图6-120），液体流动时开始计时，反应5min后进行检测，结果判定。

图6-119 吸取尿液

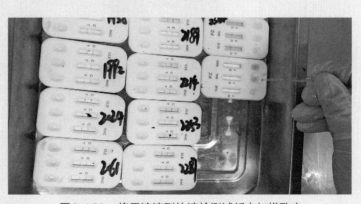

图6-120 将尿液滴到快速检测试纸卡加样孔内

(2) 结果判定　对照示意图判定结果。

①阴性"－"结果　C线显红色，T线肉眼可见，无论颜色深浅均判为阴性（图6-121）。

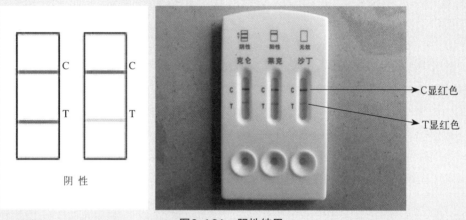

图6-121　阴性结果

②阳性"＋"结果　C线显红色，T线不显色，或者T线隐隐约约，判为阳性（图6-122）。

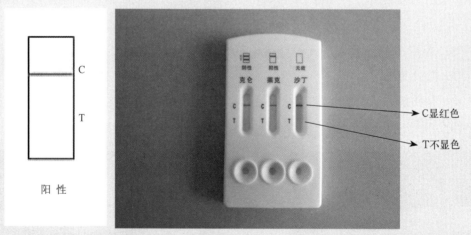

图6-122　阳性结果

③无效　C线不显色，无论T线是否显色，该试纸均判为无效。一般检测卡在过期的情况下容易出现无效结果（图6-123）。

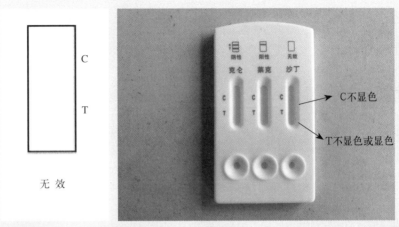

图6-123 无效结果

（3）宰前"瘦肉精"检验后的处理 检验后要填写《屠宰企业"瘦肉精"自检记录》（表6-15），并出具检验报告。检测阴性的准予屠宰；阳性的送样复检，复检仍为阳性的全部销毁处理。

表6-15 屠宰企业"瘦肉精"自检记录

| 日期 | 来源 | 畜主 | 数量 | 《动物检疫合格证明》编号 | 抽样头数 | 抽检生猪耳标号 | 检测项目及结果 | | | | | | 检测人员 |
|---|---|---|---|---|---|---|---|---|---|---|---|---|---|
| | | | | | | | 盐酸克仑特罗 | | 莱克多巴胺 | | 沙丁胺醇 | | |
| | | | | | | | − | + | − | + | − | + | |
| | | | | | | | | | | | | | |
| | | | | | | | | | | | | | |
| | | | | | | | | | | | | | |
| | | | | | | | | | | | | | |
| | | | | | | | | | | | | | |

注："−"代表阴性，"+"代表阳性，对应列填写数量。

（4）宰后"瘦肉精"检验后的处理

①检验后报告 检验后要记录并出具检验报告，根据检验结果做出处理。

②检测结果为阴性"−" 检测结果为阴性的，准予屠宰加工。

③检测结果为阳性"+" 检测结果为阳性的，检验人员要在屠体或胴体上盖"可疑病猪"章，并将其从生产轨道上转入病猪轨道，送入病猪间。再次取样复检，复检仍为阳性的全部销毁处理。未屠宰的同群猪赶入隔离圈逐头取样检测。

## 二、"瘦肉精"检测（酶联免疫吸附试验）

生猪"瘦肉精"残留量的测定，酶联免疫吸附试验程序见图6-124所示。

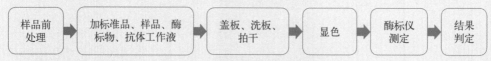

图6-124 酶联免疫吸附试验程序

### （一）操作步骤

1.组织样品 组织样品打碎后，称取2.0g均质样本置50mL聚苯乙烯离心管中→加入6mL组织样本提取液（乙腈溶液）→振荡摇匀约10min→4 000r/min离心10min→取上清液1mL（pH6～8）→加入2mL 1mol氢氧化钠、6mL乙酸乙酯→振荡、离心10min→吹干（或在旋转蒸发器上浓缩至近干）→溶解残留物、过滤、洗涤定容至刻度。

2．尿液样品 取50μL清亮尿液样品，如尿液混浊需过滤或4 000 r/min以上离心10min，若样本暂不使用需冷冻保存。

3．检测方法

（1）编号 将标准品和样品，对应微孔按序编号，每个样品和标准品均需做2孔平行。

（2）加标准品及样品 加标准品及样品于对应微孔中，各50μL（图6-125，图6-126），加酶标物50μL（图6-127），加抗体工作液50μL（图6-128）。

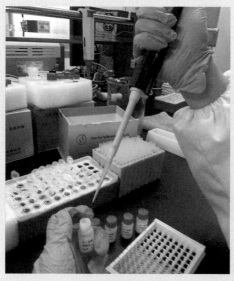

图6-125 加标准品于微孔吸板中

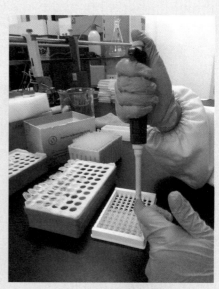

图6-126 加样品

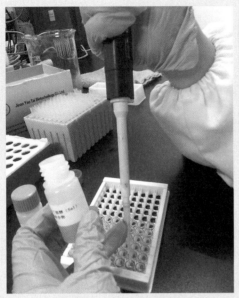

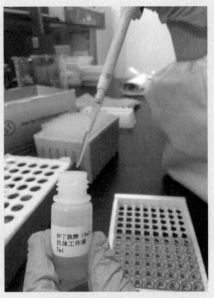

图6-127　加酶标物 　　　　　　　　图6-128　加抗体工作液

（3）避光孵育　用盖板膜盖板后置25℃环境反应20～30min（图6-129）。

（4）洗板拍干　小心揭开盖板膜，将孔内液体甩干，用洗涤工作液按250μL/孔洗板4次，每次浸泡30 s，吸水纸上拍干（图6-130至6-131）。

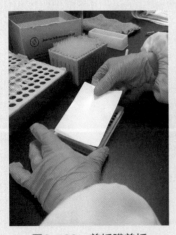

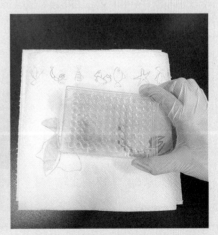

图6-129　盖板膜盖板 　　　图6-130　洗　板 　　　图6-131　用毛巾或吸水纸拍干

（5）显色　加入底物A液和B液各50μL/孔（图6-132、图6-133），轻轻振摇混匀，用盖板膜盖板后置25℃避光环境中反应15min。

图6-132 加入底物A液

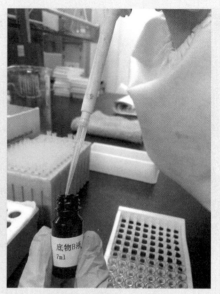

图6-133 加入底物B液

（6）测定 加入终止液50μL/孔，轻轻振摇混匀（图6-134）；设定酶标仪于450nm波长处测量吸光度值，酶标仪检测5min内读取数据，记录每孔OD值（图6-135）。

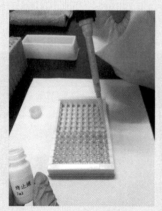

图6-134 加入终止液混匀

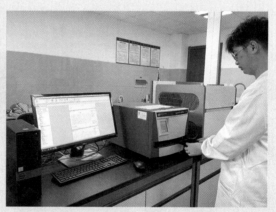

图6-135 设定酶标仪于450nm波长处检测读取数据

（7）定性分析 用样本的平均吸光度值与标准值比较，即可得出其浓度范围（图6-136）。

（8）结果判定 样品中的"瘦肉精"含量，单位为μg/kg或μg/L，按公式计算。

①吸光度比值%计算公式 将各标准品（或样品）的平均吸光度值，除以零标（即浓度为0 μg的标准品的吸光度值），再乘以100，就可以得到各标准品对应的吸光度的百分比，即：吸光度比值% =标准品（或样品）的平均吸光度/零标的吸光度值×100。

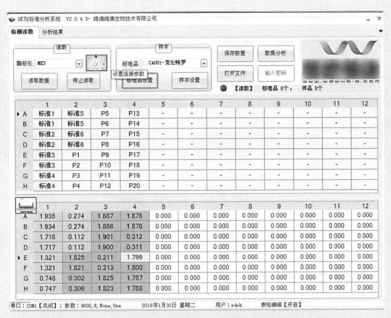

图6-136 样本的平均吸光度值与标准值比较

②在半对数系统中与对应浓度拟合标准曲线 将各标准品所得的吸光度值输入半对数系统中，并与对应浓度拟合标准曲线（图6-137）。

③待测样品的吸光度的百分比代入标准曲线 将待测样品的吸光度的百分比代入标准曲线中，即可得到样品的稀释倍数与样品实际残留量。

图6-137 OD值输入半对数系统所得检测结果

（9）精密度　在重复试验中获得的两次独立测定结果的绝对差值不得超过算数平均值的20%。

## 三、兽药残留检测（酶联免疫吸附试验）

兽药残留检测可采用酶联免疫吸附试验，测定程序见图6-138所示。

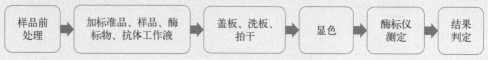

图6-138　酶联免疫吸附试验程序

1.样品前处理

（1）除去肌肉、肝脏或者肾脏中的脂肪，使用均质器进行匀浆（图6-139）。

（2）取1g匀浆样品，加入4mL 70%乙醇（图6-140）。

（3）最大转速涡旋震荡10min（图6-141）。

（4）室温下离心5min（图6-142）。

图6-139　使用均质器进行匀浆

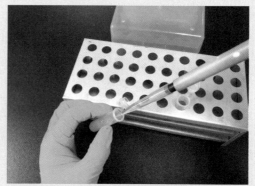

图6-140　加入4mL 70%乙醇

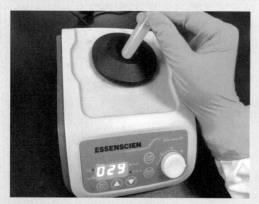

图6-141　涡旋震荡

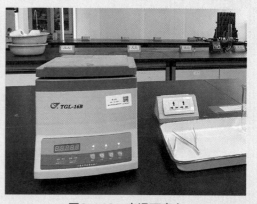

图6-142　室温下离心

（5）移取0.5mL上清液到另一试管（图6-143），加入0.5mL 1×样品提取液，混合均匀，每孔取50μL用于检测。

2.检测步骤 兽药残留的ELISA检测步骤参考"瘦肉精"检测。

## 四、兽药残留及非法添加物检测（色谱法和质谱法）

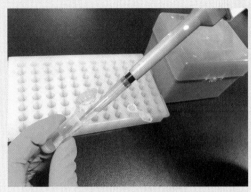

图6-143 移取0.5mL上清液到另一试管

兽药残留及非法添加物的定量和确证，常采用高效液相色谱法（HPLC）和液相色谱-串联质谱法（LC-MS/MS），具有灵敏度高、选择性强和定量准确的优点。屠宰企业生猪兽药残留及非法添加物的检测按照《动物性食品中β-受体激动剂残留量的测定 液相色谱－串联质谱法》（GB 31658.22—2022

）、农业部第1025号公告《动物源食品中磺胺类药物残留检测 液相色谱-串联质谱法》等规定执行，主要兽药残留及非法添加物的检测项目及方法见表6-16及图6-144至6-149。没有测定能力的企业可委托第三方检测。

表6-16 生猪主要兽药物残留检测项目及方法

| 序号 | 检测项目 | 检测方法 |
| --- | --- | --- |
| 1 | 猪尿中β-受体激动剂 | 液相色谱质谱法（LC-MS-MS） |
| 2 | 猪肝中β-受体激动剂 | 液相色谱质谱法（LC-MS-MS） |
| 3 | 猪肝中卡巴氧和喹乙醇残留标示物 | 高效液相色谱（HPLC）<br>液相色谱质谱法（LC-MS-MS） |
| 4 | 猪肉中地美硝唑/甲硝唑 | 液相色谱质谱法（LC-MS-MS） |
| 5 | 猪肉中地塞米松 | 液相色谱质谱法（LC-MS-MS） |
| 6 | 猪肉中磺胺类药物 | 高效液相色谱（HPLC）<br>液相色谱质谱法（LC-MS-MS） |
| 7 | 猪肉中四环素类药物 | 高效液相色谱（HPLC）<br>液相色谱质谱法（LC-MS-MS） |
| 8 | 猪肉中头孢噻呋 | 高效液相色谱（HPLC） |
| 9 | 猪肉中氟喹诺酮类药物 | 高效液相色谱（HPLC） |
| 10 | 猪肉中替米考星 | 高效液相色谱（HPLC） |

图6-144 装色谱柱

图6-145 加 样

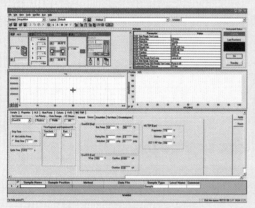

图6-146 仪器工作参数设定

图6-147 进 样

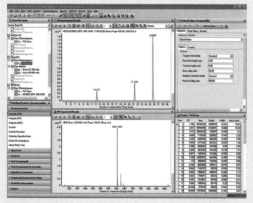

图6-148 根据保留时间进行定性测量

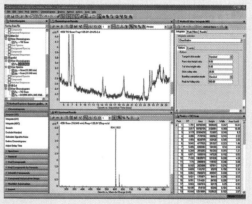

图6-149 根据外标/内标法进行定量测定

| 序号 | 检测项目 | 检测方法 |
|------|----------|----------|
| 11 | 猪肉中硝基呋喃类代谢物 | 液相色谱质谱法（LC-MS-MS） |

# 第六节　非洲猪瘟检验

生猪屠宰企业非洲猪瘟检测方法主要包括酶联免疫吸附试验（ELISA）和实时荧光PCR检测法，具体操作如下：

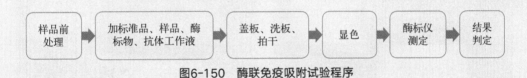

图6-150　酶联免疫吸附试验程序

## 一、酶联免疫吸附试验

ELISA检测非洲猪瘟的程序如图6-150所示。

1.样品采集的详细步骤见本章第二节。

2.取生猪全血按常规方法制备血清，要求血清清亮，无溶血、无污染。样品1周内使用的可于2～8℃保存，长期保存需置−20℃。

3.用样品稀释液将待检血清按1∶100倍稀释（取250μL样品稀释液于血清稀释板中，在每孔加入需要测试的血清2.5μL，加样前吹吸混匀即可）。阴性、阳性对照不用稀释。

4.使用前将试剂盒置室温至少30min，使恢复至室温。取所需用量的酶标板，设阴性、阳性对照各2孔，未用的酶标板尽快密封，2～8℃保存。

5.阴性、阳性对照孔分别加入阴性、阳性对照100μL，样品孔每孔加入稀释后的样品100μL（图6-151），混匀，置37℃避光孵育60min（图6-152）。

6.扣去孔内液体，每孔加300μL洗涤液，共重复洗涤5次，拍干（图6-153）。

7.每孔依次加显色液100μL，混匀，37℃避光反应10min（图6-154）。

图6-151 样品孔每孔加入稀释后的样品

图6-152 避光孵育

图6-153 洗涤、拍干

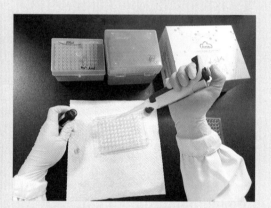

图6-154 加入显色液

图6-155 酶标仪测定OD值

8.每孔加终止液50μL，混匀，于450nm处测定各孔吸光值（OD值）（图6-155）。

9.结果判定

（1）正常的情况下，阴性对照$OD_{450}nm$值≤0.15，阳性对照$OD_{450}nm$值－阴性对照$OD_{450}nm$值≥0.5，否则试验无效。

（2）计算阴性对照平均值，若阴性对照测值小于0.05，按0.05计算。

（3）临界值＝阴性对照平均值＋0.15。

（4）样本$OD_{450}nm$值≥临界值，判断为阳性；样本$OD_{450}nm$值<临界值，判断为阴性。

## 二、实时荧光PCR检测法

实时荧光PCR检测法检测非洲猪瘟的程序如图6-156所示。

1.样品采集 具体步骤见本章第二节。

2.样品前处理 血液样品直接使用。淋巴结、脾脏、扁桃体样品，用无菌的剪刀和镊子剪取待检样品2.0g于研钵中充分研磨（图6-157），再加10.0mL PBS（pH7.2，含1万IU青霉素和1万U链霉素）混匀（样品不足2.0g时按1∶5比例加PBS）（图6-158）。将处理后的待检样品置70℃ 30min灭活后，3 000r/min、4℃离心5min，取上清液，编号备用。

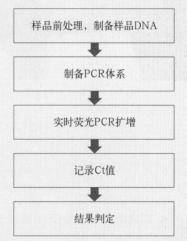

图6-156 实时荧光PCR检测法测定程序

3.病毒DNA的提取 本操作所推荐的检测程序、仪器设备和试剂等可作为PCR检测法的一般性指南，最佳反应条件（如反应时间和温度、设备型号和厂商、引物和

图6-157 将样品充分研磨

图6-158 加入PBS混匀

dNTP 等试剂的浓度等）会随实验室不同而稍有变化，使用前应首先评估这些条件。

需要准备的试验材料有：待检样品，DNA 提取试剂盒（图 6-159、图 6-160），也可使用自动化提取设备。

每次核酸提取过程中应至少设立阳性对照（E＋）和阴性对照（E－）各一个。

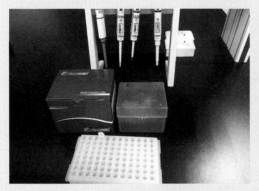 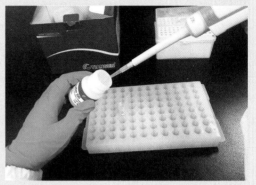

图 6-159　DNA 提取试剂盒　　　　　图 6-160　按说明书进行操作

具体操作参照商品化试剂盒说明书进行。

4. 实时荧光 PCR 扩增　从试剂盒中取出荧光 PCR 反应液、Taq 酶，室温融化后，2 000r/min 离心 5s。假设所需 PCR 管数为 $n$（$n$＝样本数＋1 管阴性对照＋1 管阳性对照），每个反应体系需要 20μL 荧光 PCR 反应液和 0.5μL Taq 酶。计算好各试剂的使用量，加入一适当体积的小管中，充分混合均匀后，向每个 PCR 管中各分装 20μL（图 6-161）。分别向上述 PCR 管中加入制备好的 DNA 溶液各 5μL，盖紧管盖，500r/min 离心 30s。

将加样后的 PCR 管放入实时荧光 PCR 仪内，作好标记（图 6-162）。设置反应参数：第一阶段，预变性 95℃ 3min；第二阶段，95℃ 15 s，52℃ 10 s，60℃ 35 s，共

 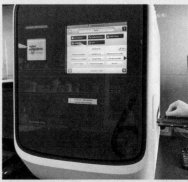

图 6-161　制备荧光 PCR 体系　　　图 6-162　将加样后的 PCR 管放入实时荧光
　　　　　　　　　　　　　　　　　　　　　　　PCR 仪中

45个循环。荧光收集在第二阶段每次循环的60℃延伸时进行。

5.结果分析 Ct 值由荧光 PCR 仪的软件自动确定（图6-163）。

（1）结果分析条件的设定 阈值设定原则：根据仪器噪声情况进行调整，以阈值线刚好超过阴性对照品扩增曲线的最高点为准。对于多通道实时荧光PCR仪，选定 FAM（465-510）检测通道读取检测结果。

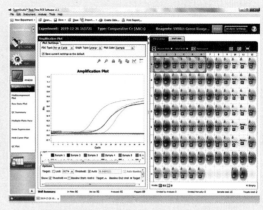

图6-163 实时荧光 PCR 检测结果

（2）质控标准

①阴性对照 无Ct值并且无扩增曲线。

②阳性对照 Ct值≤28，并出现典型的扩增曲线。

如阴性和阳性对照不满足以上条件，此次试验视为无效。

（3）结果判定

①阴性 无Ct值，且无特征性扩增曲线。

②阳性 Ct值≤38.0，且出现典型的扩增曲线。

③对于Ct值大于38.0，且出现典型的扩增曲线的样品，建议复验。复验仍出现上述结果的，判为阳性，否则判为阴性。

### 第七章

# 记录、证章、标识和标志

# 第一节　生猪屠宰检查记录

动物检疫和肉品品质检验工作记录是记载动物具体检查操作过程和结果的原始记录，是在检疫、检验过程中形成的书面材料。

动物检疫和肉品品质检验工作档案是所有动物检疫和肉品品质检验工作记录的汇总材料。

动物检疫和肉品品质检验是动物产品安全的重要保障，是防范动物源性传染病发生和传播的关键环节。动物检疫和肉品品质检验工作记录是规范动物检疫和肉品品质检验操作的重要手段，也是动物源性食品安全可追溯体系建设和检验检疫痕迹化管理的必然要求。

## 记录档案类型与要求

通过查证生猪屠宰检验检疫工作记录（文字、图片、实物、电子档案等资料），可以准确还原检验检疫的操作过程和结果。根据《生猪屠宰管理条例》《生猪屠宰检疫规程》和《生猪屠宰产品品质检验规程》的规定，生猪屠宰检验检疫记录主要有屠宰检疫记录和定点屠宰厂（场）应当建立的记录。

### （一）屠宰检疫记录

1.记录内容　按照《生猪屠宰检疫规程》的规定，官方兽医应做好入场监督查验、检疫申报、宰前检查、同步检疫等环节记录，并保存12个月以上。记录内容包括畜主姓名、地址、检疫申报时间、检疫时间、检疫地点、检疫动物种类、数量及用途、检疫处理、检疫证明编号等，并由畜主签名。

2013年，中国动物疫病预防控制中心下发了《关于印发〈动物检疫工作记录规范〉的通知》（疫控（督）〔2013〕135号），统一动物检疫记录格式，其中，《屠宰检疫工作情况日记录表》（表7-1）及《屠宰检疫无害化处理情况日汇总表》（表7-2）由驻场官方兽医每日填写，《皮、毛、绒、骨、蹄、角检疫情况记录表》（表7-3）由实施检疫的官方兽医填写。

根据《生猪屠宰检疫规程》的规定，检疫不合格的，由官方兽医开具《检疫处理通知单》（图7-1），并按规定处理。

### 表7-1 屠宰检疫工作情况日记录表

动物卫生监督所（分所）名称：　　　　　　　　屠宰厂（场）名称：　　　　　　　　屠宰动物种类：

| 申报人 | 产地 | 入场数量（头、只、羽、匹） | 入场监督查验 | | | 宰前检查 | | 同步检疫 | | | 官方兽医姓名 | 备注 |
|---|---|---|---|---|---|---|---|---|---|---|---|---|
| | | | 临床情况 | 是否佩戴规定的畜禽标识 | 回收《动物检疫合格证明》编号 | 合格数（头、只、羽、匹） | 不合格数（头、只、羽、匹） | 合格数（头、只、羽、匹） | 出具《动物检疫合格证明》编号 | 不合格数（头、只、羽、匹） | | |
| | | | | | | | | | | | | |
| | | | | | | | | | | | | |
| | | | | | | | | | | | | |
| 合计 | | | | | | | | | | | | |

检疫日期：　年　月　日

### 表7-2 屠宰检疫无害化处理情况日汇总表

动物卫生监督所（分所）名称：　　　　　　　　　　　　　屠宰厂（场）名称：

| 货主姓名 | 产地 | 《检疫处理通知单》编号 | 宰前处理 | | 同步检疫 | | 官方兽医姓名 |
|---|---|---|---|---|---|---|---|
| | | | 不合格数量（头、只、羽、匹） | 无害化处理方式 | 不合格数量（头、只、羽、匹） | 无害化处理方式 | |
| | | | | | | | |
| | | | | | | | |
| | | | | | | | |
| | | | | | | | |
| | | | | | | | |
| | | | | | | | |
| | | | | | | | |
| | | | | | | | |
| | | | | | | | |
| 合计 | | | | | | | |

检疫日期：　年　月　日

### 表7-3 皮、毛、绒、骨、蹄、角检疫情况记录表

动物卫生监督所（分所）名称：　　　　　　　　　　　　　　　　　　　　　　　　　　　单位：枚、张、kg

| 检疫日期 | 货主 | 申报单编号 | 产品种类 | 产品数量 | 检疫地点 | 检疫方式 | 出具《动物检疫合格证明》编号 | 出具《检疫处理通知单》编号 | 到达地点 | 运载工具牌号 | 官方兽医姓名 | 备注 |
|---|---|---|---|---|---|---|---|---|---|---|---|---|
|  |  |  |  |  |  |  |  |  |  |  |  |  |
|  |  |  |  |  |  |  |  |  |  |  |  |  |
|  |  |  |  |  |  |  |  |  |  |  |  |  |
|  |  |  |  |  |  |  |  |  |  |  |  |  |
|  |  |  |  |  |  |  |  |  |  |  |  |  |

## 检疫处理通知单

　　　　　　　　　　　　：　　　　　　　　　　　　No.

　　按照《中华人民共和国动物防疫法》和《动物检疫管理办法》有关规

定，你(单位)的＿＿＿＿＿＿＿＿＿＿＿＿＿＿＿＿＿＿＿＿＿＿

＿＿＿＿＿＿经检疫不合格，根据＿＿＿＿＿＿＿＿＿＿＿＿＿＿＿

＿＿＿＿＿＿＿＿＿＿＿＿＿＿＿＿＿＿＿＿＿＿＿＿＿＿＿＿＿＿＿

之规定,决定进行如下处理：

　　一、＿＿＿＿＿＿＿＿＿＿＿＿＿＿＿＿＿＿＿＿

　　二、＿＿＿＿＿＿＿＿＿＿＿＿＿＿＿＿＿＿＿＿

　　三、＿＿＿＿＿＿＿＿＿＿＿＿＿＿＿＿＿＿＿＿

　　四、＿＿＿＿＿＿＿＿＿＿＿＿＿＿＿＿＿＿＿＿

第一联　动物卫生监督所留存

官方兽医（签名）：　　　　　动物卫生监督所（公章）

当事人签收：　　　　　　　　　　年　月　日

备注：1. 本通知单一式二份，一份交当事人，一份动物卫生监督所留存。

　　　2. 动物卫生监督所联系电话：

　　　3. 当事人联系电话：

### 图7-1 检疫处理通知单

2.填写及存档要求

（1）填写要求　2013年，《关于印发<动物检疫工作记录规范>的通知》（疫控（督）〔2013〕135号）对动物检验检疫记录的填写提出如下要求：

①采用纸质版形式，有条件的地方可以采用电子版形式，电子版应使用EXCEL制作，内容和格式应与纸质版相统一。

②纸质版的填写应符合以下要求：使用蓝色、黑色钢笔或签字笔填写；逐一填写所列项目，不得漏项、错项；填写准确规范，字迹工整清晰；一经填写，不得涂改；具体填写要求分别见每个单项单（表）的填写说明。

（2）存档要求

①动物检疫工作记录表和动物检疫工作汇总表填写后由动物卫生监督机构按月统一收集整理。

②动物检疫工作记录表、《屠宰检疫工作情况日记录表》及《屠宰检疫无害化处理情况日汇总表》应与《动物检疫合格证明》《检疫处理通知单》等一一对应后归并存档。

③动物卫生监督机构应设专人专柜妥善保管，不得遗失。

④动物检疫工作记录表和动物检疫工作汇总表的保存期限、销毁程序与《动物检疫合格证明》的保存期限、销毁程序相同。

**（二）定点屠宰厂（场）应当建立的记录**

1.记录的内容　按照《生猪屠宰管理条例》和《生猪屠宰产品品质检验规程》的规定，生猪定点屠宰厂（场）应每天如实记录如下内容，记录保存期限不得少于2年。

（1）屠宰生猪来源，包括头数、产地、货主等。

（2）生猪产品流向，包括数量、销售地点等。

（3）肉品品质检验，包括宰前检验和宰后检验内容。

（4）病猪和不合格生猪产品的处理情况。

2.不同岗位的记录

（1）生猪进场记录

①填写《动物进厂（场）验收和宰前检验记录表》（表7-4）。

②填写《屠宰厂（场）"瘦肉精"自检记录表》（表7-5）。

（2）生猪待宰记录

①按规定进行检疫申报，填写《动物检疫申报单》申报联。

②填写《动物进厂（场）验收和宰前检验记录表》（表7-4）。

（3）生猪屠宰检验记录　填写《动物屠宰和宰后检验记录表》（表7-6）。

（4）无害化处理记录

①填写《病害猪无害化处理记录表》（表7-7）。

②填写《病害猪产品无害化处理记录表》（表7-8）。

（5）生猪产品出厂记录　填写《动物产品出场记录表》（表7-9）。

（6）消毒记录　填写《运载工具消毒记录表》（表7-10）。

表7-4　动物进厂（场）验收和宰前检验记录表（供参考）

表单编号：　　　　　　　　　　　　　　　　　　　　　　　　　数量单位：头、只

| 动物进场 | | | | | | | 宰前检验 | | | | 检验员签字 |
|---|---|---|---|---|---|---|---|---|---|---|---|
| 进场时间（月、日、时） | 动物货主名称及联系方式 | 进场数量 | 自营或代宰 | 产地（省、市、县） | 《动物检疫合格证明》编号 | 待宰前死亡动物数量 | 急宰数量 | 病害动物处理数量 | 无害化处理原因及方式 | 准宰数量 | |
| | | | | | | | | | | | |
| | | | | | | | | | | | |
| | | | | | | | | | | | |

填表说明：按照每日进厂（场）动物的批次顺序登记相关信息；待宰前死亡动物数量指对送至屠宰厂（场）时已死的动物进行无害化处理的数量；病害动物处理数量指对病活动物、进入待宰圈后死亡（病死或死因不明）的动物进行无害化处理的数量；无害化处理方式一般包括高温、焚烧等；按月、季度或年度汇总装订存档，本记录表保存期限不少于2年。

表7-5　屠宰厂（场）"瘦肉精"自检记录表（供参考）

| 日期 | 来源 | 畜主 | 数量 | 检疫证明编号 | 抽样头数 | 抽检生猪耳标号 | 检测项目及结果 | | | | | | 检测人员 |
|---|---|---|---|---|---|---|---|---|---|---|---|---|---|
| | | | | | | | 盐酸克仑特罗 | | 莱克多巴胺 | | 沙丁胺醇 | | |
| | | | | | | | − | + | − | + | − | + | |
| | | | | | | | | | | | | | |
| | | | | | | | | | | | | | |
| | | | | | | | | | | | | | |

注："−"代表阴性，"＋"代表阳性，对应列填写数量。

### 表7-6 动物屠宰和宰后检验记录表（供参考）

数量单位：头、只

| 屠宰时间（月、日、时） | 动物货主名称 | 屠宰数量 | 宰后检验 | | | 合格数量 | 复验人员签字 |
| | | | 不合格 | | | | |
| | | | 病害动物处理数量 | 病害动物产品处理数量（kg） | 无害化处理原因及方式 | | |
| | | | | | | | |
| | | | | | | | |
| | | | | | | | |
| | | | | | | | |

填表说明：按照每日屠宰动物的批次顺序登记相关信息；病害动物化处理数量指病害动物无害化处理数量，病害动物产品处理数量指经检疫或肉品品质检验确认不可食用的动物产品进行无害化处理的数量；不合格产品包括有组织病变、皮肤和器官病变、肿瘤病变、色泽异常等不符合质量要求的肉品，无害化处理方式一般包括高温、焚烧等；按月、季度或年度汇总装订存档，本记录表保存期限不少于2年。

### 表7-7 病害猪无害化处理记录表（供参考）

单位：（公章）　　　　　　　　　　　　　　　　　　　　　日期：　年　月　日

| 货主 | 处理原因 | 处理头数 | 处理方式 | 肉品品质检验人员或检疫人员签字 | 无害化处理人员签字 | 货主签字 |
| --- | --- | --- | --- | --- | --- | --- |
| | | | | | | |
| | | | | | | |
| | | | | | | |
| | | | | | | |
| | | | | | | |
| | | | | | | |

填表人：　　　　　生猪定点屠宰厂（场）　　　　　负责人：　　　　　监督人：

### 表7-8 病害猪产品无害化处理记录表（供参考）

单位：（公章）　　　　　　　　　　　　　　　　　　　日期：　年　月　日

| 货主 | 产品（部位）名称 | 处理原因 | 处理数量（千克） | 折合头数 | 处理方式 | 肉品品质检验人员或检疫人员签字 | 无害化处理人员签字 | 货主签字 |
|---|---|---|---|---|---|---|---|---|
|  |  |  |  |  |  |  |  |  |
|  |  |  |  |  |  |  |  |  |
|  |  |  |  |  |  |  |  |  |
|  |  |  |  |  |  |  |  |  |

填表人：　　　　　生猪定点屠宰厂（场）　　　　负责人：　　　　监督人：

### 表7-9 动物产品出场记录表（供参考）

| 出场日期（月、日） | 购货业主姓名及联系方式 | 销售品种 | 数量（只或千克） | 销售市场或单位 | 动物检疫合格证明编号 | 肉品品质检验合格证编号 | 动物来源（动物货主名称） | 登记人员签字 |
|---|---|---|---|---|---|---|---|---|
|  |  |  |  |  |  |  |  |  |
|  |  |  |  |  |  |  |  |  |
|  |  |  |  |  |  |  |  |  |
|  |  |  |  |  |  |  |  |  |

　　填表说明：按照每日销售动物产品的批次顺序登记相关信息；销售品种一般包括白条肉、分割肉等；销售市场或单位一般包括经营户、肉商姓名，或者农贸市场、超市、专卖店及企业、学校、宾馆饭店等鲜肉销售网点名称；按月、季度或年度汇总装订存档，本记录表保存期限不少于2年。

表7-10 运载工具消毒记录表（供参考）

| 时间 | 消毒车辆牌号 | 消毒药品 | 司机签名 | 消毒人员签名 | 备注 |
|------|--------------|----------|----------|--------------|------|
|      |              |          |          |              |      |
|      |              |          |          |              |      |
|      |              |          |          |              |      |
|      |              |          |          |              |      |
|      |              |          |          |              |      |

3.记录档案要求

（1）《生猪屠宰管理条例》的规定 生猪定点屠宰厂（场）应当如实记录其屠宰的生猪来源和生猪产品流向。生猪来源和生猪产品流向记录保存期限不得少于2年。

生猪定点屠宰厂（场）应当建立严格的肉品品质检验管理制度。肉品品质检验应当与生猪屠宰同步进行，并如实记录检验结果。检验结果记录保存期限不得少于2年。

经肉品品质检验合格的生猪产品，生猪定点屠宰厂（场）应当加盖肉品品质检验合格验讫印章或者附具肉品品质检验合格标志。对于经肉品品质检验不合格的生猪产品，应当在检验人员的监督下，按照国家有关规定处理，并如实记录处理情况。处理情况记录保存期限不得少于2年。

（2）《生猪屠宰厂（场）监督检查规范》的规定 应及时将进厂（场）查证验物登记记录、分圈编号记录、待宰记录、肉品品质检验记录、"瘦肉精"等检验记录、无害化处理记录、消毒记录、生猪来源和产品流向记录、设施设备检验检测保养记录等归档，并保存2年以上。

（3）《生猪屠宰产品品质检验规程》（GB/T 17996—1999）的规定 每天检验工作完毕，要将当天的屠宰头数、产地、货主、宰前检验和宰后检验查出的病猪和不合格产品的处理情况进行登记备查。

（4）《食品安全国家标准 畜禽屠宰加工卫生规范》（GB 12694—2016）的规定 所有记录应准确、规范并具有可追溯性，保存期限不得少于肉类保质期满后6个月，没有明确保质期的，保存期限不得少于2年。

# 第二节 生猪屠宰检验检疫证章、标识和标志

## 一、证章标志概述

### （一）证章标志概念

动物卫生证章标志是承载畜禽屠宰检验检疫工作结果的载体，是畜禽屠宰加工企业对畜禽产品实施检验或官方兽医实施检疫时，加施、打印在畜禽产品上的标记或出具的合格证、标志等的统称。

动物卫生证章标志由农业农村部统一设定，包括检疫证明，检疫标志（验讫印章、验讫标志），检疫专用章、监督检查专用章，动物标识，动物防疫条件合格证、动物诊疗许可证、执业兽医资格证书，官方兽医证书、证件，动物卫生监督专用标志、标牌、佩章、图案，以及农业部规定的其他动物卫生证章标志等。

### （二）目的意义

证章标志是动物及动物产品质量安全追溯体系中的重要载体，加强证章标志管理是规范动物检疫和动物产品质量安全的重要手段，确保屠宰检验检疫过程中畜禽产品质量安全的可追溯性。

## 二、证明

### （一）动物检疫合格证明

为进一步规范动物检疫合格证明等动物卫生监督证章标志使用和管理，根据《中华人民共和国动物防疫法》《动物检疫管理办法》有关规定，农业部制定了动物检疫合格证明、检疫处理通知单、动物检疫申报书、动物检疫标志等样式以及动物卫生监督证章标志填写应用规范。《农业部关于印发动物检疫合格证明等样式及填写应用规范的通知》（农医发〔2010〕44号）规定自2011年2月28日起实施。动物检疫合格证明分为四类：

（1）《动物检疫合格证明（动物A）》用于跨省境销售或运输的动物（图7-2）。

（2）《动物检疫合格证明（动物B）》用于省内销售或运输的动物（图7-3）。

（3）《动物检疫合格证明（产品A）》用于跨省境销售或运输的动物产品（图7-4）。

# 动物检疫合格证明（动物A）

N°

| 货　主 | | | 联系电话 | |
|---|---|---|---|---|
| 动物种类 | | | 数量及单位 | |
| 启运地点 | 省　　　　市(州) | 　县(市、区) | 乡(镇) 村(养殖场、交易市场) | |
| 到达地点 | 省　　　　市(州) | 　县(市、区) | 乡(镇) 村(养殖场、屠宰场、交易市场) | |
| 用　途 | 承运人 | | 联系电话 | |
| 运载方式 | □公路　□铁路　□水路　□航空 | | 运载工具牌号 | |
| 运载工具消毒情况 | 装运前经　　　　　　　　　　消毒 | | | |

本批动物经检疫合格，应于 ____ 日内到达有效。

官方兽医签字：_____

签发日期：　年　月　日

（动物卫生监督所检疫专用章）

| 牲畜耳标号 | |
|---|---|
| 动物卫生监督检查站签章 | |
| 备　注 | |

（第一联）（共二联）

注：1. 本证书一式两联，第一联动物卫生监督所留存，第二联随货同行。
　　2. 跨省调运输动物到达目的地后，货主或承运人应在24小时内向输入地动物卫生监督所报告。
　　3. 动物卫生监督所联系电话：

**图7-2　动物检疫合格证明（动物A）**

# 动物检疫合格证明（动物B）

N°

| 货　主 | | 联系电话 | |
|---|---|---|---|
| 动物种类 | 数量及单位 | 用　途 | |
| 启运地点 | 市(州)　　县(市、区) | 乡(镇) 村(养殖场、交易市场) | |
| 到达地点 | 市(州)　　县(市、区) | 乡(镇) 村(养殖场、屠宰场、交易市场) | |
| 牲畜耳标号 | | | |

本批动物经检疫合格，应于当日内到达有效。

官方兽医签字：_____

签发日期：　年　月　日

（动物卫生监督所检疫专用章）

（第一联）（共二联）

注：1. 本证书一式两联，第一联动物卫生监督所留存，第二联随货同行。
　　2. 本证书限省境内使用。

**图7-3　动物检疫合格证明（动物B）**

## 动物检疫合格证明（产品A）

Nº

| 货　主 | | 联系电话 | |
|---|---|---|---|
| 产品名称 | | 数量及单位 | |
| 生产单位名称地址 | | | |
| 目　的　地 | 省　　　　市(州)　　　　县(市、区) | | |
| 承　运　人 | | 联系电话 | |
| 运载方式 | □公路　　□铁路　　□水路　　□航空 | | |
| 运载工具牌号 | | 装运前经＿＿＿＿＿＿＿消毒 | |

本批动物产品经检疫合格，应于＿＿＿日内到达有效。

官方兽医签字：＿＿＿＿＿＿＿＿

签发日期：　　年　　月　　日

（动物卫生监督所检疫专用章）

| 动物卫生监督检查站签章 | |
|---|---|
| 备　注 | |

注：1. 本证书一式两联，第一联动物卫生监督所留存，第二联随货同行。
　　2. 动物卫生监督所联系电话：

（第一联）（共二联）

图7-4　动物检疫合格证明（产品A）

（4）《动物检疫合格证明（产品B）》用于省内销售或运输的动物产品（图7-5）。经检疫合格的肉品，由官方兽医负责出具《动物检疫合格证明》。

农业农村部公告第119号规定，自2019年2月1日起，对生猪屠宰厂（场）非洲猪瘟病毒检测结果为阴性且按照检疫规程检疫合格的生猪产品出具动物检疫证明，并注明检测方法、检测日期和检测结果等信息，其中，出具跨省调运动物检疫证明（产品A）的，要求PCR检测结果为阴性。对未经非洲猪瘟病毒检测或检测结果为阳性的，不得出具动物检疫证明。

动物检疫合格证明（产品B）

No.

| 货　　主 | | 产品名称 | |
| --- | --- | --- | --- |
| 数量及单位 | | 产　　地 | |
| 生产单位名称地址 | | | |
| 目　的　地 | | | |
| 检疫标志号 | | | |
| 备　　注 | | | |

（第一联）（共二联）

本批动物产品经检疫合格，应当当日到达有效。

官方兽医签字：＿＿＿＿＿＿＿＿＿

签发日期：　　　年　　月　　日
（动物卫生监督所检疫专用章）

注：1. 本证书一式两联，第一联动物卫生监督所留存，第二联随贷同行。
　　2. 本证书限省内使用。

图7-5　动物检疫合格证明（产品B）

## （二）肉品品质检验合格证明

经肉品品质检验合格的畜禽产品，屠宰厂（场、点）应当加盖肉品品质检验合格验讫印章或者附具《肉品品质检验合格证》。

2008年、2009年商务部办公厅先后下发了《关于做好生猪定点屠宰证书和标志牌统一编号、制作和换发工作的通知》（商秩字〔2008〕6号）和《关于印发肉品品质检验相关证章制作式样的通知》（商秩字〔2009〕11号），规范生猪定点屠宰证章标志的印制和使用。

2013年，生猪定点屠宰监管职责由商务部划转到农业部，2015年农业部印发了《农业部办公厅关于生猪定点屠宰证章标志印制和使用管理有关事项的通知》（农办医〔2015〕28号），要求生猪定点屠宰证章标志印制和使用管理仍按照商务部办公厅有关文件要求执行，将《肉品品质检验合格证》上的监管部门和监制部门更改为农业部门。

《肉品品质检验合格证》分为供定点屠宰代码为A序列的生猪定点屠宰厂（场）专用（图7-6）和供定点屠宰代码为B序列的小型生猪定点屠宰场点专用（图7-7）两类。

1.定点屠宰厂（场）专用的合格证

肉品品质检验合格证(存根) 猪
定点屠宰专用 (20XX年) XXXXXXXXX
产品名称：
产品数量/重量：
生产日期：
肉品编码：
购 货 方：
检验员(签章)：
注：此存根至少保留两年。

肉品品质检验合格证 猪
定点屠宰专用 (20xx年) XXXXXXXXX

| 产品名称： | 产品数量/重量： |
|---|---|
| 生产单位： | |
| 定点代码： | 生产日期： |
| 企业等级(星级)： | 购 货 方： |
| 肉品编码： | |
| 检验员(签章)： | 企业肉品检验印章 |

注：1. 此证一猪一证，生猪产品一个包装或一个批次一证；
2. 项目填写齐全，清楚；
3. 证货同行，证货相符，否则无效。

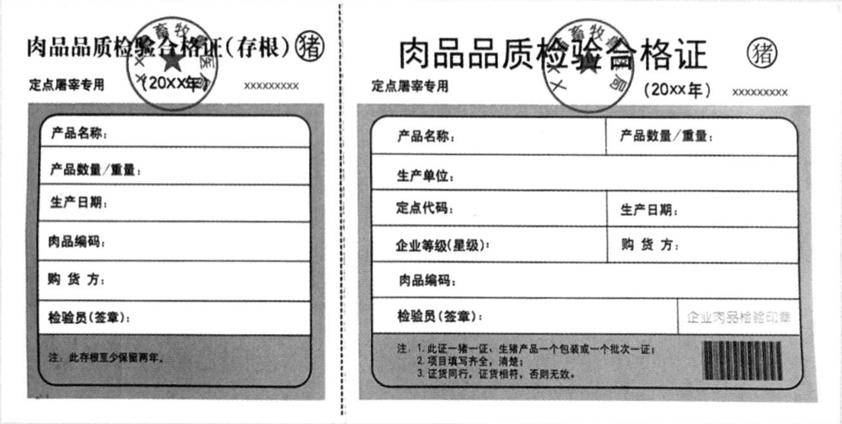

图7-6 生猪《肉品品质检验合格证》样式——供定点屠宰厂（场）专用

2.小型定点屠宰场点专用的合格证

肉品品质检验合格证(存根) 猪
定点屠宰点专用 (20XX) NO. 000000000
产品名称：
产品数量/重量：
生产日期：
销售区域：
肉品编码：
购 货 方：
检 验 员(签章)：
注：此存根至少保留两年。

肉品品质检验合格证 猪
定点屠宰点专用 (20XX) NO. 000000000

| 产品名称： | 产品数量/重量： |
|---|---|
| 生产单位： | |
| 定点代码： | 生产日期： |
| 销售区域： | 购 货 方： |
| 肉品编码： | |
| 检 验 员(签章)： | 企业肉品检验印章 |

注：1. 此证一猪一证，生猪产品一个包装或一个批次一证；
2. 项目填写齐全，清楚；
3. 证货同行，证货相符，否则无效。

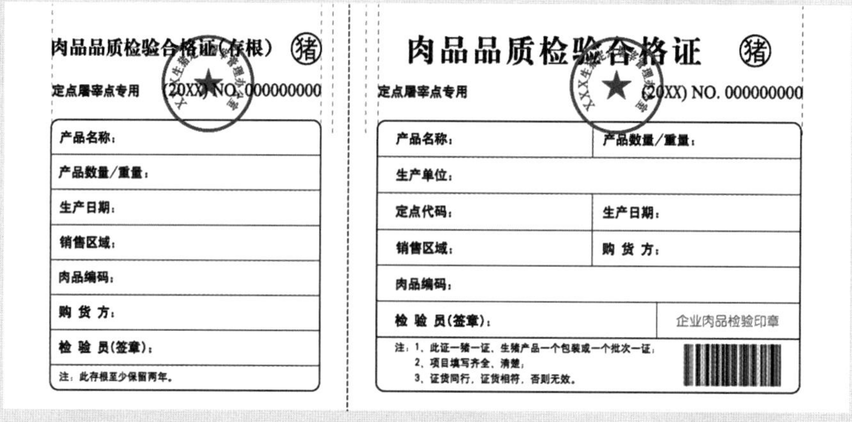

图7-7 生猪《肉品品质检验合格证》样式——供小型定点屠宰场点专用

## 三、印章

### （一）检疫专用印章

农业农村部办公厅于2019年11月25日印发了《关于完善动物检疫出证有关事项的通知》（农办牧〔2019〕77号），要求自2019年12月1日起，启用新的动物检疫专用章（图7-8），用于动物检疫合格证明（动物A、动物B，产品A、产品B）。

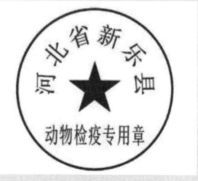

图7-8 检疫专用印章示例

**（二）动物产品检疫印章**

2019年3月20日，农业农村部办公厅印发了《关于规范动物检疫验讫证章和相关标志样式等有关要求的通知》（农办牧〔2019〕28号），设计了部分新的动物检疫验讫证章和相关标志样式。一是要求对检疫合格肉品加盖的验讫印章印油，颜色统一使用蓝色；对检疫不合格的肉品加盖的"高温"或"销毁"章印油，颜色统一使用红色。印油必须使用符合食品级标准的原料。二是已得到批准使用针刺检疫验讫印章、激光灼刻检疫验讫印章的，其印章印迹应与通知规定的检疫验讫印章的尺寸、规格、内容一致，所用原材料材质必须符合国家规定，不能对生猪产品产生污染。

动物产品检疫印章包括"检疫合格"和"检疫不合格"两类印章。

1.动物产品检疫合格印章

（1）滚筒章　经检疫合格的肉品，由官方兽医在胴体背部的左右侧面，加盖"检疫验讫"滚筒章，主要用于脱毛的白条猪（图7-9）。

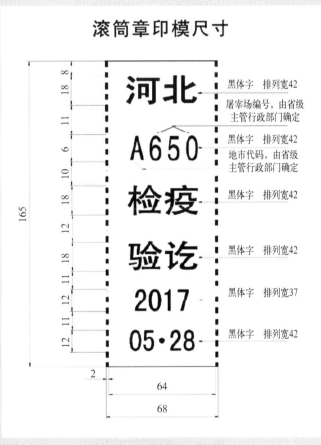

图7-9　滚筒章样式（示例）

（2）针刺、激光灼刻检疫验讫印章 2018年，《农业农村部办公厅关于江苏省常州市启用激光灼刻检疫验讫印章的意见》中指出，激光灼刻检疫验讫印章（图7-10）印迹应与国家现行规定的检疫验讫印章印迹的尺寸、规格、内容一致，灼刻在片猪肉胴体的肩、腰、臀三个部位，不能对动物产品产生污染。同时，鼓励企业采取激光灼刻方式加盖肉品品质检验合格验讫印章。印章应符合《片猪肉激光灼刻标识码、印应用规范》（NY/T 3372—2018）要求，且肉品品质检验合格验讫印章与检疫验讫印章不得两章合一。使用激光灼刻检疫验讫印章和肉品品质检验合格验讫印章的动物产品可在全国范围流通。

**图7-10 激光灼刻检疫验讫印章样式**

2.动物产品检疫不合格印章 经检疫不合格的肉品，由官方兽医在胴体上加盖不合格印章，分为"销毁"和"高温"章，并出具《检疫处理通知单》。

（1）"高温"印章 三角形（图7-11），用于非传染性疫病和需要高温化制的胴体。

**图7-11 高温印章印模**

（2）"销毁"印章 长方形（图7-12），用于人兽共患传染病、寄生虫病、化学物质超标、死因不明、严重变质，以及需要进行销毁处理的动物产品。

**（三）肉品品质检验印章**

包括"检验合格""检验不合格"和"种猪晚阉猪"肉品三类印章。

1.肉品品质检验合格验讫印章 对于经肉品品质检验合格的生猪产品，屠宰厂（场、点）应当由肉品品质检验人员在胴体上加盖肉品品质检验合格验讫印章，同时，在生猪产品包装上附具《肉品品质检验合格证》。

肉品品质检验合格验讫印章分为大、小两枚印章（图7-13、图7-14），大圆形章加盖在经肉品品质检验合格的生猪胴体上，小圆形章加盖在《肉品品质检验合格证》上。

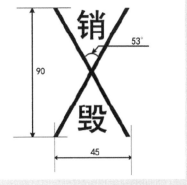

图7-12 销毁印章（印模）

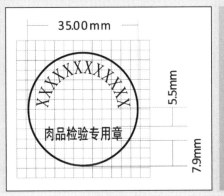

图7-13 肉品品质检验合格小印章样式及实物

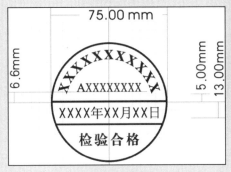

图7-14 肉品品质检验合格大印章样式及实物

2.肉品品质检验不合格印章 2009年，商务部办公厅关于《印发肉品品质检验相关证章制作样式的通知》（商秩字〔2009〕11号）规定了病害生猪及生猪产品无害化处理印章式样。2015年，农业部办公厅《关于生猪定点屠宰证章标志印制和使用管理有关事项的通知》（农办医〔2015〕28号）规定，生猪定点屠宰证章标志印制和使用管理仍按照商务部办公厅有关文件要求执行。

"病害生猪及生猪产品无害化处理"印章具体包括"非食用""化制""销毁"和"复制"4枚印章（图7-15）。检验后，由企业检验人员在胴体上加盖与检验结果一致的印章。

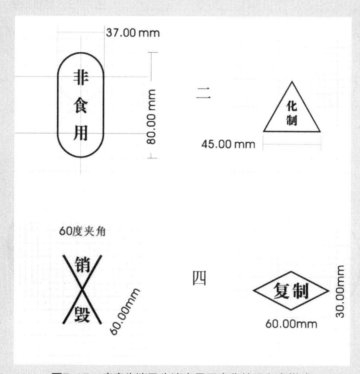

图7-15 病害生猪及生猪产品无害化处理印章样式

"非食用"印章：用于非人兽共患的传染病生猪和肉尸、非人兽共患的寄生虫病生猪和肉尸、急性和慢性中毒生猪和肉尸、严重放血不良肉尸和内脏、种用公猪肉尸和内脏、黄疸和其他异色异味异臭的肉尸和内脏等。

"化制"印章：用于非传染性疾病的肉尸和内脏、放血不良肉尸和内脏。

"销毁"印章：用于人兽共患的烈性传染病生猪和肉尸、人兽共患寄生虫病生猪和肉尸、死亡原因不明的尸体、瘦肉精和其他药残超标的生猪及其产品、肿瘤肉尸及其内脏、尿毒症肉尸及其内脏、脓毒症肉尸及其内脏、严重变质的生猪产品等。

"复制"印章：用于母猪、晚阉猪肉等肉品进行深加工的标识印章。

3.种猪和晚阉猪肉品印章 《鲜、冻猪肉及猪副产品 第1部分：片猪肉》(GB/T 9959.1—2019)技术要求4.2.3部分规定：种公猪、种母猪及晚阉猪为原料的片猪肉不得用于加工包括分割鲜、冻猪瘦肉在内的分部位分割猪肉。

"种猪肉品标识"印章和"晚阉猪肉品标识"印章分别分为大、小2枚印章（图7-16、图7-17）。检验后，由企业检验人员分别加盖在猪胴体和《肉品品质检验合格证》上，大印章盖在胴体上，小印章盖在《肉品品质检验合格证》上。

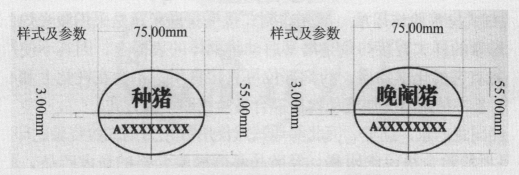

图7-16 "种猪和晚阉猪肉品标识"大印章式样

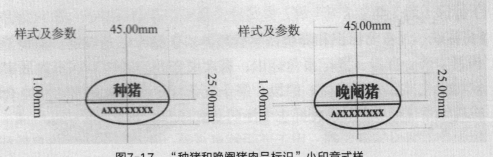

图7-17 "种猪和晚阉猪肉品标识"小印章式样

## 四、标识

生猪标识是固定在生猪耳部的标识物，用于证明生猪的个体身份，记载着生猪个体信息。畜禽标识编码由畜禽种类代码、县级行政区域代码、标识顺序号共15位数字及专用条码组成。编码形式为：×（种类代码）－×××××××（县级行政区域代码）－××××××××（标识顺序号）（图7-18）。

图7-18　猪耳标

按照《畜禽标识和养殖档案管理办法》（农业部令第67号）的规定：动物卫生监督机构应当在生猪屠宰前，查验和登记生猪标识，屠宰厂（场）应当在屠宰时回收该标识，交由动物卫生监督机构保存或销毁。同时还规定，屠宰检疫合格后，动物卫生监督机构应当在动物产品检疫标志中注明该标识的编码，以便追溯与查验。

## 五、标志

### （一）检疫粘贴标志

检疫粘贴标志包括用在动物产品包装袋上的小标签和用在动物产品包装箱上的大标签，这两种标志图案相同，大小不一。经检疫合格的分割和包装产品，由官方兽医在产品内包装上粘贴"动物产品检疫合格"的小标签标志（图7-19），在产品外包装上粘贴"动物产品检疫合格"的大标签标志（图7-20）。

图7-19　"动物产品检疫合格"小标签

图7-20　"动物产品检疫合格"大标签

农办牧〔2019〕28号公布启用新型动物产品检疫粘贴标志。新型标志增加了防水珠光膜，背面增加了防伪图案设计。具有经冷冻不易脱落、不褪色等优点。同时规定各省份可根据实际情况，选择加施新型标志或者继续加施原标志。新型动物产品检疫粘贴标志背面设计采用团花版纹防伪，团花周边有防伪微缩文字"中国农业农村部监制"；团花中间为各省份监督所公章；公章左右为黑体"检疫专用，仿冒必究"字样，公章下方印刷防伪荧光字样"××专用"（例如：山东专用）（图7-21）。

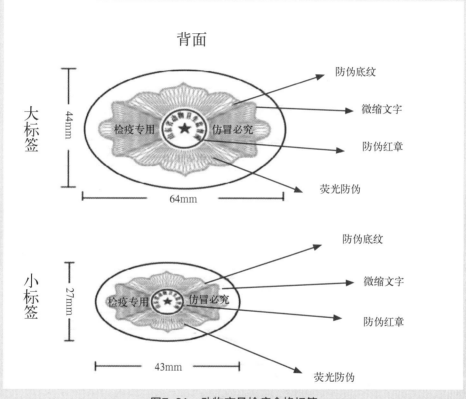

**图7-21　动物产品检疫合格标签**

### （二）肉品品质检验合格标志

经肉品品质检验合格的分割、包装的畜禽产品，屠宰厂(场、点)应当粘贴肉品品质检验合格标志（图7-22）。肉品品质检验合格标志是畜禽产品上市流通的合法有效凭证。

肉品品质检验合格标志采用对人体无害的硬质纸标签、不干胶贴等形式。经检验合格的分割肉和包装猪肉产品，由企业检验人员在产品外包装上粘贴"检验合格"标志。

图7-22 肉品品质检验合格标志样式

## 六、证章标志的使用管理

### （一）证章标志的设定

动物卫生证章标识（志）由农业农村部统一设定，农业农村部尚未设定的，省级兽医主管部门可以设定并报农业农村部备案后在本省范围内使用，但不得要求动物、动物产品输入省使用。

### （二）证章标志的生产

农业农村部统一制定动物卫生证章标识（志）的内容、格式、规格、质量标准和生产要求。根据国家有关规定确定动物卫生证章标识（志）生产厂家，实行定点生产。检疫专用章、检疫标识（志）、验讫印章、验讫标志按照农业农村部规定的统一式样，由省级动物卫生监督机构统一监制。

动物卫生证章标识（志）定点生产企业应当按照农业农村部规定组织生产，并及时向农业农村部报送动物卫生证章标识（志）生产、供应等情况，不得私自承接动物卫生证章标识（志）的印刷或刻制工作。

### （三）证章标志的发放

动物卫生证章标识（志）由省级动物卫生监督机构实行统一订购。县级以上动物卫生监督机构应当逐级上报订购计划。需要追加动物卫生证章标识（志）订购计划的，由省级动物卫生监督机构提前通知生产厂家。

动物卫生证章标识（志）应当由各级动物卫生监督机构逐级发放；生产厂家应按时向省级动物卫生监督机构供应动物卫生证章标识（志）；下级动物卫生监督机构向上一级监督机构购领；证章标识（志）使用单位向同级动物卫生监督机构购领。

各级动物卫生监督机构不得超越行政区域、级别发放动物卫生证章标识（志）；不得对非使用单位发放动物卫生证章标识（志）。各级动物卫生监督机构应当建立动物卫生证章标识（志）发放、领取登记制度，实行专人管理、专库存放、设立台账，实施信息化管理。

**（四）证章标志的使用**

1.使用主体要合法。各类证明的出具主体、各类印章的加盖主体以及各类标识（志）的粘贴主体要符合国家相关规定，不能越权出具、加盖或粘贴。

2.使用程序要规范。各类证明的出具程序、各类印章的加盖条件以及各类标识（志）的粘贴要求都应该符合国家规定的相关规范。

3.使用保管要严格。证章标识（志）应当妥善保管，防止丢失，不得随意出借、出售、转让其他单位或个人，不得涂改、伪造或变造。

4.回收销毁要备案。证章标识（志）因破损、到达保存期限、废止等原因需要销毁的，应报上级业务主管部门或证章标识（志）发放部门备案，按照国家相关要求进行销毁。

# 附表一 生猪屠宰主要传染病和寄生虫病的检疫要点

| 序号 | 疫病名称 | 别名或俗称 | 宰前症状 | 屠宰检疫要点（宰后病变） |
|---|---|---|---|---|
| 1 | 口蹄疫 | 口疮、蹄癀 | 发热、流涎、吻突、齿龈和蹄部脱落、运动障碍、严重的蹄壳脱落、卧地不起 | 吻突、齿龈和蹄部有无水疱、溃疡、烂斑、恶性口蹄疫可见虎斑心 |
| 2 | 猪瘟 | 烂肠瘟 | 高热、倦怠、精神萎靡、便秘腹泻交替、可视黏膜充血、出血、发绀、鼻、唇、下颌、四肢、腹下、外阴等多处皮肤见点状出血、指压不褪色 | 全身皮肤散在出血点或出血斑、实质器官、咽喉、气管、膀胱等部位有出血、淋巴结出血、切面大理石样充血、肾脏为"雀斑肾"、脾脏边缘有出血性梗死灶。慢性病例、大肠黏膜见"扣状溃疡" |
| 3 | 非洲猪瘟 | 非瘟 | 高热、倦怠、精神委顿、呕吐、便秘或腹泻、粪便带血、可视黏膜潮红、发绀、耳、四肢、腹部皮肤有出血点、共济失调、步态僵直、或其他神经症状、或突然死亡 | 淋巴结严重出血、水肿、脾脏肿大、黑紫色、心外膜、内膜出血、脾脏瘀血、肿大、质脆易碎、切面凸起、肾脏出血、心内、外膜见出血点、出血斑、肺脏充血、水肿、肝脏肿大、充血、胃肠黏膜出血 |
| 4 | 高致病性猪蓝耳病 | 蓝耳病 | 高热、咳嗽、气喘、呼吸困难；耳朵、四肢末梢和腹部皮肤发绀；偶见后驱无力、共济失调 | 肺脏见肉样实变或间质性肺炎、肺脏肿胀、淤血、水肿、间质增宽、小叶明显、切面鲜红色、胸腔积液 |
| 5 | 炭疽 | | 高热、颈部、前胸出现急性红肿、咽喉变窄、呼吸困难、严重的窒息死亡 | 下颌淋巴结肿大、有坏死灶（紫、黑、灰、黄）、切面呈砖红色、周围水肿、有胶样浸润。肠型炭疽、肺型炭疽见类似病变 |
| 6 | 猪丹毒 | 大红袍、打火印 | 高热稽留、呕吐、结膜充血、粪便干硬呈栗状、腹泻、皮肤有红斑、疹块、指压褪色 | 急性型、全身皮肤弥漫性充血（大红袍）；淋巴结结充血肿胀；亚急性疹块型、肾脏肿大淤血（大红肾）、肺充血、水肿、心内膜见类花样增生物 |

（续）

| 序号 | 检疫对象 | | 屠宰检疫要点 | |
|---|---|---|---|---|
| | 疫病名称 | 别名或俗称 | 宰前症状 | 宰后病变 |
| 7 | 猪肺疫 | 出败、锁喉风 | 高热，呼吸困难，继而哮喘，口鼻流出泡沫或清液，咽喉急性肿大，耳根、腹侧，四肢内侧皮肤出现红斑，指压褪色 | 急性型，肺脏见"肝变区"，胸腔有纤维素性渗出物，心包积液，心外膜覆盖有纤维蛋白呈绒毛状（绒毛心），慢性型，肺脏肝变区扩大，胸膜与肺脏粘连 |
| 8 | 猪副伤寒 | 沙门菌病 | 突然发热，精神委顿，食欲废绝或减退，呼吸困难；腹泻，便秘，粪便混有黏液或血液，恶臭；耳末，腹部和四肢内侧皮肤见紫红斑点 | 耳根，胸前和腹下皮肤呈青紫色或紫红色斑点，全身淋巴结肿胀，充血，盲肠、回肠和结肠为局灶性或弥漫性纤维素性坏死性肠炎，肠系膜淋巴结，肝、脾肿大，有小坏死灶 |
| 9 | 猪Ⅱ型链球菌病 | | 高热稽留，精神委顿，呼吸急促，行走困难，呆立或卧地，口、鼻流红色泡沫液体；颈部、腹股沟、臀部，四肢皮肤紫红色，有出血点，有的关节肿胀，昏睡，或常无任何症状突然死亡 | 急性型，脾、血液凝固不良，皮肤、黏膜、浆膜充血，出血；肺，胃肠，肾充血或米黄色，心肌柔软，慢性型，关节出现浆液性纤维素炎症 |
| 10 | 猪支原体肺炎 | 猪地方流行性肺炎，猪气喘病或喘气病 | 咳嗽，流浆性或脓性鼻液，气喘，呈腹式呼吸，甚至张口喘气，或呈犬坐姿势 | 肺脏显著膨大，有气肿和水肿，病变与正常组织的界限分明，两侧对称，呈灰红色，无弹性，灰黄色或米黄色，外观似肉样或虾肉样变 |
| 11 | 副猪嗜血杆菌病 | 革拉斯氏病 | 发热，呼吸困难，咳嗽，食欲不振，关节肿大，四肢无力或跛行，共济失调，皮肤及黏膜发绀，消瘦，甚至站立、行走困难，瘫痪 | 胸膜，腹膜，心包膜，肝脏，肠浆膜，胸关节及附关节表面，脑等组织器官见浆液性和化脓性纤维蛋白渗出物 |
| 12 | 丝虫病 | | 发热，多汗，精神委顿，眼结膜充血，可视黏膜发绀，心悸，多汗；呼吸极度困难，呈腹式呼吸，四肢站立、吻突拱地（五足共地）；严重时突然惊厥倒地，四肢经孪抽搐死亡 | 心外膜见精隆起的灰白色，粟粒至绿豆大或长条等弯曲的透明包囊，或为长短不一，质地坚实的纤维弯曲的条索状物，多见灰白色，针头大小钙化灶，呈沙粒状 |
| 13 | 猪囊尾蚴病 | 猪囊虫病 | 轻度感染囊尾蚴时，通常无明显症状，严重时，位有凸起的小包，体型呈哑铃型 | 骨骼肌，心肌有米粒大半透明的白色囊泡（俗称米猪肉） |
| 14 | 旋毛虫病 | | 猪轻度感染旋毛虫，一般无明显症状，宰前不易检出 | 膈肌脚肌压片，显微镜观察见梭形包囊，内有蜷曲虫体 |

## 附表二 生猪屠宰主要品质不合格肉的检验要点

| 序号 | 检验内容 | | 检验要点 |
|---|---|---|---|
| 1 | 放血不全 | | 肌肉色暗或黑红色；脂肪淡红色；结缔组织、脂肪、淋巴结和实质器官充血、出血、淤血、水肿等变化；外观；肉脏淤血、胸腹膜下血管显露；肌肉切面上可见血液浸润区，挤压有血液外滴；肉脏淤血、肿大 |
| 2 | 吸血症 | | 血凝不良，皮肤，全身浆膜，黏膜，淋巴结结和实质器官充血、出血、淤血、水肿等变化 |
| 3 | 肿瘤 | 良性肿瘤 | 瘤体组织多呈球状，结节状，表面较平整，外有包囊，与周围正常组织分界清楚，用手触摸，推之可移动 |
| | | 恶性肿瘤 | 肿瘤组织大多表面凹凸不平，有的呈多个结节融合在一起，形状不规则，有较薄或不完整的包囊或包膜，与周围组织分界不清楚 |
| 4 | 中毒肉 | 氰化物中毒 | 血液和肌肉呈鲜红色 |
| | | 亚硝酸盐中毒 | 肌肉和血液呈暗红色 |
| | | 砷中毒 | 肉有大蒜味 |
| | | 黄曲霉毒素中毒 | 肝脏肿大，硬变呈黄色，后期为褐色，有坏死灶，或有大小不一的结节 |
| 5 | 白肌病 | | 半腱肌、半膜肌等肌肉呈白色条纹，呈鱼肉样，多呈对称性损害。心肌也有类似病变 |
| 6 | 白肌肉（PSE肉） | | 背最长肌、半腱肌、半膜肌等部位肌肉苍白，切面突出，纹理粗糙，水分渗出 |
| 7 | 黑干肉（DFD肉） | | 股部和臀部等部位肌肉干燥，质地变软，色泽深暗 |
| 8 | 色泽异常肉 | 黄疸 | 皮肤、脂肪组织、巩膜、关节滑囊液、血管内膜、肌腱，大多数病例的肝脏和胆囊都有病理变化；皮肤、脂肪、其他组织无黄染，甚至实质器官均被染成不同程度的黄色；胴体放置24 h后，黄色不消退，胴体放置24 h后黄色逐渐消退 |
| 9 | | 黄脂 | 皮下脂肪呈黄色，褐色或黑褐色，但骨膜、软骨、关节、软骨韧带等均正常，无视力可见异常变化 |
| 10 | | 红膘 | 皮下脂肪组织的毛细血管充血，出血呈粉红色 |
| 11 | | 叶啉沉着症 | 骨骼呈淡红褐色，褐色或黑褐色，软骨韧带呈棕色，褐色或黑色，斑点至斑块大片 |
| 12 | | 黑色素沉着 | 有时心脏、肺脏、肝脏、胸腹膜、淋巴结等组织器官局部呈褐色，甚至整个器官 |

（续）

| 序号 | 检验内容 | | 检验要点 |
|---|---|---|---|
| 13 | 气味异常肉 | 饲料气味 | 宰后嗅检，肉可能具有某些植物或鱼粉的异常气味 |
| | | 性气味 | 种公猪肉有性气味，尤其脂肪、阴囊等部位气味明显，有臊味和毛腥味。煮沸肉汤试验，可使肉中气味挥发出来，易嗅出 |
| | | 病理性气味 | 生猪发生尿毒症，有尿味；酮血症时，有恶甜味；有机磷中毒，有大蒜味 |
| | | 药物气味 | 生猪宰前使用过芳香气味的药物，宰后局部肌肉和脂肪可能有药物异味 |
| | | 附加气味 | 胴体贮藏于有异味的仓库或包装材料后，肉可能出现这些物品的异味 |
| | | 变质气味 | 肉发生自溶、腐败，脂肪氧化变化时，出现酸味、臭味或哈喇味 |
| 14 | 皮肤异常 | | 皮肤出血、淤血、黄染、皮癣、毛囊炎、局部化脓和寄生虫损害 |
| 15 | 淋巴结病变 | 下颌淋巴结 | 肿大、坏死灶（紫、黑、灰、黄）、切面是否呈砖红色、周围有无水肿、胶样浸润 |
| | | 支气管淋巴结 | 出血、淤血、肿胀、坏死等 |
| | | 肝门淋巴结 | 出血、淤血、肿胀、坏死等 |
| | | 肠系膜淋巴结 | 增大、水肿、出血、淤血、坏死、溃疡等 |
| | | 腹股沟浅淋巴结 | 淤血、水肿、出血、坏死、增生病变 |
| 16 | 内脏病变 | 心脏 | 心脏淤血、出血、粘连、坏死、心包炎、心肌炎、心内膜炎等 |
| | | 肺脏 | 肺吃血、肺呛血、肺水肿、肺气肿、脓肿、坏疽、尘肺、肺纤维化、肿瘤等 |
| | | 肝脏 | 肝淤血、肝死灶、肝萎缩、肝脓肿、肝硬变、脂肪肝、锯屑肝、寄生虫结节、肿瘤等异常变化 |
| | | 胃肠 | 胃肠浆膜水肿、出血、充血、粘连、黏膜溃疡、坏死、寄生虫结节、肿瘤、粘连性膜炎等 |
| | | 脾脏 | 脾脏肿大、淤血、梗死 |
| | | 肾脏 | 肾脏肿大、出血、淤血、结石、囊肿、梗死、坏死、肿瘤等 |

（续）

| 序号 | 检验内容 | | 检验要点 |
|---|---|---|---|
| 17 | 种猪肉 | 种公猪 | 未经阉割，带有睾丸，做种用的公猪，即为种公猪 |
| | | 种母猪 | 未经阉割，做种用的公猪，即为种用的母猪，即为种母猪，其外观乳腺发达，乳头长大 |
| | | 晚阉猪 | 阉割时间晚于适时月龄，或曾做种用，去势后育肥的猪，在阴囊或左髂部有阉割痕迹的，即为晚阉猪 |
| 18 | 注水肉 | | 生猪宰前被从口腔灌入大量水后，可见口腔、鼻、肛门等天然孔流出水，严重时卧地不起。宰后检验见肌肉组织肿胀，表面湿润、光亮，颜色较浅泛白，肌纤维突出明显，放置后有浅红色血水流出；吊挂的胴体，有肉汁滴下；胃、肠等内脏器官肿胀 |

# 附表三　病猪及其产品和品质不合格肉的处理方法

| 序号 | 疫病类型 | 处理流程与方法 |
|---|---|---|
| | | （一）传染病和寄生虫病病猪及其产品的处理流程与方法 |
| 1 | 炭疽 | 1.处理流程：发现炭疽时，立即停止生产，限制移动，封锁现场，向有关部门报告疫情，在动监部门监督下进行无害化处理。<br>2.宰前处理：病猪及同群猪采用不放血的方式扑杀，尸体用密闭的运输工具运到指定地点，焚烧处理。<br>3.宰后处理：已宰杀的病猪、同群猪，用密闭的运输工具运到指定的地点，全部焚烧处理。<br>未宰杀的病猪和同群猪采用不放血的方式扑杀，尸体用密闭的运输工具运到指定地点，尸体焚烧处理。<br>注意事项：①禁止通过化制、高温、硫酸分解、深埋等方法处理病猪尸体，必须全部焚烧处理。<br>②严禁剖检炭疽病猪，可疑炭疽病猪及其产品 |
| 2 | 口蹄疫<br>猪瘟<br>高致病性猪蓝耳病 | 1.处理流程：发现一类疫病，立即停止生产，限制移动，封锁现场，向有关部门报告疫情，在动监部门监督下进行无害化处理。<br>2.宰前处理：病猪及同群猪采用不放血的方式扑杀，尸体用密闭的运输工具运到指定地点，通过焚烧、化制、高温、硫酸分解等方法销毁处理。<br>3.宰后处理：已宰杀的病猪、同群猪及其产品，用密闭的运输工具运到指定的地点，通过焚烧、化制、高温、硫酸分解等方法销毁处理。<br>未宰杀的病猪和同群猪采用不放血的方式扑杀，尸体用密闭的运输工具运到指定地点、化制、高温、硫酸分解等方法销毁处理 |
| 3 | 猪丹毒<br>猪肺疫<br>猪副伤寒<br>猪Ⅱ型链球菌病<br>猪支原体肺炎<br>副猪嗜血杆菌病<br>囊虫病<br>旋毛虫病<br>丝虫病<br>其他疫病 | 1.宰前处理：<br>（1）处理流程：在病猪背部作"标识"，移入隔离圈观察，封锁检出疫病猪的待宰圈，禁止其他生猪出入，报告官兽医，确诊后，出具《动物检疫处理通知单》。<br>（2）处理方法：在动监部门监督下，送无害化处理间或确诊定点处理点进行无害化处理。<br>同群猪隔离观察，确认无异常的准予屠宰，异常的按病猪处理。<br>2.宰后处理：<br>（1）处理流程：在屠体或胴体表面作"标识"，经病猪通道人病猪间，报告官兽医，确诊后，送无害化处理间或确诊定点处理点进行无害化处理。<br>（2）处理方法：在动监部门隔离观察，确认无异常的准予屠宰，病猪胴体、内脏和头部等通过焚烧、化制、高温、硫酸分解等方法销毁处理。<br>未屠宰的同群猪隔离观察，异常的按病猪处理 |

（续）

**（一）传染病和寄生虫病猪及其产品的处理流程与方法**

| 序号 | 疫病类型 | 处理流程与方法 |
|---|---|---|
| 4 | 濒临死亡和物理性损伤猪 | 1. 经检查，确诊为病猪的，报告官方兽医，在动物监督门监督下，出具《动物检疫处理通知单》，按上述病猪的处理方法进行无害化处理。<br>2. 经检查，确诊为物理性损伤的，并确认无碍于肉食安全的，送急宰间急宰并进行急宰检验，急宰后为合格产品 |
| 5 | 死猪死因不明猪 | 1. 宰前发现死猪时，严禁屠宰。<br>2. 经检查，确诊为病猪引起的，出具《动物检疫处理通知单》，报告官方兽医，在动物监督门监督下，按上述疫病猪的处理方法进行无害化处理。<br>3. 经检查，未能确诊死因的，在动物监督门监督下，尸体焚烧处理。 |

**（二）不合格肉和有害腺体的处理流程与方法**

| 序号 | 名称 | 处理流程与方法 |
|---|---|---|
|  | 宰后不合格肉的处理流程 | 宰后发现不合格肉时的处理流程：<br>1. 宰后发现不合格肉时，在胴体或胴体表面作"标识"，经病猪轨道送入病猪同进一步确诊处理。<br>2. 确诊为健康的，屠体或胴体经"回路轨道"返回生产线轨道，继续加工。<br>3. 确诊为品质不合格的，企业在胴体上加盖肉品质检验不合格印章，在胴体上加盖肉品检验不合格印章，包括"非食用""化制""销毁"印章。<br>4. 确诊为病猪的，报告官方兽医，在胴体上加盖不合格印章，包括"高温"和"销毁"印章，并出具《动物检疫处理通知单》，对病猪进行无害化处理<br>单》，在动物监督门监督下，胴体及其产品，按上述疫病猪处理方法进行无害化处理 |
| 1 | 病死猪肉 | 1. 确诊疫病引起的，报告官方兽医，出具《动物检疫处理通知单》，在动物监督门监督下，按上述疫病猪处理方法进行无害化处理。<br>2. 确诊由物理因素等非传染病引起的死亡，在动物监督门监督下，尸体销毁处理。<br>3. 未能确诊死因的，在动物监督门监督下，尸体焚烧处理 |
| 2 | 注水肉 | 检出注水或肉时，报告官方兽医，出具《动物检疫处理通知单》，对全车生猪采尿检测，在动物监督门监督下，阳性的送样品和注水猪及其产品到指定机构处理。 |
| 3 | 瘦肉精肉 | 1. 宰前处理：宰前检出瘦肉精时，报告官方兽医，出具《动物检疫处理通知单》，禁止卸车，对全车生猪采尿检测，阳性的送样品到指定机构处理。复检，仍为阳性的，出具《动物检疫处理通知单》，在动物监督门监督下，猪尿，全部销毁处理。<br>2. 宰后处理：宰后检出瘦肉精肉（取料样品），仍为阳性的，在屠体或胴体表面作"标识"，经病猪轨道送入病猪间，病猪及其产品，在动物监督门监督下，全部销毁处理。送样品到指定机构检测，仍为阳性的，经复查阳性的，仍为阳性的全部销毁处理。<br>(1) 已屠宰的同群猪取样检测，阳性的送样品到指定机构检测，阳性的准子屠宰，全部销毁处理。<br>(2) 未屠宰的同群猪送入隔离圈，头头取样检测，阴性的准子屠宰，阳性的送样品到指定机构检测，阳性的全部销毁处理 |

（续）

| 序号 | 名称 | （二）不合格肉和有害腺体的处理流程与方法<br>处理流程与方法 |
|---|---|---|
| 4 | 水肿 | 1.局部水肿的，割除病变组织，放入不透水的容器中集中销毁处理，其余不受限制出厂。<br>2.高度水肿或全身性水肿的，报告官方兽医，出具《动物检疫处理通知单》，在动监部门监督下，病猪及其产品全部销毁处理 |
| 5 | 脓肿 | 1.由传染病引起的脓肿，报告官方兽医，出具《动物检疫处理通知单》，在动监部门监督下，按上述疫病猪处理方法进行无害化处理。<br>2.由非传染病引起的脓肿：<br>（1）局部脓肿的，割除病变组织，放入不透水的容器中集中销毁处理，其余不受限制出厂。<br>（2）多发性脓肿，胴体及内脏全部销毁处理 |
| 6 | 肿瘤 | 1.一个器官有良性肿瘤，胴体不消瘦，且无其他病变的，割除病变组织或病变器官，放入不透水的容器中集中销毁处理，其余部分不受限制出厂。<br>2.发现恶性肿瘤，或者两个以上器官有肿瘤的，胴体和内脏全部销毁处理 |
| 7 | 黄疸病 | 宰前处理：<br>（1）经检验确诊由传染病引起的，报告官方兽医，出具《动物检疫处理通知单》，在动监部门监督下，按上述疫病猪处理方法进行无害化处理。<br>（2）经检验确诊由非传染病引起的，病猪急宰，尸体销毁处理。<br>宰后处理：<br>（1）宰后检出黄疸病的，在屠体或胴体表面作"标识"，经病猪轨道送入病猪间进一步确诊处理。<br>（2）由传染病引起的，报告官方兽医，出具《动物检疫处理通知单》，在动监部门监督下，按上述疫病猪处理方法进行无害化处理。<br>（3）由非传染病引起的，胴体和内脏销毁处理 |
| 8 | 黄脂病 | 宰后处理：<br>1.宰后检出黄脂病的，在屠体或胴体表面作"标识"，经病猪轨道送入病猪间进一步确诊处理。<br>2.仅皮下和体腔脂肪防微黄色，皮肤、筋膜、黏膜、筋腱呈黄色，经放置一昼夜后黄色著消退，仅留痕迹的，不受限制出厂；伴有正常的不受限制出厂；伴有其他不良气味的销毁处理。<br>3.皮下和体腔脂肪、筋腱呈黄色，经放置一昼夜后黄色著消退，仅留痕迹的，不受限制出厂；如伴有其他不良气味的销毁处理。<br>4.皮下和体腔脂肪防明显黄色乃至淡黄棕色，经放置一昼夜后黄色不消退，但无不良气味的，脂肪组织销毁处理，肌肉和内脏无异常变化的，不受限制出厂。如伴有其他不良气味的，不受限制出厂 |

325

（续）

### （二）不合格肉和有害腺体的处理流程与方法

| 序号 | 名称 | 处理流程与方法 |
|---|---|---|
| 9 | 白肌病 | 宰后处理：<br>1.局部肌肉有病变、深层肌肉正常的，修割病变部分销毁，其余作复制品。<br>2.全身多数肌肉有病变的，病猪全部销毁处理 |
| 10 | 白肌肉（PSE肉） | 宰后处理：对白肌肉部分进行修割销毁处理，其余部分可作复制品，但不宜作腌腊制品 |
| 11 | 红膘肉 | 宰后处理：<br>1.宰后检出红膘肉的，在屠体或胴体表面作"标识"，经病猪组送人病猪间进一步确诊处理。<br>2.由传染病引起的，报告官方兽医，出具《动物检疫处理通知单》，按上述疫病处理方法进行无害化处理。<br>3.由放血不全引起的处理方法：<br>（1）皮下脂肪呈淡红色、肌肉组织基本正常的可作复制品。<br>（2）皮下脂肪和胴体脂肪呈灰红色、肌肉色暗、淋巴结淤血、大血管中有血液滞留的，全部销毁处理。<br>4.由外界刺激引起的红膘肉，轻者可不做处理，严重者可作复制品 |
| 12 | 黑干肉（DFD肉） | 宰后处理：<br>1.不宜鲜销和作腌腊制品，可作复制品。<br>2.因胴体不耐贮藏，应尽快加工利用 |
| 13 | 骨血素病叶啉症 | 宰后处理：<br>1.猪肉可作复制品原料。<br>2.骨骼、内脏销毁处理 |
| 14 | 亚硝酸盐中毒 | 报告官方兽医，出具《动物检疫处理通知单》，在动物监部门监督下，病猪及其产品全部销毁处理 |
| 15 | 黄曲霉毒素中毒 | 报告官方兽医，出具《动物检疫处理通知单》，在动物监部门监督下，病猪及其产品全部销毁处理 |
| 16 | 尿毒症 | 报告官方兽医，出具《动物检疫处理通知单》，在动物监部门监督下，病猪及其产品全部销毁处理 |
| 17 | 脓毒症 | 报告官方兽医，出具《动物检疫处理通知单》，在动物监部门监督下，病猪及其产品全部销毁处理 |
| 18 | 败血症 | 报告官方兽医，出具《动物检疫处理通知单》，在动物监部门监督下，病猪及其产品全部销毁处理 |

（续）

## （二）不合格肉和有害腺体的处理流程与方法

| 序号 | 名称 | 处理流程与方法 |
|---|---|---|
| 19 | 放血不全 | 宰后处理：<br>1. 宰后检出放血不全的，在屠体或胴体表面作"标识"，经病猪轨道送入病猪同进一步确诊处理。<br>2. 由传染病引起的，报告官方兽医，出具《动物检疫处理通知单》，在动监部门监督下，按上述疫猪处理方法进行无害化处理。<br>3. 确诊由非疾病引起的放血不全，根据危害程度作如下处理：<br>（1）皮肤发红，皮下脂肪淡红色，肌肉组织基本正常的可作复制品原料。<br>（2）全身皮肤弥漫性红色，皮下和体腔脂肪灰红色，肌肉色暗，大血管中有血液滞留的，胴体、内脏销毁处理 |
| 20 | 公猪<br>母猪<br>晚阉猪 | 宰后处理：<br>1. 种公、母猪及晚阉猪不得用于加工鲜、冻片猪肉和分割鲜冻猪瘦肉。<br>2. 性气味不明显的，可作为复制品原料，不可鲜销。性气味明显的销毁处理。<br>3. 应在胴体和《肉品质检验合格证》上注明"种猪"或"晚阉猪" |
| 21 | 消瘦<br>赢瘦 | 宰后处理：<br>1. 饥饿或老龄所致的赢瘦，内脏器官无异常的可以食用。<br>2. 过度赢瘦有肌肉性变质，高度水肿的销毁处理。<br>3. 发现病理性消瘦，肌肉有退化性变化的，在屠体或胴体表面作"标识"，经病猪轨道送入病猪同确诊，报告官方兽医，出具《动物检疫处理通知单》，在动监部门监督下，按上述疫猪处理方法进行无害化处理 |
| 22 | 气味异常 | 宰后处理：<br>1. 宰后检出气味异常的，在屠体或胴体表面作"标识"，经病猪轨道送入病猪同进一步确诊处理。<br>2. 由传染病引起的，报告官方兽医，出具《动物检疫处理通知单》，在动监部门监督下，按上述疫猪处理方法进行无害化处理。<br>3. 由非病理因素引起的肉品异味，可先通风驱味，然后根据情况处理：<br>（1）仅局部有异味，则将该局部割除销毁，其余部分正常食用。<br>（2）严重的异味肉销毁处理 |
| 23 | 非传染性局部病变 | 1. 适用范围：局部化脓、创伤、发炎、充血与出血、肥大、浮肿、钙化、萎缩、寄生虫损害、病变淋巴结和病变组织，以及有得食用卫生部分。<br>2. 宰后处理：将病变部位修割，放入不透水的容器中集中销毁处理，其余部分不受限制出厂 |

（续）

## （二）不合格肉和有害腺体的处理流程与方法

| 序号 | 名称 | | 处理流程与方法 |
|---|---|---|---|
| 24 | 有害内分泌腺 | | 1.适用范围：甲状腺、肾上腺。<br>2.宰后处理：分别摘除甲状腺和肾上腺，放入不透水容器中集中销毁处理，或作为生产医药产品的原料 |
| 25 | 应激综合征 | 运输热 | 宰前处理：<br>1.病猪急宰，症状轻微的修割局部病变部位，放入不透水的容器中集中销毁处理，其余部分复制加工。<br>2.全身性病变以及运输途中死亡的，销毁处理<br>宰后处理：<br>运输疲劳诱发副猪嗜血杆菌病感染引起，报告官方兽医，出具《动物检疫处理通知单》，在动监部门监督下，按上述疫病猪处理方法进行无害化处理 |
| 26 | 异常变化 | 冷却肉 发黏肉 | 1.仅局部发黏，修割发黏部分，放入不透水的容器中集中销毁处理，其余不受限制出厂。<br>2.有腐败迹象的全部销毁处理 |
| | | 变色肉 | 1.局部颜色变暗，有色斑，但无腐败现象的，修割后放入不透水的容器中集中销毁处理，其余部分加工复制品。<br>2.如有腐败现象的全部销毁处理 |
| | | 发霉肉 | 1.白色霉点修割后可食用。<br>2.黑色霉点不多修割后可食用。<br>3.青霉、曲霉引起的霉变，销毁处理 |
| | | 冷冻肉 腐败肉 | 全部销毁处理（要注意深层腐败的发生） |
| | | 脂肪氧化肉 | 1.脂肪氧化仅见于表层，可将表层切除，放入不透水的容器中集中销毁处理，其余部分不受限制出厂。<br>2.病变严重的，全部销毁处理 |
| | | 干枯肉 | 1.变化轻的，应尽快利用。<br>2.严重的，销毁处理 |
| | | 发光肉 | 1.发现冻肉有发光现象，应立即修割处理，其余部分不限销制出厂。<br>2.病变严重的，进行销毁处理 |

# 参考文献

蔡宝祥, 1986. 家畜传染病学 [M]. 北京: 农业出版社.

陈怀涛, 2008. 兽医病理学原色图谱 [M]. 北京: 中国农业出版社.

陈溥言, 2012. 兽医传染病学 [M]. 第6版. 北京: 中国农业出版社.

陈万芳, 1984. 家畜病理生理学 [M]. 北京: 农业出版社.

崔治中, 2013. 动物疫病诊断与防控彩色图谱 [M]. 北京: 中国农业出版社.

董常生, 2012. 家畜解剖学 [M]. 第4版. 北京: 中国农业出版社.

董常生, 2015. 家畜解剖学 [M]. 第5版. 北京: 中国农业出版社.

杜向党, 2010. 猪病类症鉴别诊断彩色图谱 [M]. 北京: 中国农业出版社.

甘肃农业大学, 1992. 动物性食品卫生学 [M]. 北京: 中国农业出版社.

胡新岗, 2012. 动物防疫与检疫技术 [M]. 北京: 中国林业出版社.

江斌, 2012. 畜禽寄生虫病诊治图谱 [M]. 福州: 福建科学技术出版社.

江斌, 2015. 猪病诊治图谱 [M]. 福州: 福建科技出版社.

孔繁瑶, 1985. 家畜寄生虫学 [M]. 北京: 农业出版社.

孔繁瑶, 2010. 家畜寄生虫学 [M]. 第2版. 北京: 中国农业大学出版社.

李祥瑞, 2011. 动物寄生虫病彩色图谱 [M]. 北京: 中国农业出版社.

刘可仁, 1997. 畜禽动物性食品生产与加工质量控制 [M]. 北京: 中国农业科学技术出版社.

刘占杰, 王惠霖, 1989. 兽医卫生检验 [M]. 北京: 农业出版社.

龙塔, 2015. 动物性食品病理学检验 [M]. 北京: 中国农业出版社.

芦惟本, 2011. 跟芦老师学猪的病理剖检 [M]. 北京: 中国农业出版社.

陆承平, 2013. 兽医微生物学 [M]. 第5版. 北京: 中国农业出版社.

马学恩, 王凤龙, 2016. 家畜病理学 [M]. 第5版. 北京: 中国农业出版社.

闵连吉, 1992. 肉类食品工艺学 [M]. 北京: 中国商业出版社.

内蒙古农牧学院, 1978. 家畜解剖学 [M]. 上海: 上海科学技术出版社.

农业部兽医局, 中国动物疫病预防控制中心, 2015. 全国畜禽屠宰检疫检验培训教材 [M]. 北京: 中国农业出版社.

潘耀谦, 2017. 猪病诊治彩色图谱 [M]. 第3版. 北京: 中国农业出版社.

佘锐萍, 2007. 动物病理学 [M]. 北京: 中国农业出版社.

孙连富, 尹茂聚, 2015.生猪屠宰兽医卫生检验[M].北京: 中国轻工业出版社.

童光志, 2008.动物传染病学[M].北京: 中国农业出版社.

王贵际, 2006.肉品卫生检验培训教材[M].北京: 中国商业出版社.

王雪敏, 2002.动物性食品卫生检验[M].北京: 中国农业出版社.

吴德, 2013.猪标准化规模养殖图册[M].北京: 中国农业出版社.

熊本海, 2017.猪实体解剖学图谱[M].北京: 中国农业出版社.

徐有生, 2009.科学养猪与猪病防制原色图谱[M].北京: 中国农业出版社.

徐有生, 2010.猪病理剖检实录[M].北京: 中国农业出版社.

宣长和, 2010.猪病学[M].北京: 中国农业大学出版社.

薛慧文, 2003.肉品卫生监督与检验手册[M].北京: 金盾出版社.

张立教, 1965.猪的解剖[M].北京: 科学出版社.

张荣臻, 1983.家畜病理学[M].北京: 农业出版社.

张西臣, 2017.动物寄生虫病学[M].北京: 科学出版社.

张彦明, 2014.动物性食品安全生产与检验技术[M].北京: 中国农业出版社.

张彦明, 佘锐萍, 2015.动物性食品卫生学[M].第5版.北京: 中国农业出版社.

张友林, 2006.食品科学概论[M].北京: 科学出版社.

郑明球, 2010.动物传染病诊治彩色图谱[M].北京: 中国农业出版社.

中国动物疫病预防控制中心, 2018.生猪屠宰检验检疫图解手册[M].北京: 中国农业出版社.

中国食品总公司, 1979.肉品卫生检验图册[M].北京: 财政经济出版社.